RISC-VとChiselで学ぶ

はじめての CPU自作

オープンソース命令セットによる
カスタムCPU実装への第一歩

西山悠太朗、井田健太［著］

技術評論社

まえがき

People who are really serious about software should make their own hardware.
ソフトウェアに本当に真剣な人は、独自のハードウェアを作るべきだ。

これはパーソナルコンピュータの父と呼ばれるアラン・ケイの言葉です。当然、ハードウェアの製造コストは非常に高く、独自のものを開発することは並大抵のことではありません。しかし、Google、Apple、Facebook、Amazon、Teslaなど世界の最先端を走るソフトウェア企業は続々と半導体チップの内製化を進めています。

こうした流れは加速する一方だと考えています。そして、その後押しをするものの1つが「RISC-V」というオープンソースの命令セットです。

命令セットアーキテクチャ市場はIntelとArmがほぼ独占しており、チップメーカないしエンドユーザは彼らに高額なフィーを払い続けてきました。そのため、ロイヤリティフリーかつカスタマイズも自由なRISC-Vは、この市場を一変させる可能性を秘めています。

当然、命令セットのみでは実力不足で、それを活かす周辺ソフトウェア、ハードウェア群の充実も不可欠です。しかし、RISC-Vはオープンソースであることを活かし、カリフォルニア大学バークレー校やRISC-Vベンチャー企業SiFive社を筆頭に、世界中の開発者がRISC-Vエコシステムの開発に貢献しています。こうして開発された周辺ツールの多くもオープンソースとして公開されており、私たちも無料で利用できます。RISC-Vを使ったCPU自作本の出版に至ったのも、これらの恩恵にあずかったからにほかなりません。

このようにRISC-Vは世界的に拡大を続けており、最近では日本の一般経済誌でも見聞きするようになりました。しかし、その普及にはもう暫く時間が掛かりそうです。そこで、より多くの人がRISC-Vに興味を持つきっかけを提供し、ひいてはオープンソースの発展に寄与できればと本書を執筆するに至りました。

本書でわかること

- CPUのしくみ
- コンピュータ・アーキテクチャ
- ScalaとChiselの基本文法
- ChiselでのCPU実装
- RISC-Vの基本整数命令、ベクトル命令拡張、カスタム命令
- 現代のプロセッサ業界におけるRISC-Vの価値

いずれも入門者向けの基本的な内容に焦点を絞っています。またCPUの自作範囲はソフトウェア上での設計、シミュレーションに留まります。CPU自作の文脈では設計したデザインをFPGAという実機に書き込んで動かすことが多いですが、個別の環境に大きく依存してしまうため、本書ではそうしたFPGAへのインプリメントまでは踏み込みません。

対象読者

- RISC-V に興味がある人
- ソフトウェアエンジニアで、CPUや命令セットなどのローレイヤを学びたい人
- 情報、コンピュータ関連学部へ通う学生
- カスタムCPU、DSA(Domain Specific Architecture)に興味がある人

物足りなく感じてしまうかもしれない方々

- HDL(Hardware Description Language)によるプロセッサ設計の基礎知識を習得済みの人
- 公式ドキュメントを読めば十分理解できる人

必要な知識

- Linuxの基本的な操作
- 簡単なプログラミング経験

本書では技術要素として、Linux、Docker、アセンブリ言語、C、Scala、Chisel、シェルスクリプトが登場します。新しい概念が登場する都度、極力内容は説明するようにしていますが、プログラミング経験がまったくない場合は、本書のみでは理解の難しい部分が生じ得る点にご注意ください。

本書の流れ

本書は大きく5つの部に分かれています。

▌第 I 部「CPU自作のための基礎知識」

第 I 部ではCPUとコンピュータのしくみ、CPUを記述できるHDL（Chisel）という言語について学びます。

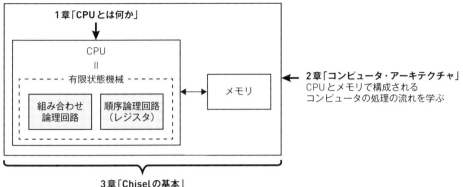

1章「CPUとは何か」

CPU
＝
有限状態機械

組み合わせ
論理回路

順序論理回路
（レジスタ）

メモリ

2章「コンピュータ・アーキテクチャ」
CPUとメモリで構成される
コンピュータの処理の流れを学ぶ

3章「Chiselの基本」
これらの回路を記述する言語Chiselの基本文法を理解する

　第1章「CPUとは何か」、第2章「コンピュータ・アーキテクチャ」はいずれも概念的な説明
となりますが、CPU設計の基礎となる重要な知識です。

　初学者の方も理解しやすいように、順を追って丁寧に説明しているつもりですが、電子回路
に初めて触れる方にとっては新しい概念も多く、最初は難しく感じる場合もあるかもしれませ
ん。一読目からすべてを理解する必要はなく、むしろ第Ⅱ部以降のCPU実装を読み進める過程
で実感を伴った理解が進むと考えています。著者自身もCPU自作を具体的に試行錯誤する中で、
抽象的な概念をあとから徐々に理解してきた過去があります。そのため、あまり肩肘張らずに、
わからないところがあってもとりあえず目を通すくらいの意識で第Ⅰ部を読み進めていただけ
ればと思います。

　もちろん、大学や仕事でこれらの分野をすでに学習済みの方は読み飛ばして、続く第3章
「Chiselの基本」や第Ⅱ部のCPU実装に進んでいただいても構いません。

▍第Ⅱ部「簡単なCPUの実装」

　続く第Ⅱ部ではRISC-Vの基本整数命令の一部、およびCSR命令のChisel実装にチャレンジ
します。ロード・ストアといったメモリアクセス命令から、加減算、比較、分岐命令といった基
本的な演算命令を1つずつ順番に実装していきます。実際に手を動かしながら第Ⅱ部を読み進
めることで、第Ⅰ部で学んだCPUやコンピュータのしくみについて、より具体的な理解が進む
はずです。

　一通り基本命令を実装したあとは、riscv-testsというオープンソースのテストコード集を使っ
て、実装の正確性を確認します。

　最後に自作したCPU上で簡単なCプログラムを動かしてみます。PCやサーバ上で普段動か
しているCプログラムを自作CPU上で動作させる体験は、CPU自作で得られる大きな感動の1

つです。

第III部「パイプラインの実装」

第III部ではCPUの高速化で活躍するパイプラインというハードウェア機構をChiselで実装します。パイプライン化は、CPU自作において基本的な命令の実行に成功した方のほとんどが続いてチャレンジする課題です。命令フェッチやデコードといったCPUの処理ステージを正確に扱う必要があり、それらの理解がかなり深まるテーマです。

第IV部「ベクトル拡張命令の実装」

第IV部はRISC-Vの1つの特徴であるベクトル命令を扱います。ベクトル演算の内容やその意義を踏まえたうえで、Chiselを用いて実装していきます。特にSIMD命令を扱ったことのあるプログラマの方にとってはおもしろく感じる内容になっているかと思います。

第V部「カスタム命令の実装」

第V部ではカスタム命令のCPU実装にチャレンジします。カスタム命令はRISC-Vが提供する価値の重要な一角を占めており、昨今注目を集めているDSAにつながるテーマです。ソフトウェアエンジニアの方はオリジナル関数を多々作ってきたと思いますが、今回はハードウェアレベルでオリジナル命令を作ってみます。自身が定義したカスタム命令をGCCでコンパイルしたうえで、自作CPU上で動かせた瞬間は、CPU自作で得られる最大の感動だと言っても過言ではありません。

各部の関係性は次のとおりです。

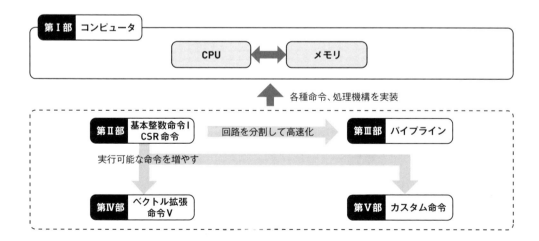

付録「RISC-Vの価値」

　本書の最後で改めてRISC-Vの提供する価値についてまとめます。RISC-Vをテーマに据えているにも関わらず、最後にようやくRISC-Vの説明が出てくるのを不自然に感じる方もいらっしゃるかもしれません。しかし、RISC－Vの意義を理解するためには、CPU実装におけるRISC-Vの立ち位置について知ることが必要不可欠です。そのため、本書の実装を通じて、RISC-VがCPU自作で果たす役割を体感いただいたうえで、最後にRISC-Vの価値についてまとめています。

本書のソースコードについて

　本書で使用するソースコードはすべてGitHubで公開しています。

`https://github.com/chadyuu/riscv-chisel-book`

　基本的に新規のコードはすべて書籍内に記載するようにしていますが、ページ数の関係上、各章において毎回すべてのソースコードを転載することは難しく、既出部分は省略して記述しています。しかし、全ソースコードを見通したほうが理解しやすい場面も多々あるため、適宜GitHub上のソースコードも参照しながら、本書を読み進めていただければと思います。

　本書は初めてCPU自作およびRISC-Vについて学び始めたころの過去の自分を振り返って、最初に知っておきたかった基本事項をまとめた1冊になっています。CPU自作やRISC-Vに初めて触れる方にとって、本書が良いスタートを切れる発射台として役立てることを願っています。

目次

まえがき iii

第 I 部　CPU 自作のための基礎知識 1

第 1 章　CPU とは何か 2

1-1　**電子回路が論理を表現できる理由** 2
　　1-1-1　デジタル信号への変換 3
　　1-1-2　論理演算を表現する回路 4
　　1-1-3　いかなる真理値表も表現できる基本論理回路 7

1-2　**基本論理回路が CPU を実現できる理由** 9
　　1-2-1　順序論理回路：ラッチ回路 11
　　1-2-2　有限状態機械 12
　　1-2-3　クロック信号による同期 14

1-3　**CPU の製造プロセス** 18
　　Column　バイポーラトランジスタと CMOS 10

第 2 章　コンピュータ・アーキテクチャ 20

2-1　**メモリ** 21
　　2-1-1　レジスタ 21
　　2-1-2　メインメモリ 22

2-2　**コンピュータの基本的な処理の流れ** 23
　　2-2-1　命令フェッチ（IF：Instruction Fetch） 24
　　2-2-2　命令デコード（ID：Instruction Decode） 24
　　2-2-3　演算（EX：Execution） 27
　　2-2-4　メモリアクセス（MEM：Memory Access） 27
　　2-2-5　ライトバック（WB：Write Back） 28
　　Column　デコード処理の簡略化 26
　　Column　RISC と CISC 28
　　Column　レジスタとメモリの扱い 29

第3章　ハードウェア記述言語Chiselの基本　30

3-1　Chiselとは　31

3-2　オブジェクト指向とは　32
3-2-1　クラスとインスタンス　32
3-2-2　継承　33

3-3　Scalaの基本文法　34
3-3-1　変数varとval　35
3-3-2　メソッド：def　35
3-3-3　コレクション：Seq　35
3-3-4　for式　36
3-3-5　オブジェクト　37
3-3-6　名前空間　40

3-4　Chiselの基本文法　42
3-4-1　bit値を表す基本型　42
3-4-2　演算子　44
3-4-3　Module　47
3-4-4　IO　47
3-4-5　Flippedオブジェクト　49
3-4-6　配線の接続　50
3-4-7　組み合わせ論理回路：Wire/WireDefault　50
3-4-8　順序論理回路：RegInit　51
3-4-9　Memによるレジスタファイル定義　51
3-4-10　制御回路　52
3-4-11　bit操作　56
3-4-12　printfによるデバッグ　56
Column　あらゆるものがオブジェクト　40

第II部　簡単なCPUの実装　59

第4章　環境構築　60

4-1　chisel-templateのダウンロード　60

4-2　Dockerによる実行環境の構築　60
4-2-1　Dockerのインストール　61
4-2-2　Dockerfileの作成　61
4-2-3　イメージの作成　62
4-2-4　コンテナの作成　63

4-3　命令bit列および定数ファイル　63

　　　　4-3-1　Instructions.scala 63

　　　　4-3-2　Consts.scala 66

　　4-4　**第 II 部で実装する命令と Chisel コード全体** 68

第 **5** 章　　**命令フェッチの実装**　　76

　　5-1　**Chisel コードの概要** 76

　　5-2　**Chisel の実装** 77

第 **6** 章　　**ChiselTest による命令フェッチテスト**　　80

　　6-1　**ChiselTest のインストール** 80

　　6-2　**テストの流れ** 81

　　6-3　**Chisel テストコードの作成** 81

　　　　6-3-1　trait 82

　　　　6-3-2　peek メソッド 83

　　　　6-3-3　clock.step メソッド 83

　　6-4　**メモリ用 hex ファイルの作成** 83

　　6-5　**printf を活用したデバッグ信号の出力** 85

　　6-6　**テストの実行** 85

　　6-7　**Docker コンテナの commit** 86

第 **7** 章　　**命令デコーダの実装**　　87

　　7-1　**Chisel の実装** 87

　　　　7-1-1　レジスタ番号の解読 87

　　　　7-1-2　レジスタデータの読み出し 87

　　　　7-1-3　デバッグ用信号の出力 88

　　7-2　**テストの実行** 88

第 **8** 章　　**LW 命令の実装**　　90

　　8-1　**RISC-V の LW 命令定義** 90

　　8-2　**Chisel の実装** 91

　　　　8-2-1　①命令 bit パターンの定義 92

　　　　8-2-2　②CPU とメモリ間のポート定義 92

　　　　8-2-3　③CPU 内の処理実装 93

　　　　8-2-4　④メモリのデータ読み込み実装 95

　　8-3　**テストの実行** 95

8-3-1　命令ファイル lw.hex の作成 96
8-3-2　メモリにロードするファイル名の変更 97
8-3-3　テスト終了条件の変更 97
8-3-4　デバッグ信号の追加 97
8-3-5　テストの実行 97

第 9 章　SW 命令の実装　　　　　　　　　　　　　　99

9-1　RISC-V の SW 命令定義 99
9-2　Chisel の実装 100
8-2-1　①命令 bit パターンの定義 101
9-2-2　②CPU とメモリ間のポート定義 101
9-2-3　③CPU 内の処理実装 101
9-2-4　④メモリのデータ書き込み実装 102
9-3　テストの実行 102
9-3-1　命令ファイル sw.hex の作成 102
9-3-2　メモリにロードするファイル名の変更 103
9-3-3　テスト終了条件の変更 104
9-3-4　デバッグ用信号の追加 104
9-3-5　テストの実行 104

第 10 章　加減算命令の実装　　　　　　　　　　　　106

10-1　RISC-V の加減算命令定義 106
10-2　Chisel の実装 107
10-2-1　命令 bit パターンの定義 107
10-2-2　加減算結果の接続 @EX ステージ 107
10-2-3　加減算結果のレジスタライトバック @WB ステージ 108

第 11 章　論理演算の実装　　　　　　　　　　　　　109

11-1　RISC-V の論理演算命令定義 109
11-2　Chisel の実装 110
11-2-1　命令 bit パターンの定義 110
11-2-2　論理演算結果の接続 @EX ステージ 110
11-2-3　論理演算結果のレジスタライトバック @WB ステージ 111

第 12 章　デコーダの強化　　　　　　　　　　　　　112

12-1　ALU 用デコード 112
12-1-1　デコーダの強化 @ID ステージ 112
12-1-2　デコード信号を活用した ALU 簡略化 @EX ステージ 113

12-2 MEM用デコード 114

12-2-1 デコーダの強化 @ID ステージ 114

12-2-2 命令デコードの不要化 @MEM ステージ 115

12-3 WB用デコード 115

12-3-1 デコーダの強化 @ID ステージ 116

12-3-2 命令デコードの不要化 @WB ステージ 116

第13章 シフト演算の実装 118

13-1 RISC-Vのシフト演算命令定義 118

13-2 Chiselの実装 119

13-2-1 命令bitパターンの定義 119

13-2-2 デコード信号の生成 @ID ステージ 120

13-2-3 シフト演算結果の接続 @EX ステージ 120

第14章 比較演算の実装 121

14-1 RISC-Vの比較演算命令定義 121

14-2 Chiselの実装 122

14-2-1 命令bitパターンの定義 122

14-2-2 デコード信号の生成 @ID ステージ 122

14-2-3 比較演算結果の接続 @EX ステージ 123

第15章 分岐命令の実装 124

15-1 RISC-Vの分岐命令定義 124

15-2 Chiselの実装 126

15-2-1 命令bitパターンの定義 126

15-2-2 PCの制御 @IF ステージ 126

15-2-3 即値およびデコード信号の生成 @ID ステージ 127

15-2-4 分岐可否、ジャンプ先アドレスの計算 @EX ステージ 128

第16章 ジャンプ命令の実装 129

16-1 RISC-Vのジャンプ命令定義 129

16-2 Chiselの実装 130

16-2-1 命令bitパターンの定義 131

16-2-2 デコードおよびオペランドデータの読み出し @ID ステージ 131

16-2-3 JALR用演算の追加 @EX ステージ 132

16-2-4 PCの制御 @IF ステージ 132

16-2-5 raのライトバック @WB ステージ 133

第17章　即値ロード命令の実装　134

17-1　RISC-V の即値ロード命令定義　134

17-2　Chisel の実装　135

17-2-1　命令 bit パターンの定義　135
17-2-2　デコードおよびオペランドデータの読み出し @ID ステージ　135
Column　LI（Load Immediate）命令　137

第18章　CSR 命令の実装　138

18-1　RISC-V の CSR 命令定義　138

18-2　Chisel の実装　140

18-2-1　命令 bit パターンの定義　141
18-2-2　即値およびデコード信号の生成 @ID ステージ　141
18-2-3　op1_data の接続 @EX ステージ　142
18-2-4　CSR の読み書き @MEM ステージ　142
18-2-5　CSR 読み出しデータのレジスタライトバック @WB ステージ　143

第19章　ECALL の実装　144

19-1　RISC-V の ECALL 命令定義　144

19-2　Chisel の実装　145

19-2-1　命令 bit パターンの定義　145
19-2-2　PC の制御 @IF ステージ　145
19-2-3　デコード信号の生成 @ID ステージ　146
19-2-4　CSR 書き込み @MEM ステージ　146

第20章　riscv-tests によるテスト　147

20-1　riscv-tests のビルド　147

20-2　ELF ファイルを BIN ファイルへ変換　148

20-3　BIN ファイルの hex 化　149

20-4　riscv-tests のパス条件　149

20-5　riscv-tests の実行　152

20-5-1　Chisel の実装　153
20-5-2　テストの実行　153

20-6　一括テストスクリプト　155

20-6-1　hex ファイルの一括生成：tohex.sh　155
20-6-2　riscv-tests の一括実行：riscv_tests.sh　156

第21章 Cプログラムを動かしてみよう 158

21-1 Cプログラム作成 158

21-2 コンパイル 159

21-3 リンク 162

21-4 機械語のhex化とdumpファイルの生成 163

21-5 テストの実行 164

Column コンパイルとアセンブル 161

第III部 パイプラインの実装 167

第22章 パイプラインとは 168

22-1 パイプライン処理の意義 168

22-2 CPU処理のパイプライン化 169

22-3 第III部で完成するChiselコード 170

第23章 パイプラインレジスタの実装 179

23-1 レジスタ定義 179

23-2 IFステージ 181

23-2-1 命令フェッチおよびPC制御 181

23-2-2 IF/IDレジスタへの書き込み 181

23-3 IDステージ 182

23-3-1 ①レジスタ番号のデコードおよびレジスタデータの読み出し 182

23-3-2 ②即値のデコード 182

23-3-3 ③csignalsのデコード 183

23-3-4 ④オペランドデータの選択 183

23-3-5 ⑤csr_addrの生成 183

23-3-6 ⑥ID/EXレジスタへの書き込み 183

23-4 EXステージ 184

23-4-1 ①alu_outへの信号接続 184

23-4-2 ②分岐命令の処理 185

23-4-3 ③EX/MEMレジスタへの書き込み 185

23-5 MEMステージ 185

23-5-1 ①メモリアクセス 186

23-5-2 ②CSR 186

23-5-3 ③wb_data 186

23-5-4　④MEM/WBレジスタへの書き込み 186
23-6　**WBステージ** 187

第24章　分岐ハザード処理 188

24-1　**分岐ハザードとは** 188
24-2　**Chiselの実装** 189
　24-2-1　IFステージの無効化 189
　24-2-2　IDステージの無効化 190
　24-2-3　デバッグ用信号の追加 190
24-3　**分岐ハザードのテスト** 191
　24-3-1　テスト用Cプログラムの作成 191
　24-3-2　hexおよびdumpファイルの生成 192
　24-3-3　分岐ハザード対応前CPUでのテスト 193
　24-3-4　分岐ハザード対応後CPUでのテスト 194
　Column　静的分岐予測と動的分岐予測 196

第25章　データハザード処理 198

25-1　**データハザードとは** 198
25-2　**フォワーディングのChisel実装** 199
25-3　**ストールのChisel実装** 200
　25-3-1　stall_flg信号の追加@IDステージ 201
　25-3-2　ストール処理@IFステージ 202
　25-3-3　BUBBLE化@IDステージ 202
　25-3-4　デバッグ用信号の追加 203
25-4　**データハザードのテスト** 203
　25-4-1　①ID/WB間のデータハザードをフォワーディングするパターン 203
　25-4-2　②ID/EX間のデータハザードによるストール
　　　　　→ID/MEM間でフォワーディングするパターン 206
　25-4-3　riscv-testsテスト 208

第IV部　ベクトル拡張命令の実装 209

第26章　ベクトル命令とは 210

26-1　**SIMDとは** 210
26-2　**既存のベクトルアーキテクチャ** 213
26-3　**RISC-Vのベクトル命令とSIMD命令の相違点** 213

26-3-1　SIMD命令のベクトルレジスタ長　　214

26-3-2　RVV命令のベクトルレジスタ長　　215

26-4　**第IV部で完成するChiselコード**　　217

　　Column　　スーパーコンピュータ「富岳」　　216

第**27**章　**VSETVLI命令の実装**　　225

27-1　**RISC-VのVSETVLI命令定義**　　225

27-2　**VTYPE**　　226

27-2-1　SEWとLMUL　　226

27-2-2　vill、vta、vma　　229

27-3　**Chiselの実装**　　231

27-3-1　命令bitパターンの定義　　231

27-3-2　デコード信号の生成@IDステージ　　231

27-3-3　ベクトルCSRへの書き込み@MEMステージ　　232

27-3-4　VLのレジスタライトバック@WBステージ　　233

27-4　**テストの実行**　　233

27-4-1　e32/m1テスト　　233

27-4-2　e64/m1テスト　　237

27-4-3　e32/m2テスト　　238

第**28**章　**ベクトルロード命令の実装**　　240

28-1　**unit-stride形式のベクトルロード命令定義**　　241

28-1-1　SEWとEEW　　242

28-1-2　bit配置　　243

28-2　**Chiselの実装**　　244

28-2-1　命令bitパターンの定義　　244

28-2-2　DmemPortIoの拡張　　244

28-2-3　ベクトルレジスタの追加　　245

28-2-4　デコード信号の生成@IDステージ　　245

28-2-5　ベクトルロードデータのレジスタライトバック@WBステージ　　245

28-2-6　メモリからベクトルデータの読み出し@Memoryクラス　　247

28-2-7　デバッグ用信号の追加　　248

28-3　**テストの実行**　　248

28-3-1　e32/m1テスト　　248

28-3-2　e64/m1テスト　　251

28-3-3　e32/m2テスト　　254

第29章　ベクトル加算命令VADD.VVの実装　257

29-1　RISC-VのVADD.VV命令定義　257
29-2　Chiselの実装　258
29-2-1　命令bitパターンの定義　258
29-2-2　ベクトルレジスタの読み出し@IDステージ　258
29-2-3　デコード信号の生成@IDステージ　259
29-2-4　ベクトル加算器の追加@EXステージ　259
29-2-5　加算結果のレジスタライトバック@WBステージ　262
29-2-6　デバッグ用信号の追加　262
29-3　テストの実行　262
29-3-1　e32/m1テスト　262
29-3-2　e64/m1のテスト　266
29-3-3　e32/m2のテスト　268

第30章　ベクトルストア命令の実装　272

30-1　unit-stride形式のベクトルストア命令定義　272
30-2　Chiselの実装　273
30-2-1　命令bitパターンの定義　273
30-2-2　DmemPortIoの拡張　273
30-2-3　デコード信号の生成、ストアデータの読み出し@IDステージ　274
30-2-4　ストアデータの接続@MEMステージ　274
30-2-5　ベクトルデータのメモリへの書き込み@Memoryクラス　275
30-3　テストの実行　276
30-3-1　e32/m1テスト　276
30-3-2　e64/m1テスト　279
30-3-3　e32/m2テスト　282

第V部　カスタム命令の実装　285

第31章　カスタム命令の意義　286

31-1　シングルコアの性能向上と限界　286
31-1-1　ムーアの法則　286
31-1-2　デナード則　287
31-1-3　デナード則の崩壊　287
31-2　マルチコアによる並列処理の効率化と限界　288
31-2-1　マルチコアへの移行　288
31-2-2　並列処理の効率化の限界　289

31-3 **DSAの可能性** 289
  31-3-1 ASIC 289
  31-3-2 FPGA 290
  31-3-3 DSAのデメリット 290

31-4 **DSAとRISC-V** 290
  31-4-1 自由なアーキテクチャ設計 291
  31-4-2 カスタム命令 291
  Column 消費電力対策 288
  Column アクセラレータ 293

第32章 ポピュレーションカウント命令の実装 294

32-1 **ポピュレーションカウント命令とは** 294

32-2 **カスタム命令を実装しない場合のポピュレーションカウントプログラム** 295

32-3 **カスタム命令用のコンパイラ（アセンブラ）実装** 296
  32-3-1 GNU Assemblerの概要 296
  32-3-2 PCNT命令をGASへ追加 299
  32-3-3 コンパイラの再ビルド 304
  32-3-4 PCNT命令のコンパイル 305

32-4 **Chiselの実装** 306
  32-4-1 命令列の定義 306
  32-4-2 デコード信号の生成@IDステージ 306
  32-4-3 ALUの追加@EXステージ 306

32-5 **テストの実行** 307

付録A RISC-Vの価値 308

A-1 **オープンソースISAの必要性** 308

A-2 **RISC-Vが実現するもの** 309
  A-2-1 ①高性能・低コストを両立するDSA 309
  A-2-2 ②安価な汎用CPU 310
  A-2-3 ③誰でも気軽に勉強・実装ができる教育環境 310

A-3 **チップ製造コストの壁とその将来性** 311

もっと深く学びたい人へのお勧め書籍 312

第 **I** 部

CPU
自作のための
基礎知識

第1章

CPUとは何か

　本書のテーマは"CPU自作"です。CPUという名前は聞いたことがあるけれど、具体的な構造や処理の流れがあいまいな方もいるかと思います。本書はそうした入門者の方に向けた本でもあるので、まずは「そもそもCPUとは何か」というテーマからお話を始めます。

　さて、CPUはCentral Processing Unitの略で、中央演算処理装置のことを指します。コンピュータの頭脳に例えられ、プログラムの内容に応じて、演算処理を行います。

　たとえば1＋1のプログラムに対して、2を算出する処理は、算数を学習した人にとっては非常に簡単です。しかし、それをCPUに演算させるとなると、そのしくみは自明ではありません。

　本章ではCPUの演算処理のしくみを理解するために、電子回路がいかにして論理を表現できるのか、そしてその論理を組み合わせることでいかにして柔軟な演算装置＝CPUを実現しているのかについて順番に確認します。本章を読み終わった際に、CPU自作にあたって最低限理解しておくべきなのは次の3点です。本章をお読みいただくことでこれらを理解できるものと思います。

- CPUは電子回路で表現した論理を組み合わせたものであること
- CPUは組み合わせ論理に加えて、クロック同期した順序論理回路を活用した有限状態機械であること
- CPU内の記憶装置レジスタは複数のDFFを並列につなげたもので、クロックの立ち上がりエッジ、立ち下がりエッジのいずれかで値が更新されること

　電子回路図などの細かい部分の理解はCPU自作では求められないので、軽く読み流していただく形でも問題ありません。

1-1　電子回路が論理を表現できる理由

　物理的な電子回路は次のような抽象化ステップを踏むことで、論理を表現できるようになります。

図1.1　電子回路の抽象化ステップ

物理的

❶ ひとつながりの電子回路

❷ 0と1という2値の情報の集合体

❸ AND、OR、NOT演算の集合体

❹ 任意の入力に対して、定められた結果を出力する装置

論理的

　CPUと聞くと、複雑怪奇な機械のように感じますが、あくまで実態はひとつながりの電子回路に過ぎません。それでは、ただの電子回路がどのようにして、加減乗除や分岐処理を行えるようになるのでしょうか？

1-1-1　デジタル信号への変換

　図1.1の❶「ひとつながりの電子回路」から❷「0と1という2値の情報の集合体」へ抽象化する橋渡しとなるのは「電位が高い状態を1、低い状態を0」と解釈する概念です。

　電位とは電気を帯びている粒子（電荷）が持っている位置エネルギーのことで、正電荷は電位の高いところから低いところへ移動する特性を持っています。皆さんが日常的に利用している電池は、電位を引き上げる力を有しており、電池のプラス極とマイナス極を導体でつなぐと、プラス極からマイナス極へ正電荷が移動します（これを電流と呼びます）。

　冒頭で言及した概念は、連続的に値が変化する電位（アナログ信号）を、特定の値を閾値として0と1という2つの不連続な値（デジタル信号）に変換することを意味します。

図1.2　アナログ信号をデジタル信号へ変換

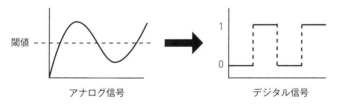

　アナログ信号のような細かい値（連続値）を扱う場合、わずかな値の変化も直接的に影響を受けてしまいます。一方、デジタル信号のようなざっくりとした値（離散値）であれば、多少の信号のブレはデジタル化の過程で吸収できます。このように正確性が重要なCPUでは、可能な限り値のブレを許容できるように電気信号を取り扱っています。

　まとめると、CPUは0と1という2つのデジタル信号を駆使して、さまざまな演算を実現していると言えます。

　ちなみに電位の等しい一続きの配線が持つ情報量をbitという単位で表します。1bitは0また

は1の値を取り、2bit は [00,01,10,11] の4つの値を表現できます。例えば、図1.3では電池によって－端子側の配線の電位は0V、＋端子側の配線の電位は1.5V となり、それぞれを0、1と解釈します。

図1.3　電子回路と bit

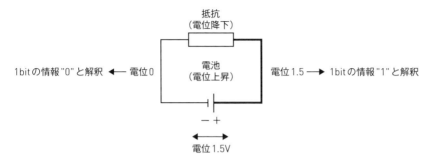

1-1-2　論理演算を表現する回路

続いて図1.1「電子回路の抽象化ステップ」（p.3）の❷「0と1という2値の情報の集合体」から❸「AND、OR、NOT演算の集合体」へ抽象化する橋渡しをするのが、ブール代数です。

ブール代数は0と1の2値だけを扱う論理体系で、AND、OR、NOT という3つの基本論理演算を定義します。各論理演算は次のような入力パターンに対して、決まった値を出力します。

ANDでは、入力値がすべて1の場合に1を出力し、それ以外の場合には0を出力します。

表1.1　AND

入力A	入力B	出力
1	1	1
1	0	0
0	1	0
0	0	0

ORでは、入力値のいずれかに1が入力された場合に1を出力し、それ以外の場合には0を出力します。

表1.2　OR

入力A	入力B	出力
1	1	1
1	0	1
0	1	1
0	0	0

NOTでは、入力された値が1なら0に、0なら1に反転します。

表1.3　NOT

入力	出力
1	0
0	1

　こういった入力と出力を対応付けた表を真理値表[1]と呼び、入力によって出力が一意に決まる論理を組み合わせ論理と呼びます。

　重要なことはこれら3つの論理演算が0と1を表す電子回路で表現できるということです。それぞれの回路を見る前に、重要な構成素子であるトランジスタについて確認しておきます。

　トランジスタは半導体素子であり、導体と絶縁体の両特性を兼ね備えています。具体的には入力（ベース）の電位が1（特定の電位より高い）なら、コレクタとエミッタ間を通電させ、0なら絶縁させます。一般的にコレクタをプラス、エミッタをマイナス側に接続し、コレクタからエミッタ方向へ電流を流します。トランジスタはベース電位で操作できるスイッチ回路と言えます。

　図1.4「トランジスタの回路記号とその動作」において、左側のトランジスタ回路記号は、ベース電位が1の場合コレクタとエミッタ間を通電させ、ベース電位が0の場合コレクタとエミッタ間を絶縁させることを示しています。

図1.4　トランジスタの回路記号とその動作

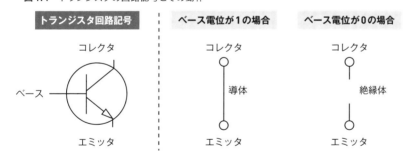

　このトランジスタを使って、AND, OR, NOT回路は次のように表現できます。
　図1.5 ～図1.7では左側に回路図、右側に各入力に対する挙動を示しています。

図 1.5　AND回路

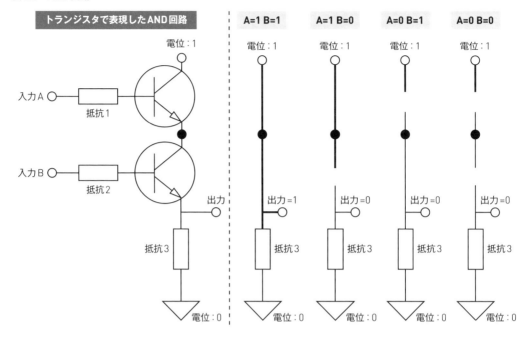

図 1.6　OR回路

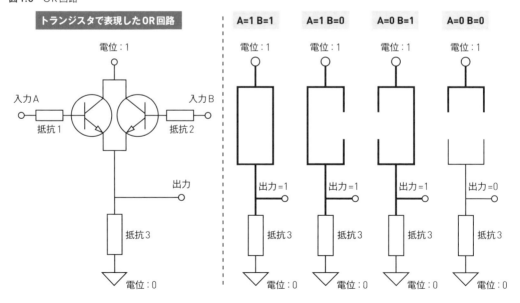

図1.7 NOT回路

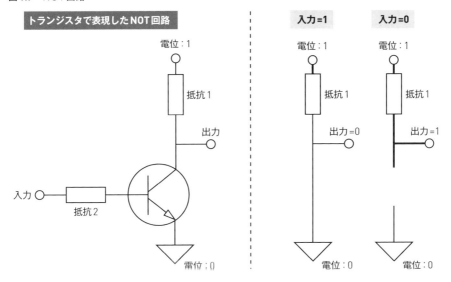

図1.1の4つの抽象化レベルのうち、❷から❸への橋渡しするのがこれらの電子回路になります。

1-1-3 いかなる真理値表も表現できる基本論理回路

最後に図1.1の❸「AND、OR、NOT演算の集合体」から❹「任意の入力に対して、定められた結果を出力する装置」への抽象化の橋渡しとなるのが、「ANDとNOTという2つの基本論理演算を使えば、いかなる真理値表も表現できる」という点です。あらゆる入力パターンに対して、どれだけ複雑な出力パターンを実装する場合でも、ANDとNOTの2つだけで十分なのです。

OR論理の表現

たとえばORはANDとNOTで次のように表現できます。

リスト1.1 ORの表現

```
A OR B = NOT(NOT(A) AND NOT(B))
```

これをベン図で示すと図1.8のようになります。

図1.8　ORのベン図

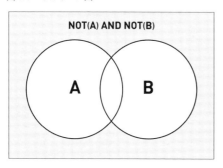

比較論理の表現

また、AとBを比較し等しければ0となる比較論理もANDとNOTで表現できます。表1.4は
比較論理の真理値表です。

表1.4　比較論理の真理値表

入力A	入力B	出力
0	0	0
0	1	1
1	0	1
1	1	0

これを基本論理演算で表現すると次のようになります。

リスト1.2　基本論理演算で表現した比較論理（簡略化のためORを使用）

```
出力 = (A AND NOT(B)) OR (NOT(A) AND B)
```

ベン図で示すと次のようになります。

図1.9　XORのベン図

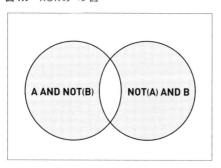

この比較論理はXOR（Exclusive OR）、排他的論理和と呼ばれます。XORは入力AとBが

等しい場合は0、等しくない場合は1となり、比較演算子Not Equalの役割を担えることがわかります。比較演算が多用されるコンピュータでは、XORはなくてはならない存在と言えます。

加算論理の表現

ほかには次のような1bit同士の加算論理も同様に真理値表で表現できます。

表1.5 加算論理の真理値表

入力A	入力B	和S（Sum）	桁上げC（Carry）	計算内容
0	0	0	0	0+0=0
0	1	1	0	0+1=1
1	0	1	0	1+0=1
1	1	0	1	1+1=10

基本論理演算で表現した加算論理は次のようになります。

リスト1.3 基本論理演算で表現した加算論理

```
S = (A OR B) AND NOT(A AND B)
C = A AND B
```

表1.5で登場する桁上げは、加算結果がその桁で表せる数を超えたときに1つ上の桁に加えられる数です。2進数では1桁で最大1まで表現できるので、それを超える場合、桁上げが発生します。具体的には1bit同士の加算は両方が1だった場合、結果は2進数で10（10進数で2）となるので、和Sを0、桁上げCを1とします。

この1bit同士の加算論理は半加算器と呼ばれ、これを複数組み合わせることで複数bitの加算を実現できます（全加算器）。

このようにAND、NOTを表現できる電子回路は、あらゆるデジタル入力に対して、任意のデジタル出力を生成できます。この理論が図1.1の抽象化レベルの❸「AND、OR、NOT演算の集合体」から❹「任意の入力に対して、定められた結果を出力する装置」への橋渡しとなります。

以上の内容から、ひとつながりの電子回路が組み合わせ論理を表現し、あらゆる入力に対して意図した出力を行えることがわかります。この組み合わせ論理を表現する回路を組み合わせ論理回路と呼び、CPUの基礎となっています。

1-2 基本論理回路がCPUを実現できる理由

前節で組み合わせ論理回路だけで、あらゆる入力に対して、意図した出力を行えると説明しました。しかし、実は組み合わせ論理回路のみだと、1つの回路は1種類の演算しか処理できないという問題があります。

　たとえば、入力Aと入力Bを1回加算する演算装置は、組み合わせ論理回路のみで実装可能です。しかし、この装置では加算を2回繰り返す処理は実行できません。

　そこで登場するのが順序論理です。論理回路で表現できる論理は次の2つに分類できます。

- **組み合わせ論理**：現在の入力値のみで出力値が決まる
- **順序論理**：現在の入力値と出力値を合わせて、最終的な出力値が決まる

　組み合わせ論理は、前述したAND回路やOR回路のように、入力から出力までが一方通行で、入力値のみで一意の出力値が定まります。一方、順序論理では、出力値を入力値の1つとしてループ接続し、出力値を決定します。

＼Column

バイポーラトランジスタと CMOS

　ここまでの説明で、理解しやすさのために省略したポイントがあります。それはCPUがNAND(NOT AND)、NOR (NOT OR)、NOTという3つの論理演算を基本パーツとしていることです。

　論理回路で言及したトランジスタはバイポーラトランジスタというものですが、現代のCPUではCMOSという電子回路を基本素子としています。CMOSはMOSFETと呼ばれる素子を組み合わせた回路で、バイポーラトランジスタと比べて電力効率が優れています。そしてCMOSは構造上、ANDやORよりもNANDやNORのほうが表現しやすいのです。

　AND回路とNOT回路であらゆる真理値表を表現できたように、NAND回路とNOT回路の2パーツだけでもCPUを構成できます。しかし、NORを`NOT(NOT(A) NAND NOT(B))`で表現するよりも、NOR回路1つで表現したほうが回路効率が高いため、NAND、NOR、NOTの3回路が基本パーツとなっています。

　いずれにせよ、NANDとNORはそれぞれANDとORにNOTを掛けただけであり、本節で説明した本筋は何も変わらないのでご安心ください。

図1.10　回路記号（出力側の○が否定（NOT）を意味します）

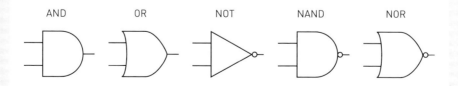

図1.11 順序論理回路

組み合わせ論理回路で様々な演算を表現できることは前節で説明済みです。本節では順序論理回路を加えることで、どのような演算能力を新たに獲得できるのかについて学んでいきましょう。

1-2-1 順序論理回路：ラッチ回路

出力値を入力値としてループさせる意味は抽象的には理解しづらいので、SRラッチと呼ばれる順序論理回路の例を見てみましょう。図1.12の左上がSRラッチ回路図、左下が回路記号です。右側がその動作となります。

図1.12 SRラッチとその動作

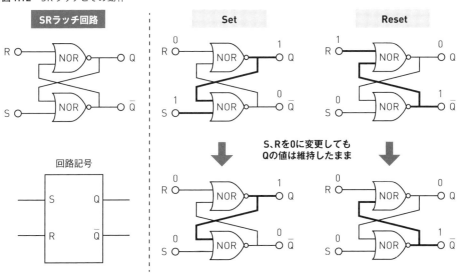

SRラッチの状態遷移表は次のようになります。

表1.6　SRラッチの状態遷移表

S	R	Q
0	0	前状態のQ
0	1	0
1	0	1
1	1	0

　最も着目すべき特性は、SとRが共に0であるとき、Qは前状態の値をそのまま維持、つまり記憶できることです。

　SRラッチはS=Setが1の場合、出力Qが1にセットされ、R=Resetが1の場合、出力Qが0にリセットされます（SとRが共に1の入力は意味を持ちません）。ラッチとは英語でドアの掛け金を意味しており、出力値をロックするイメージで、1bitの情報を保持できる電子回路をラッチ回路と総称します。ラッチ回路をN個並列に繋ぎ合わせると、Nbitの記憶が可能になります。

　このようにたすき掛けの形をしたフィードバック配線を持つ順序論理回路は、「記憶」機能を実現できます。

1-2-2　有限状態機械

　順序論理回路による記憶機能はそれ単体で非常に価値あるものです。しかし、組み合わせ論理回路と順序論理回路（ラッチ回路）を次のように組み合わせることで、更なる価値を発揮します。

図1.13　有限状態機械

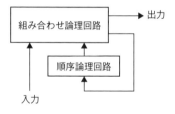

　この回路は有限状態機械（有限オートマトン）と呼ばれ、これこそがCPUの基本形となります。「状態」とは順序論理回路に記憶された信号パターンのことで、Nbitを記憶するラッチ回路に対して、そのパターン数は2^N個と有限であるため、有限状態機械と名付けられています。

　単体の組み合わせ論理回路と比べて、有限状態機械には2つのメリットがあります。

* 可能な演算種類の増加
* 回路サイズの圧縮

それぞれのメリットについて詳しく確認していきましょう。

可能な演算種類の増加

本節の冒頭で述べた通り、仮に組み合わせ論理回路だけだと、特定の演算処理しか対応できません。しかし、有限状態機械であれば、一つの回路で複数の演算が可能になります。

例えば、図1.13の組み合わせ論理回路部分で1回分の加算を実行し、順序論理回路部分で加算結果を記憶するように実装してみましょう。

1回の加算だけする場合、次のように順序論理回路を経由しない形で意図した結果を得られます。

図1.14　1回の加算手順
```
❶ 入力
❷ 加算　@組み合わせ論理回路
❸ 出力
```

また、2回連続して加算したい場合は次のような流れになります。

図1.15　2回連続した加算手順
```
❶ 入力
❷ 加算　@組み合わせ論理回路
❸ 加算結果の記憶　@順序論理回路
❹ 加算　@組み合わせ論理回路
❺ 出力
```

組み合わせ論理回路における1回目の加算結果が順序論理回路に記憶された後、2回目の加算が再び組み合わせ論理回路で行われます。一方、減算を行いたい場合、組み合わせ論理回路部分に減算回路を追加します。

図1.16　減算手順
```
❶ 入力
❷ 減算　@組み合わせ論理回路
❸ 出力
```

この回路では加算してから減算するといった異なる種類の演算が連続するものも対応できるようになります。

図1.17　加算からの減算手順
```
❶ 入力
❷ 加算　@組み合わせ論理回路
❸ 加算結果の記憶　@順序論理回路
❹ 減算　@組み合わせ論理回路
❺ 出力
```

このように組み合わせ論理回路に記憶回路を挟むことで、様々な処理に柔軟に適応できるようになります。

回路サイズの圧縮

また、有限状態機械は回路サイズの縮小というメリットももたらします。

例えば、100回連続する加算処理を専門で行う装置を作る例を考えましょう。組み合わせ論理回路のみで実装する場合、加算回路を100回直列に接続する必要があります。それに対して、有限状態機械では加算回路の使い回しが可能になり、加算回路は1つのまま、順序論理回路を経由しながら、加算を100回繰り返して処理できます。

1-2-3　クロック信号による同期

しかし、実はこれだけでは有限状態機械の出力は全く予想のつかないものとなります。 例えば、加算を2回または3回繰り返した結果がいつ出力されるのかが定まらないというタイミングの問題です。例えば図1.18におけるステップ1とステップ2の間、およびステップ2とステップ3の間で行われる順序論理回路の状態更新タイミングは一切定まっていません。

図1.18　タイミングの問題

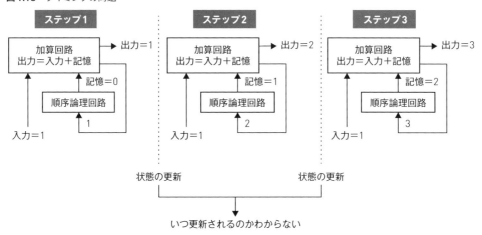

これを解決するのがクロック信号です。クロック信号とは、複数の電子回路間で信号を送受信するタイミングを揃えるために、規則正しく0と1を示す電気信号です。

クロックという言葉通り、電子回路にとって時計の役割を担っています。クロック信号は水晶により生成されており、電子回路を支える水晶は「産業の塩」と呼ばれています。

このクロック信号に同期させて、順序論理回路に記憶（状態更新）させることでタイミング問題を解決できます。 具体的には順序論理で入力を記憶するタイミングをクロックのエッジのみに限定します。エッジとは信号が入れ替わるタイミングを指し、特に0から1へ変わるタイミングを立ち上がりエッジ、1から0へ変わるタイミングを立ち下がりエッジと呼びます。

例えば、立ち上がりエッジのみで値が更新される順序回路において、2回または3回の加算

結果を取得したい場合は、それぞれ2クロック目、3クロック目の出力を取得します。

図1.19　クロック同期回路

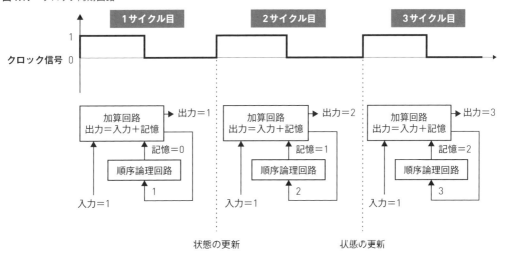

前述したSRラッチ回路はクロックと非同期です。そのため、クロックに同期させたラッチ回路として、Dラッチ回路を利用します。図1.20で、Dが入力データ、CLKがクロック信号、Qが出力です。回路記号で表すと図1.20右側のようになります。

図1.20　Dラッチ回路

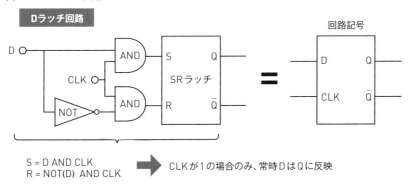

DラッチのDはDelayed＝遅延を意味しており、クロック信号が0の場合の入力をクロック信号が1になる＝次サイクルまで遅延させることに由来しています。しかし、クロック信号が1の場合は遅延なく常に入力を出力に反映させてしまいます。そこで立ち上がりエッジのみで値を更新させるために、Dラッチ回路を2つ繋げたDフリップフロップ（DFF：Delayed Flip-Flop）回路を利用します。図1.21で上部左側がDFF回路図、上部右側はそれを回路記号で表したものです。図下部は動作の様子を示しています。

図1.21　DFF回路

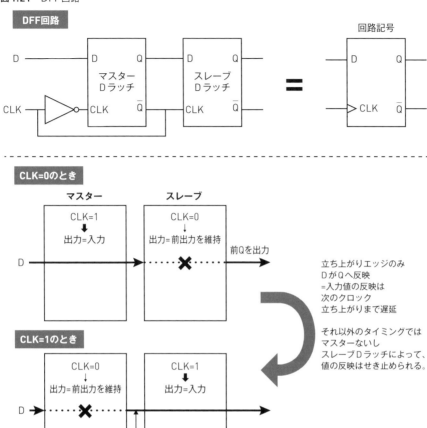

表1.7はDFF回路の状態遷移表です。

表1.7　DFF回路の状態遷移表

D	CLK	Q
0	立ち上がりエッジ	0
1	立ち上がりエッジ	1
X	1	前状態のQ
X	0	前状態のQ
X	立ち下がりエッジ	前状態のQ

クロックの立ち上がりエッジにQがDと同じ値に更新され、それ以外のとき（CLK=1 or 0

立ち下がりエッジ）はQは変わりません。入力を出力に反映させるタイミングの違いから、D
ラッチはレベルセンシティブ、DFFはエッジセンシティブと呼ばれます。

　"Flip-Flop"とはサンダルのようにパタパタと鳴る様子、意見をコロコロと変える様子を表します。出力を0や1にパタパタと変える様子を"Flip-Flop"と例えています。

　特に共通のクロック入力を持つ複数のDFFで構成されたCPU内の記憶装置をレジスタと呼びます。CPUとは組み合わせ論理回路とレジスタで構成される有限状態機械であると言えます。例えば図1.22は3つのDFFを組み合わせた3bitレジスタで、前サイクルの3つの入力値を1サイクルの間、記憶できます。

図1.22　DFFを組み合わせたレジスタ（3bit）

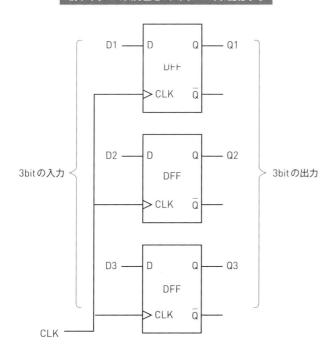

トランジスタで具現化した組み合わせ論理回路と順序論理回路、さらにクロック信号を活用することで、意図したデータを意図したタイミングで出力できる有限状態機械 = CPUが出来上がります。以上が基本論理回路により実現できるCPUの全体観になります。

　なお、現実の論理回路上ではトランジスタ数削減のため、ここで紹介したSRラッチと組み合わせ論理回路ではなく、トランスミッション・ゲートとNOTゲートを組み合わせてDFF回路を構成します。このあたりについて詳しく知りたい場合は、巻末のおすすめ書籍などで調べると良いでしょう。

1-3　CPUの製造プロセス

ここまでの話をCPUの製造プロセスから捉え直してみましょう（図1.23）。

図1.23　CPUの製造プロセス

①論理設計：論理レベルの回路設計
②物理設計：チップ上の回路配置（レイアウトパターン）設計
③フォトマスク製造
④シリコンウェハー上に回路の焼き付け
⑤ウェハーからチップ状になった電子回路の切り出し

　一般的には①及び②がチップ設計者が担当する作業であり、③以降はファウンドリ（半導体生産工場）に委託します。ファウンドリ企業として有名なところは、台湾のTSMCやアメリカのGlobalFoundriesが挙げられます。

　①「論理設計」は入力に対して、どういった演算を施し、結果を出力するのかを論理レベルで規定します。「1.2 基本論理回路がCPUを実現できる理由」で説明したように、組み合わせ論理でどのような演算を行い、順序論理回路（レジスタ）に何を記憶させるのかといった内容が対象となります。 この記述レベルをレジスタ転送レベル（RTL：Register Transfer Level）と呼び、他にはAND回路やOR回路などの組み合わせ論理回路そのものを直接記述するゲートレベルという具体的な記述レベルも存在します。ゲートという表現はAND回路、OR回路、NOT回路といった基本的な論理回路をゲート回路と呼ぶことに由来しています。論理設計は一般的にハードウェア記述言語（後述）で記述します。

　②「物理設計」とは、論理設計を落とし込んだ電子回路を実際のチップ上でどのように配線していくのかを決定します。「1.1 電子回路が論理を表現できる理由」で見てきたトランジスタレベルの内容となります。

　続いてファウンドリでの製造に移ります。まずは回路パターンを透明なガラス板の表面に描きます。これをフォトマスクと呼びます。

　そして、感光剤を塗ったシリコンウェハーの表面に、フォトマスクを通して露光させます。このように写真の現像と似た方法で、シリコンウェハー上に回路パターンを焼き付けます。

　最後に一枚のシリコンウェハーには複数のチップが載っているので、それを一つずつ切り離して（ダイシング）、パッケージングすれば、CPUチップの完成です。ちなみにファウンドリのクリーンルームは手術室の10万倍清潔だと言われており、塵一つ許さない環境でチップが製造されます。

　さて、本書では①の論理設計部分にのみ焦点を当てます。 ②の物理設計以降のよりハードウェア（物理）に近い部分は一旦脇に置いて、ソフトウェア上でCPU処理の論理を設計することをゴールに掲げます。

　本章ではCPUに焦点を当てて説明してきましたが、コンピュータはCPUだけでなく、メインメモリや入出力装置などの周辺機器と連携して始めて動作します。次章ではCPUとメモリを含むコンピュータ全体の処理の流れ（コンピュータ・アーキテクチャ）を見ていきましょう。

第2章
コンピュータ・アーキテクチャ

　前章ではデジタル回路でさまざまな演算や記憶を実装でき、有限状態機械であるCPUを構成できることがわかりました。本章ではもう一段上位レイヤに目を移し、CPUを含むコンピュータ全体がどのように動いているのかを見ていきましょう。

　コンピュータの構成要素は次の5つに分かれます。

- 入力
- 出力
- メモリ（記憶）
- データパス
- 制御

図 2.1　コンピュータの基本アーキテクチャ

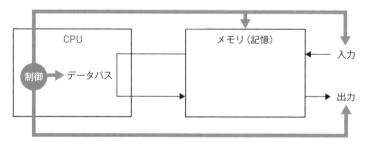

これらの5つの要素で行われる処理は次のとおりです。

①入力装置がメモリへデータを書き込む
②CPUがメモリから命令とデータを読み込む
③CPUが演算を行う
④CPUが演算結果をメモリに書き出す

⑤ 出力装置がメモリからデータを読み出す

データパスはCPUとメモリ間におけるデータの経路を意味しており、CPU内の制御はその他の要素の動作を規定する信号を生成します。

とくに②〜④がCPU処理の中心となります。この動作にはメモリが必須であるため、本書ではCPUに加えて、メモリも実装対象とします。そこで本章ではまずメモリのしくみに触れたうえで、コンピュータ全体の処理について理解していきましょう。

2-1　メモリ

前章ではCPU内部の記憶装置としてレジスタを紹介しましたが、実はコンピュータには複数種類の記憶装置（メモリ）があります。イメージしやすいように一般的なPC構成をピックアップして、そのメモリ階層をまとめてみます。

表2.1　一般的なPCのメモリ階層

メモリ種類	要素技術	揮発性／不揮発性
レジスタ	DFF（順序論理回路）	揮発性
キャッシュ	SRAM：Static Random-Access Memory（順序論理回路）	揮発性
メインメモリ	DRAM：Dynamic Random-Access Memory（トランジスタ＋キャパシタ）	揮発性
ストレージ	①HDD：Hard Disk Drive（磁性体） ②SSD：Solid-State Drive（NANDフラッシュメモリ）	不揮発性

表中、上位の階層のほうがCPUからの距離が近く、アクセス速度が速い一方、製造コストが高く、小容量になっています。高速なレジスタですべて処理できるのがベストですが、コストの観点から、複数のメモリ種類を使い分けているのが現状のコンピュータです。具体的には直近で必要なデータのみをレジスタで保持し、それ以外のデータはキャッシュ以下のメモリ階層に保管しておきます。上位のメモリ階層が狭いけれどすぐに取り出せる机の引き出し、下位のメモリ階層がたくさん入るけれど取り出しに時間がかかる本棚のようなイメージです。

また、レジスタからメインメモリの上位3階層は電源を切ると記憶が消えてしまいます（揮発性）。一方、ストレージは電源を切っても記憶を維持します（不揮発性）。そのため、CPUは電源をONにすると、まずはストレージにあるデータをメインメモリ→キャッシュ→レジスタと順番に書き込むことから開始します。

ただし、本書の実装で登場するメモリは最低限必要なレジスタとメインメモリの2つです。

2-1-1　レジスタ

レジスタは複数のDFF（順序論理回路）で構成され、CPU上に多数集積したレジスタ群をレ

ジスタファイルと呼びますが、その構成はアーキテクチャによってさまざまです。

1本のレジスタに記憶できるデータ量

まず、1本のレジスタに記憶できるデータ量は、32bit（DFF32個）、64bit（DFF64個）などアーキテクチャによって異なります。現代の一般的なPCは64bitであることが多い一方、電化製品や車載用の組み込みシステム用マイクロプロセッサでは32bitどころか8bitのアーキテクチャがまだまだ現役で活躍しています。32bitでも64bitでも実装方法はほとんど変わらないため、本書で実装する自作CPUではより理解しやすいように32bitアーキテクチャを採用しています。

レジスタの本数

レジスタの本数も同様にアーキテクチャによって異なりますが、RISC-Vでは32本と決められています。32bitRISC-Vでは1本32bitのレジスタが32本、計1024bitのデータを記憶します。

また、レジスタファイルのそれぞれのレジスタには0 ～ 31の固有番号が振られています。たとえば、3本目のレジスタにアクセスするときは、2番を指定します。

図2.2　レジスタの構造

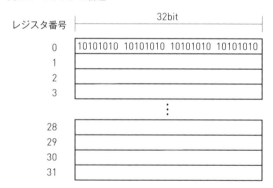

2-1-2　メインメモリ

メインメモリ（以降、メモリ）の要素技術であるDRAMはトランジスタに加えて、キャパシタ（コンデンサ）という蓄電装置を利用しており、その電荷有無によって1bitの情報を記憶します。順序論理回路を利用するレジスタとは構造が異なりますが、本書のCPUデザインのレベルでは、その違いを意識することなく、ともに同様の記憶装置として扱います。

ただし、実装時に気をつけるポイントはメモリの1番地あたりのbit数です。レジスタは1番地あたり32bit（＝4byte）を割り当てますが、メモリは8bit（＝1byte）単位で割り当てます。

図2.3 メモリのアドレス配置

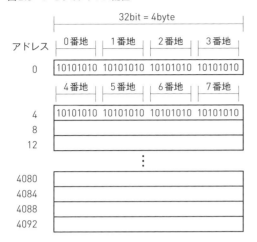

そのため、32bitデータを扱う場合、レジスタは1番地ずつ順番にカウントアップしていきますが、メモリは4番地ずつカウントアップすることになります。

2-2 コンピュータの基本的な処理の流れ

ここまでで組み合わせ論理回路、順序論理回路（レジスタ）から構成されるCPU、DRAMから構成されるメモリについて、一通り理解できました。続いて、CPUとメモリから構成されるコンピュータ全体の処理の流れを見ていきましょう。

CPUはメモリと協働して、次の5つのステージで1つの命令を処理します。

①命令フェッチ（Instruction Fetch：IF）：メモリから命令を読み込む
②命令デコード（Instruction Decode：ID）：命令を解読し、レジスタから必要なデータを読み込む
③演算（Execute：EX）：計算を行う
④メモリアクセス（Memory Access：MEM）：メモリからデータを読み込む（ロード）、メモリへ処理結果を書き込む（ストア）
⑤ライトバック（Writeback：WB）：演算結果またはメモリからのロードデータをレジスタに書き込む

命令やデータは始めはすべてメモリに格納されています。しかし、アクセス速度の遅いメモリと毎回やりとりするのは非効率です。そこで、必要なデータは一度メモリからレジスタに読み込んだうえで、CPUに演算させます。

各ステージの具体的な処理内容に関して、もう少し詳しく見ていきましょう。

2-2-1　命令フェッチ (IF : Instruction Fetch)

　IFステージではメモリに記憶されている命令を取得します。取得するメモリアドレスはプログラムカウンタ（Program Counter：以降PC）というCPU内のレジスタに保存されています（PCは別名としてインストラクションポインタとも呼ばれます。この別名のほうが直感的かもしれません）。

　命令は基本的には実行順にメモリ内へ格納します。RISC-Vの命令は32bit長なので、PCは1回の命令取得ごとに4ずつ（32bit = 4byte）カウントアップされます。このカウントアップ処理が"カウンタ"という名前の由来です。PCの初期値はアーキテクチャによって異なりますが、メモリの0番地から命令を格納する場合、0→4→8と順番に命令データをフェッチ（とってくる）していくことになります。

　ちなみにRISC-Vでは、32本あるレジスタとは別にPC専用レジスタが1本用意されています。PCを意図的に操作する命令として、不連続なアドレスに移動する分岐命令やジャンプ命令があります。もし、通常のレジスタ内にPCを記憶する場合、あらゆるレジスタへのライトバック命令が分岐・ジャンプ命令になりえるので、その制御のためにより複雑なハードウェアが求められます。そのため、RISC-VではPC専用レジスタを別途実装することでハードウェアを簡素化します。

2-2-2　命令デコード (ID : Instruction Decode)

　フェッチした命令は0と1のbitの羅列（機械語）に過ぎないため、IDステージでは命令の意味をデコード（解読）する必要があります。そこで登場するのが命令セット（Instruction Set Architecure：ISA）、そして「RISC-V」です。

　命令セットはハードウェアとソフトウェアのインターフェースとなり、CPU（ハードウェア）で行う処理内容と機械語（ソフトウェア）の対応ルールを定義します。そのため、命令セットが異なれば、それに対応するハードウェアも異なります。

　命令セットとして有名なものだと、PCやサーバでメジャーなIntelのx86やx64、スマートフォンでメジャーなArmのARMv8などがあります。そして、何より本書で取り扱うRISC-Vもオープンソース命令セットとして、昨今注目を集めています。

　RISC-Vでは次図のようにいくつかの命令エンコーディング形式が定められています。0～6bit目のopcodeはすべてのフォーマットで共通ですが、7bit目以降はopcodeによっていくつかのパターンに分かれます。

図2.4　RISC-Vの命令形式

31	30	25 24	21	20	19	15 14	12 11	8	7	6	0	
funct7			rs2		rs1		funct3		rd		opcode	R形式
imm[11:0]					rs1		funct3		rd		opcode	I形式
imm[11:5]			rs2		rs1		funct3		imm[4:0]		opcode	S形式
imm[12]	imm[10:5]		rs2		rs1		funct3	imm[4:1]	imm[11]		opcode	B形式
imm[31:12]								rd			opcode	U形式
imm[20]	imm[10:1]		imm[11]		imm[19:12]			rd			opcode	J形式

　各命令は32bitで表現され、funct7/funct3/opcodeは命令別に定められた固有値、rs1/rs2/rd/immは可変値です。opcode以外は命令形式によって、その有無が異なります。

命令種別のデコード

　デコーダはこれらの固有値となっているbit列で命令種類を判別します。たとえば、RISC-Vで定義された加算用のADD命令は次のような機械語になります。

表2.2　RISC-VのADD命令（R形式）

桁	31〜25	24〜20	19〜15	14〜12	11〜7	6〜0
値	命令固有値	可変値	可変値	命令固有値	可変値	命令固有値
意味	funct7	rs2	rs1	funct3	rd	opcode
機械語	0000000	00001	00000	000	00010	110011

　今回はfunct7 = 0000000、funct3 = 000、opcode = 110011という条件の成立によって、フェッチした命令がADD命令であることを識別します。仮にADD命令とfunct3、opcodeが同一であっても、funct7 = 0100000の場合は、減算用のSUB命令とデコードされます（funct7やfunct3といった名称はそう決められているだけなので、その由来を気にする必要はありません）。

オペランドのデコード

　変数値であるrs1/rs2/rd/immはオペランド（被演算子）で、rs1/rs2/immは命令実行のデータ元、rdはデータ書き込み先に該当します。rsはRegister Sourceの略で、演算の元となるデータが格納されているレジスタ番号を意味しており、rs1、rs2と2つのデータソースが用意されています。rsは5bitでレジスタ番号を表現し、実際に命令で利用するデータは該当レジスタに格納されているデータ（32bitアーキテクチャなら32bit）です。5bitという幅に関しては、0〜31（$2^5 = 32$）の値を表現できるので、32本のレジスタを指すために必要十分なデータ量です。

　ADD命令ではこれらのオペランドを利用して、**rs1レジスタに格納されたデータ＋rs2レジ**

スタに格納されたデータという加算処理を実行します。

　もう1つのデータ元であるimmはImmediateの略で、命令bit列の中に埋め込んだ対象データそのものです。このような値を即値と呼びます。rsはレジスタ番号を示すのに対して、immは演算を施す値そのものを指します。たとえば、先ほどのR形式のADD命令とは別に、I形式のADDI命令というものがあります。ADDI命令はrs1とimmの2つのデータを利用して、**rs1**

＼Column
デコード処理の簡略化

デコード処理の内容を大きく左右する点として、次の2つが挙げられます。

* 命令セット長
* オペランドのbit位置

　命令セットには大きく分けてRISC(Reduced Instruction Set Computer)系とCISC(Complex Instruction Set Computer) 系があります。RISC系命令セットの命令は多くが固定長であるのに対して、CISC系命令セットの命令の多くは可変長です。Intelのx86命令セットは、代表的なCISC系命令セットです。一方、RISC-Vは名前のとおり、RISC系の固定長命令です。デコード処理において、CISC系命令ではデコード前に命令長の把握が必要になるのに対して、RISC系では前処理なくデコードを開始できます。

　またオペランドのbit位置が固定されていると、その部分のデコードに要する論理回路を共通化できます。たとえば、RISC-VではR/I/S/B/U/Jタイプと複数の命令フォーマットが定義されていますが、各命令bit列におけるrs1/rs2/rdのbit位置はすべてそろっています(rs1/rs2/rdのいずれかをエンコードしない命令の場合は、即値immで穴埋めされる形になっています)。このため、RISC-Vではレジスタのデコードに必要な論理回路を各命令タイプ間で共通化できます。

		rs2	rs1		rd		
31 30	25 24	21 20	19 15	14 12	11 8	7 6	0
funct7	rs2		rs1	funct3	rd		opcode	R形式
imm[11:0]			rs1	funct3	rd		opcode	I形式
imm[11:5]	rs2		rs1	funct3	imm[4:0]		opcode	S形式
imm[12] imm[10:5]	rs2		rs1	funct3	imm[4:1]	imm[11]	opcode	B形式
imm[31:12]					rd		opcode	U形式
imm[20]	imm[10:1]	imm[11]	imm[19:12]		rd		opcode	J形式

　一方、Armの命令セットでは命令によって同じフィールドでも、読み出し元になったり、書き込み先になったりするものがあります。その結果、レジスタのデコードに必要な論理回路が命令種別によって共通化できず、論理回路が大きくなる可能性があります。

レジスタに**格納**されたデータ+**imm**のようにimmを直接加算します。

　即値は命令bit列に埋め込まれているので、別途メモリから読み込む必要がありません。このため、定数の表現などに用いられます。ただし、32bitアーキテクチャではレジスタだと32bit分のデータを表現できるのに対して、即値だと12bit分のデータしか表現できないというデメリットはあります。

　一方、rdはRegister Destinationの略で、演算結果の書き込み先レジスタ番号を意味しています。つまり、表2.2の機械語は「レジスタ00000番地の値とレジスタ00001番地の値の加算結果を、レジスタ00010番地に書き込む」という加算処理だと解読することがデコーダの仕事になります。

図2.5　ADD命令のイメージ

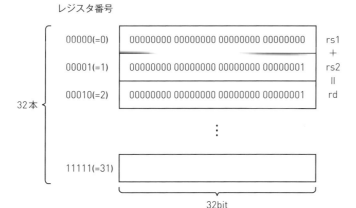

レジスタ番号

またIDステージでは、レジスタ番号解読後にrsデータ読み出しまで担うことが多く、本書でもそれに則って実装していきます。

2-2-3　演算 (EX：Execution)

　命令デコードによって、どのデータに対して、どういう操作をすべきかが判明します。その結果に基づいて、EXステージでは加減乗除のような算術演算、桁をずらすシフト演算などの処理を実行します。

2-2-4　メモリアクセス (MEM：Memory Access)

　MEMステージでは、メモリへの書き込みまたは読み出しを実行します。
「演算後ではなく、演算前にメモリアクセスすべきでは？」と疑問に感じる方もいらっしゃるでしょう。確かに演算に利用するデータはメモリから事前に取得する必要があります。

しかし、RISC-Vでは、データメモリへのアクセスはロードおよびストア命令に限定されており、算術演算やシフト演算などの命令はメモリアクセスできない仕様になっています。言い換えると、1つの命令内でメモリからのロード→演算は不可能ということです。そのため、メモリ上のデータを扱う場合、ロード命令、演算命令の2命令を順番に実行します。

また、メモリにアクセスするロード・ストア命令の場合、EXステージではメモリアドレスの計算が実行されます。MEMステージではEXステージで算出したメモリアドレスを元にロード・ストアを実行します。当然、MEMステージが稼働するのはロード・ストア命令のみとなります。

2-2-5　ライトバック (WB：Write Back)

最後の処理がレジスタへのライトバックです。演算結果やメモリからのロードデータをレジスタに書き込みます。このレジスタデータを使って、次サイクルの命令が実行されていきます。

以上がコンピュータの基本的な処理の流れになります。CPU自作時にはこの処理の流れを押さえたうえで、各ステージを実装していきましょう。

Column

RISC と CISC

コンピュータの黎明期では、次の理由からCISCが選好されていました。

- メモリの製造コストが高いため、命令データを圧縮したい
- 種々の計算を行うID（命令デコード）・EX（演算）ステージよりも、時間がかかるメモリアクセスの頻度を下げたい

CISCでは不要なbitを除去することで命令列を圧縮できます。また、RISCであれば複数命令に分ける必要があるような複雑な命令を、1つの長い命令にエンコードしきれます。

しかし、メモリ技術の発展により、メモリコストが劇的に小さくなり、メモリアクセスに要する時間も大幅に短縮されます。反対に演算の高速化が課題視されるようになり、現在では第III部「パイプラインの実装」で後述するパイプライン処理を得意とするRISCが選好されています。

こうした背景により、CISC型のIntel x86アーキテクチャはマイクロオペレーションという方式を採用するに至ります。具体的には、命令はCISC型のままですが、それをCPU内部でRISC命令（マイクロオペレーション）に変換してから処理します。当然、マイクロオペレーションへの変換処理は命令長検出や複雑なオペランド処理などが必要で、消費電力も増加します。Intelはマイクロオペレーション用のキャッシュメモリを用意するなど、いくつかの対策は講じていますが、非効率である点は否めません。

レジスタとメモリの扱い

EX ステージで扱うデータ（オペランド）の記憶場所によって、命令セットは 3 つの形式に分類されます。

- レジスタ–レジスタ
- レジスタ–メモリ
- メモリ–メモリ

レジスタ–レジスタ形式は RISC-V や Arm の命令セットのように、オペランドはレジスタのみを対象とします。このタイプは必ずロード・ストア命令が必要なので、"ロード・ストア" タイプとも呼ばれます。

レジスタ–メモリ形式は、Intel x86 のようにオペランドにレジスタもメモリも両方記述可能です。このタイプの命令セットでは、EX ステージ前にメモリ読み出し、EX ステージ後にメモリ書き込みが挟まります。メリットとしては、事前のロード命令が不要なので、命令数を削減できます。しかし、オペランドの対象がレジスタなのかメモリなのかを判別する情報も命令 bit に含む必要があり、デコード処理が複雑になることがデメリットです。

メモリ–メモリ形式はオペランドがメモリのみで、レジスタを扱いません。例として、1970 年代に発売されたミニコンピュータ VAX がありますが、アクセスが高速なレジスタを扱わない命令セットは現代ではほぼ利用されていません。

RISC 型の命令セットは基本的にレジスタ–レジスタ形式を採用します。レジスタと比べて、メモリのほうが容量が大きく、アドレス範囲も広くなるので、アドレス指定に必要な bit 数も多くなります。そのため、レジスタ命令よりもメモリ命令のほうが長くなる傾向にあります。この特徴は固定長命令の RISC とは相性が悪く、レジスタ–メモリ形式はほとんど採用されません。

第3章
ハードウェア記述言語
Chiselの基本

　CPU、コンピュータのしくみについて理解できたので、CPU自作の基礎知識として、最後に
CPU設計に用いる基本言語「ハードウェア記述言語（Hardware Description Language：
HDL）」について学んでいきます。

　一昔前は組み合わせ論理として入力と出力の対応表である真理値表、順序論理として状態の
変化を表す遷移表を作成し、それを実現する回路図を設計するという方法でした。たとえば2
入力に対して、2出力される真理値表を作成するとします。

表3.1　2入力2出力の真理値表

inputA	inputB	outputA	outputB
0	0	0	0
1	0	0	1
0	1	0	1
1	1	1	1

この真理値表を回路図に起こすと次のようになります。

図3.1　2入力2出力の回路図

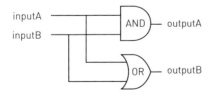

　しかし、基本論理回路数が数十万を超える現代において、この作業は非常に手間のかかる方
法です。

　そこで登場したのがHDLです。上記の例をVerilog（HDLの一種）で表現すると次のように
なります。

リスト3.1　Verilogでの表現

```
outputA = inputA & inputB
outputB = inputA | inputB
```

そして論理合成ツールを利用すれば、このHDLから論理回路データを自動生成できます（論理合成ツールはXilinx社、Synopsys社など複数の半導体関連企業から提供されていますが、本書が対象とする論理設計の範囲内では利用しません）。

このように真理値表から回路図を書き起こす作業と比べると、非常に簡便化されます。

3-1　Chiselとは

HDLにはいくつか種類がありますが、RISC-VエコシステムではVerilogを抽象化したChisel[*1]というHDL[*2]が活躍しています。

HDLとして、1980年代から現在までVerilogやVHDLが長らく利用されています。2002年にVerilogを拡張したSystemVerilogも開発され、いずれも現役で活躍しています。しかし、日々進化し続ける最新のプログラミング言語と比較すると、記述内容の抽象化レベルが低めであり、類似回路をパラメータで作り分けるパラメタライズの記述も得意ではありません。

そこでカリフォルニア大学バークレー校は2012年にChiselというHDLを開発しました。ChiselはScalaのDSL（Domain Specific Language）として実装されており、Scalaのライブラリの1つという位置付けです。「Chisel = Constructing Hardware In a Scala Embedded Language」という表現からもその意味が読み取れます。そのため、Scalaの現代的な機能を利用することが可能で、高い生産性を発揮します。

ScalaはJava仮想マシン上で動作するオブジェクト指向言語と関数型言語の特徴を統合したマルチパラダイムの言語です。Scalaはオブジェクト指向言語であるJavaの豊富なライブラリも利用可能で、"Java＋関数型言語"といった立ち位置になります。

さてChiselがDSL基盤として、Scalaを採用した主な理由は次のとおりです。

- Javaの豊富なライブラリを利用できる
- デジタル回路は同型のモジュールの組み合わせを繰り返した構造になっているため、オブジェクト指向と相性が良い
- Scalaは独自の演算子の定義が可能なため、DSLとして利用しやすい

ただし、ChiselはVerilogと対等な立ち位置にあるわけではなく、ChiselコードはVerilogへ

[*1]　GitHub：https://github.com/freechipsproject/chisel3　bootcamp：https://mybinder.org/v2/gh/freechipsproject/chisel-bootcamp/master

[*2]　ChiselはHDLよりも広範な機能を提供することから、Hardware Construction Language、あるいはHardware Design Languageであると公式定義されていますが、本書では広義なHDLであるととらえます。

コンパイルされ、その Verilog コードを論理回路データに落とし込みます。つまり、Chisel は Verilog を一段階抽象化した HDL だと言えます。

　本書では Chisel を活用して、CPU の論理設計を行っていきます。そこで本章では、本書で登場する文法に絞って、Scala および Chisel の基本文法を紹介します。次章以降で不明点があれば、本章をリファレンス代わりに活用してください。

3-2　オブジェクト指向とは

　Scala や Chisel の基本文法に入る前に、設計の前提となるオブジェクト指向について、先に触れておきましょう。

3-2-1　クラスとインスタンス

　オブジェクトは、固有の属性データと処理を持つ「モノ」です。オブジェクト指向はオブジェクトを組み合わせてシステム全体を構築していく手法になります。具体的にはオブジェクトの設計図としてクラスを定義し、そのクラスを元に実体（インスタンス）を生成します。

　たとえば、2 種類の車を設計・製造するケースを考えてみましょう。

　1 つの進め方として、それぞれの車で要件定義と製造を個別で行う方法があります。まずは車 A の座席数や色といった属性と、アクセルやブレーキといった動作に関して、要件定義したうえで、その要件に従って車 A を製造します。続いて、車 B も同様に各属性と各動作を要件定義し、製造するとします。確かに車 A と車 B は色や座席数は異なりますが、動作は共通であり、それを 2 回繰り返して要件定義することは非効率です。

　そこで、設計図として車クラスを作成し、次の属性を持たせます。

- 色
- 座席数

同様に次の処理を持たせます。

- 進む
- 止まる
- 曲がる

この車クラスを使って、車 A と車 B をインスタンス化します。

リスト3.2 車クラスのインスタンス化

```
車A = 車(色 = 白, 座席数 = 4)
車B = 車(色 = 黒, 座席数 = 7)
```

車Aと車Bは色や座席数という属性は異なりますが、ともに進む、止まる、曲がるといった動作が可能です。このように共通の設計図を用意することで、効率的に複数種類の車（インスタンス）を生成できます。

図3.2 クラスのインスタンス化

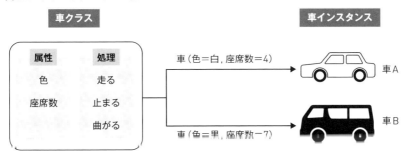

もちろんコンピュータの世界では実際に車を作るわけではなく、インスタンス化はメモリ上にデータを作成することを意味しています。メモリ上のデータはCPUが直接操作可能であり、CPUからすると「触れられる実体」と言えます。

図3.3 メモリ上のインスタンス

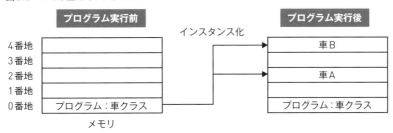

3-2-2 継承

クラスを継承することで、親クラスが持つ属性や処理を子クラスでも利用できるようになります。

たとえば、タクシーを製造する場合、当然ゼロから設計するのは大変です。既存の車をベースに「料金を計算する」という処理を追加するほうが容易です。

これをオブジェクト指向の言葉で次のように表現できます。

- タクシークラスに車クラスを継承させる
- タクシークラスに「料金を計算する」処理を追加する

タクシークラスでは色や座席数といった属性、進むや止まるといった処理は明示的には実装していません。しかし、車クラスを継承したタクシークラスは、車クラスで定義した属性や処理をそのまま利用できます。

図3.4　車クラスを継承するタクシークラス

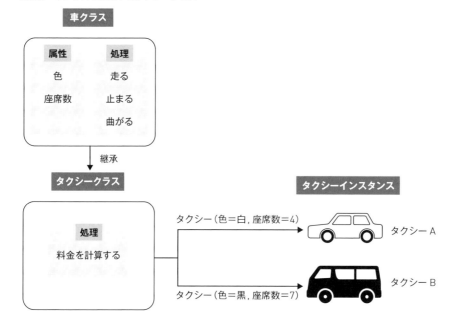

現実世界には共通の構造を持ったモノが数多く存在し、それぞれ何かしらの親子関係を持っています。それらをプログラミングの世界で表現するためのツールとして、オブジェクト指向があります。繰り返し同じモノが登場することの多い回路設計は、まさにオブジェクト指向と相性が良いと言えます。

3-3　Scalaの基本文法

本書の実装範囲ではScala独特な文法をほぼ利用しません。そのため、本節はScalaそのものの学習ではなく、あくまでChiselを使うにあたって求められる基礎理解を目的とします。

3-3-1　変数 var と val

リスト3.3　varとval

```
var num = i * 8
val hardware1 = Module(instance) // 右辺はChiselのハードウェア
```

Scalaの変数[3]宣言には、再代入可能なvarと再代入不可なvalの2種類があります。varやvalによって定義されるオブジェクトの属性データはフィールドと呼ばれます。

Scalaはコードの可読性や保守性の観点から、不変性を目指しており、基本的にはvalを利用するようにします。とくにChiselで定義する回路ハードウェア（後述）は、すべてvalとして扱います。

3-3-2　メソッド：def

defキーワードによって、オブジェクトが持つ処理を定義します。

リスト3.4　def

```
scala> def sampleAddOne(i: Int) = i + 1
sampleAddOne: (i: Int)Int

scala> sampleAddOne(2)
3
```

定義された処理をメソッドと呼び、フィールドとメソッドを合わせて、オブジェクトのメンバーと呼びます。

3-3-3　コレクション：Seq

Scalaでは配列的なオブジェクトとしてコレクションが定義されており、代表的なクラスとしてSeqがあります。

リスト3.5　Seq

```
scala> val a = Seq(1,2,3)
res: Seq[Int] = List(1, 2, 3)

scala> a(0)
res: Int = 1

scala> a(1)
res: Int = 2
```

---

[3]　英語ではvarもvalもvariableと表現する一方、日本語ではvarを変数、valを値と表現します。本書では"変数"と総称していますが、valはあくまで不変な変数であることに注意してください。

```
scala> a(2)
res: Int = 3
```

Seqは順番を持つコレクションで、0から順にインデックスされています。本書の範囲内では気にする必要はありませんが、Scalaでは値を変更できないimmutable、値を変更できるmutableのコレクションがそれぞれ定義されています。Scalaは可能な限り不変で定義することを目指しており、デフォルトではimmutableのSeq（のサブクラスのList）として宣言されます。

本書ではtabulateとreverseという2つの便利なメソッドも併せて活用していきます。

tabulate

リスト3.6　tabulateメソッド

```
scala> val b = Seq.tabulate(5)(n => n * n)
b: Seq[Int] = List(0, 1, 4, 9, 16) // 0～4の5つの要素をそれぞれ2乗に
```

tabulateメソッドは第1引数で要素数、第2引数で関数を指定し、0から連続する整数に対して関数を通した結果をSeqで返します。tabulateは表にする、集計するといった意味の英語です。

このように関数型言語でもあるScalaでは関数を引数に持つメソッドを定義できるので、複雑な処理も簡潔に記述できます。

reverse

リスト3.7　reverseメソッド

```
scala> b.reverse
res0: Seq[Int] = List(16, 9, 4, 1, 0)
```

reverseメソッドはSeqの各要素を逆順に並べ替えたSeqを返します。

3-3-4　for 式

リスト3.8　for式

```
scala> for (i <- 0 to 5) println(i) // println:引数の式の結果を出力
0
1
2
3
4
5
```

内容はほかの言語のfor文と同じです。

気になる方がいるかもしれないので補足しておくと、Scalaではforは文ではなく、式として扱われます。式という名のとおり、for式は評価後、値に変換されるため、変数に代入可能です。

こうしたところにScalaの関数型言語という特徴が表れています。for式のように文ではなく、特定の値を返す式として定義することで、ほかの式と合成可能になり、より簡潔にコードを記述できます。

ただし、本書の実装ではforを式として意識する場面はないため、とくに深入りする必要はありません。

3-3-5　オブジェクト

続いて、オブジェクト指向に関連する文法を見ていきましょう。

クラス

リスト3.9　class

```
// クラスの定義
class Car {...}

// クラスのインスタンス化
val sedan   = new Car
val minivan = new Car
```

また、クラスの宣言の後にextendsキーワードを記述することで、ほかのclassを継承できます。

リスト3.10　classの継承

```
class Taxi extends Car {...}
```

ただし、継承できるクラスは1つに限られます。複数の親クラスを持つこと（多重継承）を許すと、直列的な親子関係が崩れ、設計の複雑性、あいまいさの問題を引き起こすためです。

trait

クラスでは多重継承ができない一方、分割した複数の機能モジュールを1つのクラスに実装したいという場面も多々あります。たとえば、アクセル関連のAccelerator、ブレーキ関連のBrakeという2つのモジュールを設計し、両方ともCarクラスに実装したいケースです。

そこで登場するのがtrait（特性、特徴という意味）です。traitはフィールドやメソッドをクラス間で共有するために利用します（Javaのインターフェースに類似していますが、traitは実装本体を持てます）。traitはあくまでクラス内の一部機能を切り出す役割を担い、単体ではインスタンス化できません。

リスト3.11　traitの定義

```
trait Accelerator { アクセル関連のフィールドやメソッドを定義 }
trait Brake { ブレーキ関連のフィールドやメソッドを定義 }
```

リスト3.12　traitの継承

```
# 2つ目以降のtraitはwithでつなげます
class Car extends Accelerator with Brake {...}
class Motorbike extends Accelerator with Brake {...}
```

このようにtraitの多重継承を利用することで、CarクラスとMotorbikeクラスでそれぞれアクセル機能、ブレーキ機能を共有できるようになります。もしブレーキ機能だけが必要なBicycleクラスを作る際は、Brakeのみ継承すれば、必要十分な機能を実現できます。

ただし、trait間でフィールドやメソッドの重複が起きる可能性はあります。その場合、Scalaでは右側のtraitを優先して継承する仕様を採用することで、重複問題を回避しています。リスト3.12の例ではAcceleratorよりもBrakeのフィールド、メソッドが優先されることになります。

シングルトンオブジェクト（object）

シングルトンオブジェクトとは、1つしかインスタンスを作成できないクラスに相当し、objectキーワードで定義します（オブジェクト指向のオブジェクト概念とは区別してください）。

リスト3.13　シングルトンオブジェクトの定義方法

```
object SingletonObject {
  def apply = {...}
  ...
}
```

Javaではstaticキーワードにより、アプリケーション上に1つしか存在しないフィールドやメソッドを定義できます。そういったケースにおいて、Scalaではstaticの代わりにシングルトンオブジェクトを利用します。

また、シングルトンオブジェクトはファクトリーメソッドを持つコンパニオンオブジェクトとして利用されることが多いです。インスタンス生成用のメソッドをファクトリーメソッド、同じファイル内でクラスと同名の名前で定義されたシングルトンオブジェクトをコンパニオンオブジェクトと呼びます。

リスト3.14　ファクトリーメソッドを持つコンパニオンオブジェクトの例

```
class Example (a:Int) {
  val hoge = a
}

object Example {
  def apply(a:Int) = {
    new Example(a)
  }
}
```

　上記の例では Example クラスに対して、同名の Example オブジェクト（シングルトンオブジェクト）を定義しています。さらに Example オブジェクトで、Example クラスを new でインスタンス化する apply メソッド（ファクトリーメソッド）を定義しています。

リスト3.15　apply メソッドによるインスタンス生成

```
scala> val x = Example.apply(1)
x: Example = Example@392b892a
```

さらに Scala では apply メソッドが特別扱いされており、その記述を省略できます。

リスト3.16　apply メソッドの省略

```
scala> val y = Example(2)
y: Example = Example@6ce0119c
```

　このようにシングルトンオブジェクトの apply メソッドを省略することで、あたかも関数のような記述でインスタンスを生成できるようになります。Chisel では apply メソッドでインスタンス生成を行うコンパニオンオブジェクトを活用することで、コードを簡潔化しています。
　コンパニオンオブジェクトにも static 的な要素は残っており、インスタンスごとに固有のメンバーはクラス、共通のメンバーはコンパニオンオブジェクトに定義します。コンパニオンオブジェクトで定義したフィールドやメソッドはすべてのインスタンスで利用できます。
　ちなみにこのままでは new Example(1) のように Example クラスから直接インスタンス化もできてしまいます。これを防ぐには、クラスのコンストラクタ引数に private を付与することで、外部からのアクセスを禁止します。コンパニオンオブジェクトは対応するクラスの private 変数へアクセス可能なので、ファクトリーメソッドは有効なままです。

リスト3.17　コンストラクタ引数の private 化

```
# クラス定義
class Example private (a:Int) {
  val hoge = a
}

# Scala実行例
scala> val x = new Example(1)
<console>:13: error: constructor Example in class Example cannot be accessed in ob
ject $iw
       val x = new Example(1)

scala> val x = Example.apply(1)
x: Example = Example@392b892a
```

　このようにコンパニオンオブジェクトには、各メンバーに private や protected を付与することで、クラスの実装詳細を内部に隠しておける（インターフェースのみを外部に公開できる）

というメリットもあります。

3-3-6　名前空間

　名前空間とは、各要素に一意の異なる名前を付けなければ識別できない範囲を意味しており、次の2つのメリットがあります。

1. 名前の衝突の可能性を低減させる
2. 参照を容易にする

　たとえば、府中市はどこにあるのかわかりますか？ 実は府中市は東京都と広島県の両方に存在します。そのため、府中市という表現だけでは正確にどの府中市なのか識別ができません。そこで市レベルの上位に都道府県レベルの名前空間を定義します。

- 東京都.府中市
- 広島県.府中市

　これにより、誰から見てもどの府中市なのかを正確に認識できます（メリット1）。さらに、"広島県"の名前空間の中においては、わざわざ広島県.府中市と冗長な呼び方は不要で、府中市と表現するだけで、広島県.府中市を意味していると伝達可能になります（メリット2）。

package
　Scalaでは各ファイルの先頭で、特定のpackage名を記述することで、ファイルが属する名

Column

あらゆるものがオブジェクト

　ここまでオブジェクトに関するScalaの文法を見てきましたが、実はScalaではあらゆるものがオブジェクトとして定義されています。たとえば、数値や文字もすべてオブジェクト（クラス）として定義されており、整数の加算+や減算-といった演算子もIntクラスのメソッドとして定義されています。**1 + 1**も略さず記述すると、**1.+(1)**となり、Intクラスのリテラル1のメソッド+（引数1）を実行しています。

　実はfor文で登場したtoもforの文法ではなく、Intクラスのメソッドとして定義されており、範囲を表すRangeクラスのインスタンスを返します。

リスト3.18　toメソッド

```
scala> 0 to 5
res: scala.collection.immutable.Range.Inclusive = Range(0, 1, 2, 3, 4, 5)
```

前空間を指定します。

リスト3.19　packageの宣言
```
package hoge
class Fuga {...}
```

他packageのメンバー（クラスやメソッドなど）はpackage名を明記することで参照できます。

リスト3.20　他packageのメンバー参照
```
package hogehoge
val piyo = new hoge.Fuga
```

import

import句を使うことで、他packageのメンバーにpackage名不要でアクセスできます。また、"_"はpackage内のすべてのメンバー（ワイルドカード）を意味しています。

リスト3.21　import
```
import hoge._

val fuga = new Fuga
```

ChiselはScalaのDSLとしてpackage提供されているため、Chiselを利用する場合はすべての基本となるchisel3._、加えて基本的なメンバーを定義するchisel3.util._の2つをimport文で記述します。

リスト3.22　import
```
import chisel3._
import chisel3.util._
```

これにより、たとえばpackage chisel3で定義されたwhenオブジェクトを次のように参照できるようになります。

リスト3.23　whenのアクセス例
```
// importしている場合はオブジェクト名単体で参照可能
when

// 仮にimportしていなかった場合は［package名.メンバー名］と明示する必要があります
chisel3.when
```

以上がChiselの理解のベースとなるScalaの基本文法の説明となります。

3-4 Chiselの基本文法

続いて HDL として具体的に回路を定義する Chisel の基本文法を見ていきましょう。

3-4-1 bit値を表す基本型

本書で登場する Chisel の bit 値を表す基本型は次の3つです。

- UInt
- SInt
- Bool

それぞれ順番に見ていきましょう。

整数型 UInt/SInt オブジェクト

UInt オブジェクトは Chisel の符号なし整数型信号、SInt オブジェクトは符号あり整数型信号を宣言します。

リスト3.24　整数変数の宣言

```
// a,bが32bit幅の整数型であることを宣言。具体的な値は未定。
val a = UInt(32.W) // 0 ～ 4,294,967,295
val b = SInt(32.W) // -2,147,483,648 ～ 2,147,483,647
```

UInt( ) のように関数のような記述になっていますが、これは apply メソッドが省略された形式です（以降で登場する Chisel オブジェクトも基本的に apply メソッドを省略した記述です）。また、引数は**自然数.W**の形式で bit 幅を指定します。W はビット幅を表す Width 型を返すメソッドです。

ちなみに変数宣言で var ではなく、val を利用しています。Chisel 型で定義する変数は基本的に何かしらの回路を意味し、信号の値は変わるものの回路自体は不変なので、val で宣言します。たとえば、前述の変数 a,b は 32 本の配線が定義されているとイメージしてください。

さて、具体的な値を有する変数を定義するためには、Scala の Int 型を次のように UInt/SInt 型へ変換します。

リスト3.25　Int型をUInt/SInt型へ変換

```
// 符号なし整数の信号
val b = 2.U(32.W) // 32bit幅
val c = 2.U       // bit幅は自動推論

// 符号あり整数の信号
```

```
val e = -2.S(32.W) // 32bit幅
val f = -2.S        // bit幅は自動推論
```

　UはScalaのInt型をChiselのUInt型に変換するメソッドです。UIntと同様、引数でbit幅を指定します。

　ChiselのコンパイラはWidthの推論機能が備わっているので、その指定は必須ではありません。しかし、本書では学習の観点で、CPU内を流れる信号を具体的にイメージしやすくするために、基本的にWidthを明示しています。

　ちなみにScalaのInt型をChiselのUInt（SInt）型に変換するメソッドはUとasUInt（SとasSInt）の2種類があります。公式ドキュメント[4]では前者を定数、後者を変数に利用することを推奨しています。

リスト3.26　UとasUInt
```
// 定数のUInt変換
val a = 2.U(32.W)

// 変数のUInt変換
val b = 2
val c = b.asUInt(32.W)
```

　また、Chiselの整数型に対して、指定したビット位置のデータを抽出するには、**変数名（最上位bit位置，最下位bit位置）**というビット選択演算子を利用します。bit位置は最下位を0として数えます。

リスト3.27　ビット選択演算子
```
// prefixにbを付けた文字列は2進数表記を意味して、UメソッドでUInt型へ変換できます。
val a = "b11000".U
val b = a(3,0) // "b1000".U
val c = a(4,2) // "b110".U
```

Bool型Boolオブジェクト

　Boolオブジェクトはtrue、falseの2値を表すBool型信号を生成します。

リスト3.28　Bool型
```
// ChiselのBool型信号を宣言。値は未定。
val a = Bool()

// ScalaのBoolean型（true/false）をChiselのBool型に変換
val b = true.B
val c = false.B
```

---

[4]　https://www.chisel-lang.org/api/SNAPSHOT/Chisel/package$$fromtIntToLiteral.html

　Bool 型変換メソッドも UInt 型と同様、B と asBool( ) の 2 種類がありますが、前者を定数、後者を変数に利用することが推奨されています。ちなみに Bool クラスは UInt クラスを継承しているので、次に登場する演算子など UInt 型用の各メソッドを同様に利用可能です。

3-4-2　演算子

　Chisel の基本演算子として、次の 4 つを紹介します。

- 四則演算子
- 比較演算子
- 論理演算子
- シフト演算子

四則演算子

　Chisel の四則演算子はほかのプログラミング言語と同様の記号を用います。被演算子は UInt 型または SInt 型同士が有効で、返り値は被演算子と同一の型です。

表 3.2　Chisel の四則演算子

演算子	意味
a + b	加算
a - b	減算
a * b	乗算
a / b	除算（商）
a % b	剰余

比較演算子

被演算子は UInt 型または SInt 型同士が有効で、返り値は Bool 型です。

表 3.3　Chisel の比較演算子

演算子	true.B を返す条件
a > b	a が b より大きい
a >= b	a が b 以上
a < b	a が b 未満
a <= b	a が b 以下
a === b	a と b が等しい
a =/= b	a と b が異なる

論理演算子

Chiselの論理演算にはBool型とbit単位型の2種類があります。

Bool型の論理演算子については、被演算子のaおよびbがともにBool型のときに利用可能で、返り値もBool型です。

表3.4 Bool型の論理演算子

演算子	意味
a && b	論理積（AND）
a || b	論理和（OR）
!a	否定（NOT）

リスト3.29 Bool型の論理演算子例

```
true.B && false.B // false.B
true.B || false.B // true.B
!true.B           // false.B
```

一方、bit単位型の論理演算子は、被演算子のa、bの同じ桁同士を論理演算した結果を返り値の同桁に出力します。返り値は被演算子の型と同一です。

表3.5 bit単位の論理演算子

演算子	意味
a & b	論理積（AND）
a | b	論理和（OR）
~a	否定（NOT）
a ^ b	排他的論理和（XOR）

リスト3.30 bit単位の論理演算子例

```
"b1010".U & "b1100".U = "b1000".U
"b1010".U | "b1100".U = "b1110".U
~"b1010".U            = "b0101".U
"b1010".U ^ "b1100".U = "b0110".U
```

シフト演算子

シフト演算とは、bit列を右または左に桁をずらす演算です。被演算子となるaはUIntまたはSInt型、bはUInt型を取り、返り値はBits型です。Bits型はUIntとSIntの親クラスに当たり、bit操作系のメソッドはBits型で定義されています。本書の範囲ではシフト演算の返り値としてのみ登場する型なので、前述の基本型には含めていません。

表3.6　シフト演算子

演算子	意味
a << b	論理左シフト
a >> b	右シフト

右シフトに関して、左辺がUInt型であれば論理右シフト、SInt型であれば算術右シフトになります。たとえば、4bit幅の"1011"に対するシフト演算は次のとおりです。

図3.5　"1010"のシフト演算

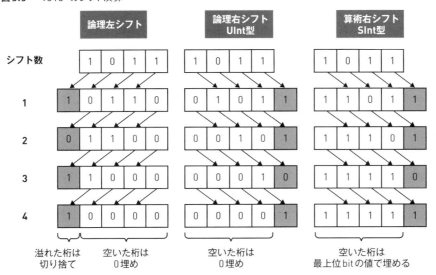

シフト演算では溢れた桁は失われます。また、論理シフトでは空いた桁はすべて0で埋められるのに対して、算術右シフトでは正負が維持され、左側に空いた桁は被演算子の最上位bitで埋められます。具体的には正の整数は最上位bitが0なので、常に0で埋められ、負の整数は最上位bitが1なので、常に1で埋められます。

また、10進数は1桁変わると10倍ないし1/10倍のスケールで値が変わるように、2進数は2倍ないし1/2倍で値が変わります。つまり、左シフト演算はNbitのシフトで元の数字を2^N倍し、右シフト演算はNbitのシフトで元の数字を2^N倍する演算だと言えます。ただし、すべての演算で共通ですが、桁溢れ（オーバーフロー）が起こると意図した結果とはなりません。

表3.7 論理左シフト

シフト数	bit列	10進数値
0	0001	1
1	0010	2
2	0100	4
3	1000	8
4	0000	0

表3.8 論理右シフト

シフト数	bit列	10進数値
0	1000	8
1	0100	4
2	0010	2
3	0001	1
4	0000	0

ちなみに、算術左シフトは定義上、論理左シフトと同一です。

3-4-3 Module

回路を定義するクラスは、すべてModuleクラスを継承します。Moduleを継承したクラスでは、次のようにScala上でインスタンス化、Chiselのハードウェア化を行います。

リスト3.31 Moduleクラス

```
// 回路を定義するSampleクラスの宣言
class Sample extends Module {...}

// Scala上でインスタンス化
val instance = new Sample()

// Chiselのハードウェア化 ← Moduleオブジェクトのapplyメソッド
val hardware1 = Module(instance)
val hardware2 = Module(instance)
```

継承元のModuleはクラスであるのに対して、Chiselのハードウェア化をしているModuleはオブジェクトであることに注意してください。ChiselをVerilogへコンパイルする際は、この"Chiselのハードウェア"のみが抽出され、回路に落とし込まれます。

3-4-4 IO

Moduleクラスでは必ず`val io`に対して、IOを定義する必要があります。

リスト3.32 ioの宣言例

```
val io = IO(new Bundle {
  val input  = Input(UInt(32.W))
  val output = Output(UInt(32.W))
})
```

上記コードで新しく登場する文法を順番に見ていきましょう。

Input/Outputオブジェクト

Inputオブジェクトは入力信号、Outputオブジェクトは出力信号を定義します。それぞれ引数で信号の型を定義し、本例では32bit幅のUInt型となっています。

Bundleクラス

Bundleクラスは異なる信号を1つにまとめられます。C言語をご存知の方は、構造体（struct）と似たものだととらえると理解しやすいです。本例だとInputとOutputを束ねたBundleインスタンスを生成しています。

IOオブジェクト

IOオブジェクトはIOポートを定義します。引数にはBundleインスタンスを渡します。

clock/reset

Module継承クラスのIOでは、暗黙的にclock信号とreset信号が定義されており、信号も自動的に相互接続されるようになっています。そのため、本書の実装範囲内では、clock/reset信号を意識する必要はありません。

たとえば、前述のioを持ったModuleをVerilogにコンパイルすると、次のようになります。

リスト3.33 ModuleのIOのVerilog例

```
module Sample (
  input        clock,
  input        reset,
  input  [31:0] io_in,
  output [31:0] io_out
);
endmodule
```

ioではclockやresetを明記していないにも関わらず、Verilogではclockとresetの入力信号が生成されていることがわかります。

3-4-5　Flippedオブジェクト

　Flippedオブジェクトは、引数のBundleインスタンスの入出力を反転させます。入力ポート
があれば、必ず対となる出力ポートが存在するので、IOは受け手と送り手で常に反転したポー
トを有します。もし複数のポートで接続されている場合、Flippedオブジェクトを活用すること
で、反転したポートを一括で生成できます。

リスト3.34　Flippedオブジェクトの活用例

```
// IO定義のみを抽出したクラスIoXおよびIoYを定義
class IoX extends Bundle {
  val a = Output(UInt(32.W))
  val b = Output(UInt(32.W))
}

class IoY extends Bundle {
  val c = Output(UInt(32.W))
  val d = Output(UInt(32.W))
}

// 2つの送り手SenderA、SenderBを定義
class SenderA extends Module {
  val io = IO(new Bundle {
    val x = new IoX()
  })
}

class SenderB extends Module {
  val io = IO(new Bundle {
    val y = new IoY()
  })
}

// SenderA、SenderBからの信号を受けるReceiverクラスを定義
class Receiver extends Module {
  val io = IO(new Bundle {
    val x = Flipped(new IoX())
    val y = Flipped(new IoY())
  })
}
```

図3.6　受け手と送り手の対称イメージ

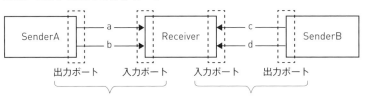

3-4-6　配線の接続

:=で右辺から左辺へ信号を接続します。また、Flippedオブジェクトで互いのIOが対称関係
であれば、左辺と右辺の各ポートを**<>**により一括で接続可能です。

リスト3.35　配線の接続

```
Class Top extends Module {
  val io       = IO(...)
  val senderA  = Module(new SenderA())
  val senderB  = Module(new SenderB())
  val receiver = Module(new Receiver())

  // 単信号の接続
  receiver.io.x.a := senderA.io.x.a
  receiver.io.x.b := senderA.io.x.b
  receiver.io.y.c := senderB.io.y.c
  receiver.io.y.d := senderB.io.y.d

  // 複数信号の一括接続
  senderA.io <> receiver.io
  senderB.io <> receiver.io
}
```

3-4-7　組み合わせ論理回路：Wire/WireDefault

有限状態機械であるCPUは、組み合わせ論理回路と順序論理回路から構成されます。組み
合わせ論理回路を記述するChiselのハードウェアはWire/WireDefaultオブジェクトで定義し
ます。

リスト3.36　Wire/WireDefaultオブジェクト

```
val a = Wire(UInt(32.W))         // 32bit幅の配線
val b = WireDefault(0.U(32.W)) // 0.Uが始めから接続されている32bit幅の配線
```

Wireオブジェクトは、接続先が未定の状態で先にChiselのハードウェアを確保する必要が

ある場合に利用します。

リスト3.37　ハードウェアの事前確保のためのWire宣言例

```
val a = Wire(UInt(32.W)) // ハードウェアの事前確保。aの接続先は未定
...
a := ...                 // ここでaの接続先が確定
```

3-4-8　順序論理回路：RegInit

順序論理回路（レジスタ）はRegInitオブジェクトで記述し、引数で初期値を設定します。

リスト3.38　RegInitオブジェクト

```
val reg = RegInit(0.U(32.W)) // 32bit幅で初期値0.Uのレジスタ
```

リスト3.39　レジスタの更新例

```
reg := 1.U(32.W)         // 次クロックの立ち上がりエッジでレジスタの値が1に更新
reg := reg + 1.U(32.W)   // クロックの立ち上がりごとにregの値が1ずつインクリメント
```

順序論理回路を定義するオブジェクトとして、初期値のないReg、ほかの信号を直接引数に取るRegNextもありますが、本書では登場しないので説明は省略します。

3-4-9　Mem によるレジスタファイル定義

RegInitはレジスタ単体を定義しましたが、RISC-Vの32bitCPUでは32bit幅のレジスタを32本実装します。つまり、レジスタファイルはレジスタを32本まとめた配列と解釈でき、Memオブジェクトで生成できます。

リスト3.40　Memによるレジスタ定義

```
val regfile = Mem(32, UInt(32.W)) // 32bit幅のUInt型のレジスタを32本
```

データの読み出しにはMemインスタンスの引数にレジスタ番号を指定します。

リスト3.41　データの読み出し

```
// 1番レジスタのデータを読み出し
val read_data = regfile(1.U)
```

一方、データの書き込みは、引数にレジスタ番号を指定したMemインスタンスに書き込みデータを接続します。

リスト3.42　メモリの書き込み

```
// 1番レジスタにデータを書き込み
regfile(1.U) := <書き込みデータ>
```

さらに本書ではレジスタに加えて、コンピュータとして最低限必要なメインメモリも Mem オブジェクトで定義します。

リスト3.43 Mem によるメモリ定義

```
val mem = Mem(16384, UInt(8.W))
```

上記の記述では、1アドレス当たり8bitで、0以上16383以下のアドレスを取るメモリを定義します。 また、loadMemoryFromFile オブジェクトにより、Mem 型のメモリにプログラムデータを格納できます。

リスト3.44 loadMemoryFromFile オブジェクト

```
import chisel3.util.experimental.loadMemoryFromFile // 該当packageのimportが必要
loadMemoryFromFile(mem, "mem.hex") // ファイルはhex（16進数）形式
```

3-4-10 制御回路

続いて、条件に応じて回路を分岐させる制御回路に関する記法を確認していきましょう。

BitPat オブジェクト

まずは条件式として利用されることの多い BitPat オブジェクトについて見ていきます。BitPat オブジェクトは bit パターンを表現し、引数に b を prefix とした文字列を取ります。また、bit パターンで値を特定しない桁は?で表現し、don't care bit と呼ばれます。

BitPat オブジェクトは次のように UInt 型との比較メソッドが定義されています。

リスト3.45 BitPat オブジェクト

```
// ?を利用しないパターン
"b10101".U === BitPat("b10101") // true.B
"b10101".U === BitPat("b10100") // false.B

// ?を利用するパターン
"b10101".U === BitPat("b101??") // true.B
"b10111".U === BitPat("b101??") // true.B
"b10001".U === BitPat("b101??") // false.B
```

本書では BitPat を使って、次のように命令bit列を定義しています。

リスト3.46 ADD 命令の BitPat 定義

```
val ADD = BitPat("b0000000??????????000?????0110011")
```

この変数 ADD を利用することで「ADD 命令の場合」という条件は次のように === 比較メソッドを用いて表現できます。

リスト3.47　ADD命令の識別

```
val inst = ... // 命令列の定義
inst === ADD   // ADD命令の場合true.B
```

whenオブジェクト

whenオブジェクトは、ほかのプログラミング言語で登場するif文に相当する条件分岐を行います。

リスト3.48　whenオブジェクト

```
when(条件A) {
  // 条件Aがtrueの場合の処理
}.elsewhen(条件B) {
  // 条件Aがfalse かつ 条件Bがtrueの場合の処理
}.otherwise {
  // 条件AとBがともにfalseの場合の処理
}
```

whenおよび.elsewhenの条件は先に記述した条件式が優先的に処理されるため、たとえば条件AとBの両方がtrue.Bの場合は条件Aの式が適用されます。

switchオブジェクト

switchオブジェクトは特定信号の値に応じて、処理を分岐させます。ほかのプログラミング言語に登場するcase文に相当します。

リスト3.49　switchオブジェクト

```
switch(信号X) {
  is(A) {
    // X === Aの場合の処理
  }
  is(B) {
    // X =/= A かつ X === Bの場合の処理
  }
  ...
}
```

whenオブジェクトと同様、先に記述した条件式が優先的に処理されます。

Muxオブジェクト

Muxオブジェクトは1本の制御信号に応じて、2本の入力信号のうちから1本を選択し、その値を出力する回路を生成します。こういった選択回路をマルチプレクサ（Multiplexer）と呼びます。

具体的には次のようなコードで、信号inがtrue.Bならout1、false.Bならout2を返します。

リスト3.50　Muxオブジェクト

```
val mux = Mux(in, out1, out2)
```

MuxCaseオブジェクト

MuxCaseオブジェクトは条件と出力のパターンが複数個あるマルチプレクサを生成します。

リスト3.51　MuxCaseオブジェクト

```
val a = MuxCase(デフォルト値, Seq(
  条件A -> 条件Aがtrueの場合に接続する信号,
  条件B -> 条件Bがtrueの場合に接続する信号,
  ...
))
```

MuxCaseは第1引数にどの条件にも合致しなかった場合に出力されるデフォルト値、第2引数に条件パターンを記述したSeqを取ります。

また、Seq内の->はタプルを作成しています。Scalaのデータ構造の1つであるタプルは、異なる型のデータを格納でき、通常は（1,"Taro",60）のように、括弧の中でカンマ区切りで記述します。しかし、今回のように条件と結果といった2値関係の場合は、可読性の観点で->でタプルを表現できるようになっています。

リスト3.52　カンマ区切りのタプルで表現したMuxCaseオブジェクト

```
val a = MuxCase(デフォルト値, Seq(
  （条件A, 条件Aがtrueの場合に接続する信号）,
  （条件B, 条件Bがtrueの場合に接続する信号）,
  ...
))
```

ちなみにMuxは[デフォルト値 + 条件パターンが1つのMuxCase]に置換できます。

ListLookupオブジェクト

命令デコードで活躍するのがListLookupオブジェクトです。ListLookupオブジェクトは、ListLookup(addr:UInt, default:List, mapping:Array[(BitPat, List)])という記法で、addrと合致したBitPatに対応するListを返します。合致するBitPatがない場合はdefaultを返します。

たとえば、ADD命令、ADDI命令の場合にそれぞれ別のデコード信号csignalsを返すコードは次のとおりです（現時点ではADD命令やADDI命令の意味は無視して、例えとして2つの命令があると理解いただければ十分です）。

リスト**3.53** ListLookup オブジェクト

```
val ADD  = BitPat("b0000000??????????000?????0110011")
val ADDI = BitPat("b?????????????????000?????0010011")
val csignals = ListLookup(inst,
          List(ALU_X  , OP1_RS1, OP2_RS2),
  Array(
    ADD  -> List(ALU_ADD, OP1_RS1, OP2_RS2),
    ADDI -> List(ALU_ADD, OP1_RS1, OP2_IMI),
  )
)
```

ただし、大文字の変数 ALU_X や OP1_RS1 などは定義済みの定数とします。上記のコードは inst が ADD の場合は**List(ALU_ADD, OP1_RS1, OP2_RS2)**を返します。

ちなみに Array と List は Scala のコレクションの一部です。ListLookup では Array と List を使うよう定義されていると認識しておけば十分です（細かい話をすると、Seq はデフォルトではインデックスされた immutable な配列、Array はインデックスされた mutable な配列、List は各要素が自身の次の要素への参照を保持している単方向リストです。そのため、Array や Seq はランダムアクセスに強い一方、List は先頭要素の追加と削除が得意な反面ランダムアクセスには向きません）。

さて、デコードした信号 csignals をより扱いやすくするため、各要素を個別の変数に格納しましょう。

リスト**3.54** List の各要素を個別変数に格納

```
val exe_fun :: op1_sel :: op2_sel :: Nil = csignals
```

これにより、cisignals の 1 番目の要素は exe_fun、2 番目は op1_sel、3 番目は op2_sel に代入できます。かなり奇妙な記述に思えますが、これは Scala の List に関わる文法（メソッド）がベースとなっています。

まず、空の List は **Nil** で表現できます。さらに、List の先頭に要素を追加するメソッドとして、**::** が定義されています。

リスト**3.55** List 定義

```
// 空のList（Nil）にA,B,Cの要素を先頭に追加
A::B::C::Nil // List(A,B,C)
```

つまり、**val exe_fun :: op1_sel :: op2_sel :: Nil = csignals**は言い換えると**val List(exe_fun, op1_sel, op2_sel) = csignals**となります。

これにより、1 行のコードで csignals の各要素を個別の変数に代入できます。

3-4-11　bit 操作

bitを直接変更するオブジェクトメソッドを見ていきます。bit操作は命令のデコード時に登場します。

Catオブジェクト

2つのビット列をつなげて1つの連続したビット列にする操作を「ビット連接」と呼びます。ChiselではCatオブジェクトでビット連接を表します。

具体的には**Cat(Chiselハードウェア, Chiselハードウェア)**、あるいは**Cat(Seq(Chiselハードウェア, Chiselハードウェア))**により、2つのChiselハードウェア要素をつなげたbit列をUInt型として返します。

リスト3.56　Catオブジェクト

```
Cat("b101".U, "b11".U)      // "b10111".U
Cat(Seq("b101".U, "b11".U)) // "b10111".U
```

Fillオブジェクト

Fillオブジェクトは**Fill(繰り返し数:Int, 繰り返す要素:UInt)**として、特定の要素を繰り返したものをUInt型で返します。

リスト3.57　Fillオブジェクト

```
Fill(3, 1.U) // 111.U
```

3-4-12　printf によるデバッグ

最後にChiselをテストする際に、デバッグ情報を出力できるprintfオブジェクトを紹介します。

テスト方法は第6章「ChiselTestによる命令フェッチテスト」で後述しますが、実装したChisel回路に対して、クロック信号を与えることで、1サイクルずつ動作させることができます。その際にprintfオブジェクトをChiselに埋め込んでおけば、各信号の値をサイクルごとに出力できます。

リスト3.58　printfオブジェクト

```
printf("hello¥n")
printf(p"inst : $inst¥n")
printf(p"hex  : 0x${Hexadecimal(inst)}¥n")
```

リスト3.59　テスト結果例

```
# 1サイクル目（inst=1と仮定）
```

```
hello
inst : 1
hex  : 0x1

# 2サイクル目（inst=15と仮定）
hello
inst : 15
hex  : 0xf
...
```

　printfオブジェクトは引数に文字列を取り、それをそのまま出力します。引数に変数を挿入する場合は、変数名の前に$を付けたうえで、文字列のprefixとしてpを付与します。

　また変数を10進数ではなく、16進数で表現したい場合は、Hexadecimalで変換できます。Hexadecimalはcase classという特殊なクラスです。case classはデフォルトでファクトリーメソッドapplyが定義されるので、Hexadecimalクラスはnewキーワードなしでインスタンス化が可能です。

リスト3.60　case class の例

```
# クラスの宣言の冒頭にcaseキーワードを付与
scala> case class Hexadecimal(bits: Bits)
defined class Hexadecimal

# newキーワードなしでインスタンス生成可
scala> val hex = Hexadecimal("b1010".U)
hex: Hexadecimal = Hexadecimal(UInt<4>(10))
```

文字列内に式を埋め込む場合は{}で囲う必要があり、Hexadecimalも同様です。

本書の実装で必要となるChiselの基本文法は以上となります。

簡単なCPUの実装

第4章

環境構築

CPUのHDL設計に入る前に、まずは必要なファイルのダウンロード、および環境構築を行います。

4-1　chisel-templateのダウンロード

本書ではChiselを利用するために便利なテンプレートとして、chisel-templateを活用しましょう。次のようにしてダウンロードします（なお、本書ではLinuxコマンドベースで解説していきます）。

図4.1　chisel-templateのダウンロード

```
$ mkdir ~/mycpu # 任意の作業ディレクトリを作成
$ cd ~/mycpu
$ git clone https://github.com/freechipsproject/chisel-template
$ cd chisel-template
$ git checkout 9470340325e049b6c67563a350c8986d09445174 # 執筆時点での最新commit id
でチェックアウト

#不要ファイルの削除
$ rm -rf .git
$ rm -rf src/main/scala/* src/test/scala/*
```

chisel-template内で主に利用するディレクトリは次の2つです。

- src/main/scala/：CPU本体を記述したファイルを配置
- src/main/test/：動作テスト用ファイルを配置

4-2　Dockerによる実行環境の構築

読者によって利用するPC環境は異なるため、本書ではDockerを利用し、環境の差異を解消

します。Docker とは、コンテナ型の仮想環境を構築できるツールです。環境構築手順をコード
化したファイル（Dockerfile）を利用することで誰でも同じ環境を構築できます。

4-2-1　Docker のインストール

公式サイト[*1]から利用中のOSに応じたファイルをダウンロードします（Mac、Windows、
Linuxに対応）。インストール後、次のコマンドを入力し、バージョン情報が表示されたら、イ
ンストールは無事完了です。

図4.2　Dockerのバージョン確認

```
$ docker version
Client: Docker Engine - Community
 Cloud integration: 1.0.7
 Version:          20.10.2
...
```

4-2-2　Dockerfile の作成

本書の実装用環境をコード化したDockerfileは次のとおりです。コメント部分で説明を記載
しています。動作保証のため、執筆時点で動作している最新のcommmit idでチェックアウト
しています。

リスト4.1　~/mycpu/dockerfile

```
# ベースイメージの指定
FROM ubuntu:18.04

# 環境変数の定義
ENV RISCV=/opt/riscv
ENV PATH=$RISCV/bin:$PATH
ENV MAKEFLAGS=-j4 # makeコマンドのオプションを暗黙的に定義。"-j4"でmake時に4つのジョブ
を並行処理することでmake時間を短縮

# RUNコマンドの実行ディレクトリの指定
WORKDIR $RISCV

# 基本ツールのインストール
RUN apt update && \
  apt install -y autoconf automake autotools-dev curl libmpc-dev libmpfr-dev libgm
p-dev gawk build-essential bison flex texinfo gperf libtool patchutils bc zlib1g-d
ev libexpat-dev pkg-config git libusb-1.0-0-dev device-tree-compiler default-jdk g
nupg vim
```

＊1　https://docs.docker.com/get-docker/

リスト4.1　~/mycpu/dockerfile

```
# riscv-gnu-toolchain（ベクトル拡張命令対応ver.）のビルド
RUN git clone -b rvv-0.9.x --single-branch https://github.com/riscv/riscv-gnu-tool
chain.git && \
    cd riscv-gnu-toolchain && git checkout 5842fde8ee5bb3371643b60ed34906eff7a5fa31
&& \
    git submodule update --init --recursive
RUN cd riscv-gnu-toolchain && mkdir build && cd build && ../configure --prefix=${R
ISCV} --enable-multilib && make

# riscv-testsのダウンロード
RUN git clone -b master --single-branch https://github.com/riscv/riscv-tests && \
    cd riscv-tests && git checkout c4217d88bce9f805a81f42e86ff56ed363931d69 && \
    git submodule update --init --recursive

# sbtのインストール
RUN echo "deb https://repo.scala-sbt.org/scalasbt/debian all main" | tee -a /etc/
apt/sources.list.d/sbt.list && \
    echo "deb https://repo.scala-sbt.org/scalasbt/debian /" | tee /etc/apt/sources.
list.d/sbt_old.list && \
    curl -sL "https://keyserver.ubuntu.com/pks/lookup?op=get&search=0x2EE0EA64E40A89
B84B2DF73499E82A75642AC823" | apt-key add && \
    apt-get update && apt-get install -y sbt
```

　riscv-gnu-toolchainはRISC-V向けのコンパイラです。Cプログラムをコンパイルする際に使用します。

　riscv-testsはRISC-Vの各命令の動作テスト用のプログラムファイル群です。実装したCPUをテストする際に使用します。

　sbtはScala用のビルドツールです。Scalaプログラムを動かす際に使用します。

4-2-3　イメージの作成

　上記のDockerfileを使って、Read-Onlyな環境データ「イメージ」を作成します[2]。

図4.3　Dockerイメージの作成

```
$ cd ~/mycpu
$ docker build . -t riscv/mycpu # 環境によっては2時間以上かかる場合もあります
```

図4.4　作成したイメージの確認

```
$ docker images
REPOSITORY     TAG      IMAGE ID   CREATED        SIZE
riscv/mycpu    latest   xxxxxxx    xx minutes ago   xxGB
```

---

[2]　執筆時点からの状況の変化によりDockerfileが機能しなくなる可能性があります。その場合、著者のDocker Hubから直接イメージをダウンロードしてください。(docker pull yutaronishiyama/riscv-chisel-book:latest)

4-2-4　コンテナの作成

コンテナとはイメージを元に作成した読み書き可能な仮想環境です。1つのイメージから複数のコンテナを作成できます。ここでは、"riscv/mycpu"イメージを元に読み書き可能なコンテナを起動します。·

図4.5　"riscv/mycpu"イメージを元に読み書き可能なコンテナを起動

```
$ docker run -it -v ~/mycpu:/src riscv/mycpu
```

docker run コマンドのオプションは次のとおりです。

表4.1　docker run コマンドのオプション

オプション	内容
-i	シェルでコンテナ内の操作を interactive に実行可能
-t	コンテナの標準出力をホストに出力
-it	-i -t の短縮形
v	ホスト内ディレクトリをコンテナと共有。今回は小ストの~/mycpuをコンテナの/srcにマウント。

本書ではこのコンテナ上でソースコードを実行します。

以上でCPU実装に必要な環境構築は完了です。

4-3　命令bit列および定数ファイル

本章では環境構築に加えて、今後、本書で登場する定数について触れておきます。

本書を通して利用する定数ファイルを package common として、chisel-template/src/main/scala/common/ に格納します。

本書で登場する際にも個別に解説は加えますが、ページ数の関係上、前後のコードを省略することになるので、こちらにコード全体を記載しておきます（ファイル内容は本書用GitHub[3]でも確認できます）。

4-3-1　Instructions.scala

Instructions.scala ではBitPatオブジェクトを用いて、各命令のbit列を定義しています。Instrucitonsクラスで定義されたメンバーはすべて固定値のため、1つのインスタンスを生成するだけで十分なので、シングルトンオブジェクトを用います。

---

* 3　https://github.com/chadyuu/riscv-chisel-book

リスト 4.2　chisel-template/src/main/scala/common/Instructions.scala

```scala
package common

import chisel3._
import chisel3.util._

object Instructions {
  // ロード・ストア
  val LW     = BitPat("b?????????????????010?????0000011")
  val SW     = BitPat("b?????????????????010?????0100011")

  // 加算
  val ADD    = BitPat("b0000000??????????000?????0110011")
  val ADDI   = BitPat("b?????????????????000?????0010011")

  // 減算
  val SUB    = BitPat("b0100000??????????000?????0110011")

  // 論理演算
  val AND    = BitPat("b0000000??????????111?????0110011")
  val OR     = BitPat("b0000000??????????110?????0110011")
  val XOR    = BitPat("b0000000??????????100?????0110011")
  val ANDI   = BitPat("b?????????????????111?????0010011")
  val ORI    = BitPat("b?????????????????110?????0010011")
  val XORI   = BitPat("b?????????????????100?????0010011")

  // シフト
  val SLL    = BitPat("b0000000??????????001?????0110011")
  val SRL    = BitPat("b0000000??????????101?????0110011")
  val SRA    = BitPat("b0100000??????????101?????0110011")
  val SLLI   = BitPat("b0000000??????????001?????0010011")
  val SRLI   = BitPat("b0000000??????????101?????0010011")
  val SRAI   = BitPat("b0100000??????????101?????0010011")

  // 比較
  val SLT    = BitPat("b0000000??????????010?????0110011")
  val SLTU   = BitPat("b0000000??????????011?????0110011")
  val SLTI   = BitPat("b?????????????????010?????0010011")
  val SLTIU  = BitPat("b?????????????????011?????0010011")

  // 条件分岐
  val BEQ    = BitPat("b?????????????????000?????1100011")
  val BNE    = BitPat("b?????????????????001?????1100011")
  val BLT    = BitPat("b?????????????????100?????1100011")
  val BGE    = BitPat("b?????????????????101?????1100011")
  val BLTU   = BitPat("b?????????????????110?????1100011")
  val BGEU   = BitPat("b?????????????????111?????1100011")
```

```scala
  // ジャンプ
  val JAL     = BitPat("b?????????????????????????1101111")
  val JALR    = BitPat("b?????????????????000?????1100111")

  // 即値ロード
  val LUI     = BitPat("b?????????????????????????0110111")
  val AUIPC   = BitPat("b?????????????????????????0010111")

  // CSR
  val CSRRW   = BitPat("b????????????????001?????1110011")
  val CSRRWI  = BitPat("b????????????????101?????1110011")
  val CSRRS   = BitPat("b????????????????010?????1110011")
  val CSRRSI  = BitPat("b????????????????110?????1110011")
  val CSRRC   = BitPat("b????????????????011?????1110011")
  val CSRRCI  = BitPat("b????????????????111?????1110011")

  // 例外
  val ECALL   = BitPat("b00000000000000000000000001110011")

  // ベクトル
  val VSETVLI = BitPat("b?????????????????111?????1010111")
  val VLE     = BitPat("b000000100000?????????????0000111")
  val VSE     = BitPat("b000000100000?????????????0100111")
  val VADDVV  = BitPat("b0000001??????????000?????1010111")

  // カスタム
  val PCNT    = BitPat("b000000000000?????110?????0001011")
}
```

Instructions.scalaで定義した命令が本書で実装するものになります。もちろんここに登場しない命令も多数存在します。そこで改めてRISC-Vで定義されている命令にはどういったものがあるのか、その全体観をとらえてみましょう。

RISC-Vは次のように、機能別に命令セットをモジュール化しています。

表4.2 RISC-Vの命令セット例

名前	意味
I	基本整数命令
E	組み込み用基本整数命令
M	整数乗除命令
A	アトミック命令
F	単精度浮動小数点数命令
D	倍精度浮動小数点数命令
C	圧縮命令
V	ベクトル命令
Zicsr	CSR命令

　第2章の図2.4で登場した命令形式は命令bit配置のフォーマット分類であるのに対して、こちらは機能分類になります。たとえば、R形式のADD命令もI形式のADDI命令もともに基本整数命令セットIに属します。それぞれのモジュールの意味は現時点では理解する必要はありませんが、色々な機能がモジュールとして提供されていることをご理解ください。

　さて、ISA（命令セット）の開発方式はモジュール型とインクリメンタル型の2つがあります。

　インクリメンタル型とは後方バイナリ互換性を維持し、新しいバージョンは過去の要件を包含する形です。従来のISAはこちらに属します。

　一方、モジュール型とは機能ごとにISAを分割し、利用者は必要に応じて任意の機能を選択して組み込みます。RISC-Vはモジュール型を採用しています。

　2つの形式の違いは、「不必要な機能の実装有無」にあります。インクリメンタル型は不必要な機能でも、すべてアーキテクチャに実装する必要がありますが、モジュール型ではISAで選択しない機能の実装は不要です。そのため、RISC-Vが採用するモジュール型のほうが、回路サイズを抑えた低消費電力、低価格なハードウェアを実現しやすいです。

　本書で実装する命令はRISC-Vの基本整数命令I、ベクトル拡張命令Vのそれぞれ一部、そして制御およびステータスレジスタを管理するCSR拡張命令Zicsrです。本書ではRISC-Vの細かい仕様ではなく、CPUの内部処理の大枠理解に重点を置いているため、riscv-testsというテストプログラム、および簡単なCプログラムが走るために最低限必要な命令のみをピックアップしています。

4-3-2　Consts.scala

　その他の定数はConsts.scalaに定義しています。Instructions同様、Constsもシングルトンオブジェクトとしています。各定数の意味は初登場のタイミングで都度説明するので、現時点で意味を把握する必要はありません。

リスト4.3　chisel-template/src/main/scala/common/Consts.scala

```
package common

import chisel3._
import chisel3.util._

object Consts {
  val WORD_LEN      = 32
  val START_ADDR    = 0.U(WORD_LEN.W)
  val BUBBLE        = 0x00000013.U(WORD_LEN.W)  // [ADDI x0,x0,0] = BUBBLE
  val UNIMP         = 0xc0001073L.U(WORD_LEN.W) // [CSRRW x0, cycle, x0]
  val ADDR_LEN      = 5 // rs1,rs2,wb
```

```
val CSR_ADDR_LEN  = 12
val VLEN          = 128
val LMUL_LEN      = 2
val SEW_LEN       = 11
val VL_ADDR       = 0xC20
val VTYPE_ADDR    = 0xC21

val EXE_FUN_LEN = 5
val ALU_X        =  0.U(EXE_FUN_LEN.W)
val ALU_ADD      =  1.U(EXE_FUN_LEN.W)
val ALU_SUB      =  2.U(EXE_FUN_LEN.W)
val ALU_AND      =  3.U(EXE_FUN_LEN.W)
val ALU_OR       =  4.U(EXE_FUN_LEN.W)
val ALU_XOR      =  5.U(EXE_FUN_LEN.W)
val ALU_SLL      =  6.U(EXE_FUN_LEN.W)
val ALU_SRL      =  7.U(EXE_FUN_LEN.W)
val ALU_SRA      =  8.U(EXE_FUN_LEN.W)
val ALU_SLT      =  9.U(EXE_FUN_LEN.W)
val ALU_SLTU     = 10.U(EXE_FUN_LEN.W)
val BR_BEQ       = 11.U(EXE_FUN_LEN.W)
val BR_BNE       = 12.U(EXE_FUN_LEN.W)
val BR_BLT       = 13.U(EXE_FUN_LEN.W)
val BR_BGE       = 14.U(EXE_FUN_LEN.W)
val BR_BLTU      = 15.U(EXE_FUN_LEN.W)
val BR_BGEU      = 16.U(EXE_FUN_LEN.W)
val ALU_JALR     = 17.U(EXE_FUN_LEN.W)
val ALU_COPY1    = 18.U(EXE_FUN_LEN.W)
val ALU_VADDVV   = 19.U(EXE_FUN_LEN.W)
val VSET         = 20.U(EXE_FUN_LEN.W)
val ALU_PCNT     = 21.U(EXE_FUN_LEN.W)

val OP1_LEN = 2
val OP1_RS1 = 0.U(OP1_LEN.W)
val OP1_PC  = 1.U(OP1_LEN.W)
val OP1_X   = 2.U(OP1_LEN.W)
val OP1_IMZ = 3.U(OP1_LEN.W)

val OP2_LEN = 3
val OP2_X   = 0.U(OP2_LEN.W)
val OP2_RS2 = 1.U(OP2_LEN.W)
val OP2_IMI = 2.U(OP2_LEN.W)
val OP2_IMS = 3.U(OP2_LEN.W)
val OP2_IMJ = 4.U(OP2_LEN.W)
val OP2_IMU = 5.U(OP2_LEN.W)

val MEN_LEN = 2
val MEN_X   = 0.U(MEN_LEN.W)
val MEN_S   = 1.U(MEN_LEN.W)
```

```scala
  val MEN_V    = 2.U(MEN_LEN.W)

  val REN_LEN = 2
  val REN_X    = 0.U(REN_LEN.W)
  val REN_S    = 1.U(REN_LEN.W)
  val REN_V    = 2.U(REN_LEN.W)

  val WB_SEL_LEN = 3
  val WB_X      = 0.U(WB_SEL_LEN.W)
  val WB_ALU    = 0.U(WB_SEL_LEN.W)
  val WB_MEM    = 1.U(WB_SEL_LEN.W)
  val WB_PC     = 2.U(WB_SEL_LEN.W)
  val WB_CSR    = 3.U(WB_SEL_LEN.W)
  val WB_MEM_V  = 4.U(WB_SEL_LEN.W)
  val WB_ALU_V  = 5.U(WB_SEL_LEN.W)
  val WB_VL     = 6.U(WB_SEL_LEN.W)

  val MW_LEN = 3
  val MW_X    = 0.U(MW_LEN.W)
  val MW_W    = 1.U(MW_LEN.W)
  val MW_H    = 2.U(MW_LEN.W)
  val MW_B    = 3.U(MW_LEN.W)
  val MW_HU   = 4.U(MW_LEN.W)
  val MW_BU   = 5.U(MW_LEN.W)

  val CSR_LEN = 3
  val CSR_X    = 0.U(CSR_LEN.W)
  val CSR_W    = 1.U(CSR_LEN.W)
  val CSR_S    = 2.U(CSR_LEN.W)
  val CSR_C    = 3.U(CSR_LEN.W)
  val CSR_E    = 4.U(CSR_LEN.W)
  val CSR_V    = 5.U(CSR_LEN.W)
}
```

本書を読み進めていくうえで、各定数の具体的な値を知りたい場合はこれらのファイルを参照してください。

4-4　第II部で実装する命令とChiselコード全体

　第II部で実装する命令はメモリアクセス用のロード・ストア命令、加減算や論理演算などの基本演算命令、例外処理などに関わるCSR命令とECALL命令です。これらの命令はCPUの基礎となる命令であるとともに、riscv-testsと呼ばれるテストコードやCプログラムを実行するために最低限必要な命令です。

図4.6　第Ⅱ部で実装する命令

また各章でChiselコードを解説していきますが、ページ数の関係上、既出のコードは省略しています。あらかじめ基本命令を一通り実装したChiselコード全体をこちらに記載しておくので、コード全体を見渡したくなった際に参照してください。

リスト4.4　chisel-template/src/main/scala/05_riscvtests/Top.scala

```
package riscvtests

import chisel3._
import chisel3.util._
import common.Consts._

class Top extends Module {
  val io = IO(new Bundle {
    val exit = Output(Bool())
    val gp   = Output(UInt(WORD_LEN.W))
  })
  val core = Module(new Core())
  val memory = Module(new Memory())
  core.io.imem <> memory.io.imem
  core.io.dmem <> memory.io.dmem
  io.exit := core.io.exit
  io.gp   := core.io.gp
}
```

リスト4.5　chisel-template/src/main/scala/05_riscvtests/Core.scala

```
package riscvtests

import chisel3._
import chisel3.util._
import common.Instructions._
import common.Consts._
```

```scala
class Core extends Module {
  val io = IO(
    new Bundle {
      val imem = Flipped(new ImemPortIo())
      val dmem = Flipped(new DmemPortIo())
      val exit = Output(Bool())
      val gp   = Output(UInt(WORD_LEN.W))
    }
  )

  val regfile     = Mem(32,   UInt(WORD_LEN.W))
  val csr_regfile = Mem(4096, UInt(WORD_LEN.W))


  //**********************************
  // Instruction Fetch (IF) Stage

  val pc_reg = RegInit(START_ADDR)
  io.imem.addr := pc_reg
  val inst = io.imem.inst
  val pc_plus4 = pc_reg + 4.U(WORD_LEN.W)
  val br_target = Wire(UInt(WORD_LEN.W))
  val br_flg = Wire(Bool())
  val jmp_flg = (inst === JAL || inst === JALR)
  val alu_out = Wire(UInt(WORD_LEN.W))

  val pc_next = MuxCase(pc_plus4, Seq(
    br_flg  -> br_target,
    jmp_flg -> alu_out,
    (inst === ECALL) -> csr_regfile(0x305) // go to trap_vector
  ))
  pc_reg := pc_next


  //**********************************
  // Instruction Decode (ID) Stage

  val rs1_addr = inst(19, 15)
  val rs2_addr = inst(24, 20)
  val wb_addr  = inst(11, 7)
  val rs1_data = Mux((rs1_addr =/= 0.U(WORD_LEN.U)), regfile(rs1_addr), 0.U(WORD_LEN.W))
  val rs2_data = Mux((rs2_addr =/= 0.U(WORD_LEN.U)), regfile(rs2_addr), 0.U(WORD_LEN.W))

  val imm_i = inst(31, 20)
  val imm_i_sext = Cat(Fill(20, imm_i(11)), imm_i)
```

リスト 4.5　chisel-template/src/main/scala/05_riscvtests/Core.scala

```
val imm_s = Cat(inst(31, 25), inst(11, 7))
val imm_s_sext = Cat(Fill(20, imm_s(11)), imm_s)
val imm_b = Cat(inst(31), inst(7), inst(30, 25), inst(11, 8))
val imm_b_sext = Cat(Fill(19, imm_b(11)), imm_b, 0.U(1.U))
val imm_j = Cat(inst(31), inst(19, 12), inst(20), inst(30, 21))
val imm_j_sext = Cat(Fill(11, imm_j(19)), imm_j, 0.U(1.U))
val imm_u = inst(31,12)
val imm_u_shifted = Cat(imm_u, Fill(12, 0.U))
val imm_z = inst(19,15)
val imm_z_uext = Cat(Fill(27, 0.U), imm_z)

val csignals = ListLookup(inst,
            List(ALU_X     , OP1_RS1, OP2_RS2, MEN_X, REN_X, WB_X   , CSR_X),
   Array(
    LW    -> List(ALU_ADD   , OP1_RS1, OP2_IMI, MEN_X, REN_S, WB_MEM, CSR_X),
    SW    -> List(ALU_ADD   , OP1_RS1, OP2_IMS, MEN_S, REN_X, WB_X  , CSR_X),
    ADD   -> List(ALU_ADD   , OP1_RS1, OP2_RS2, MEN_X, REN_S, WB_ALU, CSR_X),
    ADDI  -> List(ALU_ADD   , OP1_RS1, OP2_IMI, MEN_X, REN_S, WB_ALU, CSR_X),
    SUB   -> List(ALU_SUB   , OP1_RS1, OP2_RS2, MEN_X, REN_S, WB_ALU, CSR_X),
    AND   -> List(ALU_AND   , OP1_RS1, OP2_RS2, MEN_X, REN_S, WB_ALU, CSR_X),
    OR    -> List(ALU_OR    , OP1_RS1, OP2_RS2, MEN_X, REN_S, WB_ALU, CSR_X),
    XOR   -> List(ALU_XOR   , OP1_RS1, OP2_RS2, MEN_X, REN_S, WB_ALU, CSR_X),
    ANDI  -> List(ALU_AND   , OP1_RS1, OP2_IMI, MEN_X, REN_S, WB_ALU, CSR_X),
    ORI   -> List(ALU_OR    , OP1_RS1, OP2_IMI, MEN_X, REN_S, WB_ALU, CSR_X),
    XORI  -> List(ALU_XOR   , OP1_RS1, OP2_IMI, MEN_X, REN_S, WB_ALU, CSR_X),
    SLL   -> List(ALU_SLL   , OP1_RS1, OP2_RS2, MEN_X, REN_S, WB_ALU, CSR_X),
    SRL   -> List(ALU_SRL   , OP1_RS1, OP2_RS2, MEN_X, REN_S, WB_ALU, CSR_X),
    SRA   -> List(ALU_SRA   , OP1_RS1, OP2_RS2, MEN_X, REN_S, WB_ALU, CSR_X),
    SLLI  -> List(ALU_SLL   , OP1_RS1, OP2_IMI, MEN_X, REN_S, WB_ALU, CSR_X),
    SRLI  -> List(ALU_SRL   , OP1_RS1, OP2_IMI, MEN_X, REN_S, WB_ALU, CSR_X),
    SRAI  -> List(ALU_SRA   , OP1_RS1, OP2_IMI, MEN_X, REN_S, WB_ALU, CSR_X),
    SLT   -> List(ALU_SLT   , OP1_RS1, OP2_RS2, MEN_X, REN_S, WB_ALU, CSR_X),
    SLTU  -> List(ALU_SLTU  , OP1_RS1, OP2_RS2, MEN_X, REN_S, WB_ALU, CSR_X),
    SLTI  -> List(ALU_SLT   , OP1_RS1, OP2_IMI, MEN_X, REN_S, WB_ALU, CSR_X),
    SLTIU -> List(ALU_SLTU  , OP1_RS1, OP2_IMI, MEN_X, REN_S, WB_ALU, CSR_X),
    BEQ   -> List(BR_BEQ    , OP1_RS1, OP2_RS2, MEN_X, REN_X, WB_X  , CSR_X),
    BNE   -> List(BR_BNE    , OP1_RS1, OP2_RS2, MEN_X, REN_X, WB_X  , CSR_X),
    BGE   -> List(BR_BGE    , OP1_RS1, OP2_RS2, MEN_X, REN_X, WB_X  , CSR_X),
    BGEU  -> List(BR_BGEU   , OP1_RS1, OP2_RS2, MEN_X, REN_X, WB_X  , CSR_X),
    BLT   -> List(BR_BLT    , OP1_RS1, OP2_RS2, MEN_X, REN_X, WB_X  , CSR_X),
    BLTU  -> List(BR_BLTU   , OP1_RS1, OP2_RS2, MEN_X, REN_X, WB_X  , CSR_X),
    JAL   -> List(ALU_ADD   , OP1_PC , OP2_IMJ, MEN_X, REN_S, WB_PC , CSR_X),
    JALR  -> List(ALU_JALR  , OP1_RS1, OP2_IMI, MEN_X, REN_S, WB_PC , CSR_X),
    LUI   -> List(ALU_ADD   , OP1_X  , OP2_IMU, MEN_X, REN_S, WB_ALU, CSR_X),
    AUIPC -> List(ALU_ADD   , OP1_PC , OP2_IMU, MEN_X, REN_S, WB_ALU, CSR_X),
    CSRRW -> List(ALU_COPY1, OP1_RS1, OP2_X  , MEN_X, REN_S, WB_CSR, CSR_W),
    CSRRWI-> List(ALU_COPY1, OP1_IMZ, OP2_X  , MEN_X, REN_S, WB_CSR, CSR_W),
    CSRRS -> List(ALU_COPY1, OP1_RS1, OP2_X  , MEN_X, REN_S, WB_CSR, CSR_S),
```

```scala
    CSRRSI-> List(ALU_COPY1, OP1_IMZ, OP2_X  , MEN_X, REN_S, WB_CSR, CSR_S),
    CSRRC -> List(ALU_COPY1, OP1_RS1, OP2_X  , MEN_X, REN_S, WB_CSR, CSR_C),
    CSRRCI-> List(ALU_COPY1, OP1_IMZ, OP2_X  , MEN_X, REN_S, WB_CSR, CSR_C),
    ECALL -> List(ALU_X    , OP1_X  , OP2_X  , MEN_X, REN_X, WB_X  , CSR_E)
  )
)

val exe_fun :: op1_sel :: op2_sel :: mem_wen :: rf_wen :: wb_sel :: csr_cmd ::
Nil = csignals

val op1_data = MuxCase(0.U(WORD_LEN.W), Seq(
  (op1_sel === OP1_RS1) -> rs1_data,
  (op1_sel === OP1_PC)  -> pc_reg,
  (op1_sel === OP1_IMZ) -> imm_z_uext
))

val op2_data = MuxCase(0.U(WORD_LEN.W), Seq(
  (op2_sel === OP2_RS2) -> rs2_data,
  (op2_sel === OP2_IMI) -> imm_i_sext,
  (op2_sel === OP2_IMS) -> imm_s_sext,
  (op2_sel === OP2_IMJ) -> imm_j_sext,
  (op2_sel === OP2_IMU) -> imm_u_shifted
))


//**********************************
// Execute (EX) Stage

alu_out := MuxCase(0.U(WORD_LEN.W), Seq(
  (exe_fun === ALU_ADD)   -> (op1_data + op2_data),
  (exe_fun === ALU_SUB)   -> (op1_data - op2_data),
  (exe_fun === ALU_AND)   -> (op1_data & op2_data),
  (exe_fun === ALU_OR)    -> (op1_data | op2_data),
  (exe_fun === ALU_XOR)   -> (op1_data ^ op2_data),
  (exe_fun === ALU_SLL)   -> (op1_data << op2_data(4, 0))(31, 0),
  (exe_fun === ALU_SRL)   -> (op1_data >> op2_data(4, 0)).asUInt(),
  (exe_fun === ALU_SRA)   -> (op1_data.asSInt() >> op2_data(4, 0)).asUInt(),
  (exe_fun === ALU_SLT)   -> (op1_data.asSInt() < op2_data.asSInt()).asUInt(),
  (exe_fun === ALU_SLTU)  -> (op1_data < op2_data).asUInt(),
  (exe_fun === ALU_JALR)  -> ((op1_data + op2_data) & ~1.U(WORD_LEN.W)),
  (exe_fun === ALU_COPY1) -> op1_data
))


// branch
br_target := pc_reg + imm_b_sext
br_flg := MuxCase(false.B, Seq(
  (exe_fun === BR_BEQ)  -> (op1_data === op2_data),
  (exe_fun === BR_BNE)  -> !(op1_data === op2_data),
  (exe_fun === BR_BLT)  -> (op1_data.asSInt() < op2_data.asSInt()),
```

```
  (exe_fun === BR_BGE)  -> !(op1_data.asSInt() < op2_data.asSInt()),
  (exe_fun === BR_BLTU) ->  (op1_data < op2_data),
  (exe_fun === BR_BGEU) -> !(op1_data < op2_data)
))


//*******************************
// Memory Access Stage

io.dmem.addr  := alu_out
io.dmem.wen   := mem_wen
io.dmem.wdata := rs2_data

// CSR
val csr_addr = Mux(csr_cmd === CSR_E, 0x342.U(CSR_ADDR_LEN.W), inst(31,20))
val csr_rdata = csr_regfile(csr_addr)
val csr_wdata = MuxCase(0.U(WORD_LEN.W), Seq(
  (csr_cmd === CSR_W) -> op1_data,
  (csr_cmd === CSR_S) -> (csr_rdata | op1_data),
  (csr_cmd === CSR_C) -> (csr_rdata & ~op1_data),
  (csr_cmd === CSR_E) -> 11.U(WORD_LEN.W)
))

when(csr_cmd > 0.U){
  csr_regfile(csr_addr) := csr_wdata
}

//*******************************
// Writeback (WB) Stage

val wb_data = MuxCase(alu_out, Seq(
  (wb_sel === WB_MEM) -> io.dmem.rdata,
  (wb_sel === WB_PC)  -> pc_plus4,
  (wb_sel === WB_CSR) -> csr_rdata
))

when(rf_wen === REN_S) {
  regfile(wb_addr) := wb_data
}


//*******************************
// Debug
io.gp   := regfile(3)
io.exit := (pc_reg === 0x44.U(WORD_LEN.W))
printf(p"io.pc       : 0x${Hexadecimal(pc_reg)}\n")
printf(p"inst        : 0x${Hexadecimal(inst)}\n")
printf(p"gp          : ${regfile(3)}\n")
```

73

リスト4.5　chisel-template/src/main/scala/05_riscvtests/Core.scala

```scala
  printf(p"rs1_addr   : $rs1_addr\n")
  printf(p"rs2_addr   : $rs2_addr\n")
  printf(p"wb_addr    : $wb_addr\n")
  printf(p"rs1_data   : 0x${Hexadecimal(rs1_data)}\n")
  printf(p"rs2_data   : 0x${Hexadecimal(rs2_data)}\n")
  printf(p"wb_data    : 0x${Hexadecimal(wb_data)}\n")
  printf(p"dmem.addr  : ${io.dmem.addr}\n")
  printf(p"dmem.rdata : ${io.dmem.rdata}\n")
  printf("---------\n")
}
```

リスト4.6　chisel-template/src/main/scala/05_riscvtests/Memory.scala

```scala
package riscvtests

import chisel3._
import chisel3.util._
import common.Consts._
import chisel3.util.experimental.loadMemoryFromFile

class ImemPortIo extends Bundle {
  val addr = Input(UInt(WORD_LEN.W))
  val inst = Output(UInt(WORD_LEN.W))
}


class DmemPortIo extends Bundle {
  val addr  = Input(UInt(WORD_LEN.W))
  val rdata = Output(UInt(WORD_LEN.W))
  val wen   = Input(UInt(MEN_LEN.W))
  val wdata = Input(UInt(WORD_LEN.W))
}


class Memory extends Module {
  val io = IO(new Bundle {
    val imem = new ImemPortIo()
    val dmem = new DmemPortIo()
  })


  val mem = Mem(16384, UInt(8.W))
  loadMemoryFromFile(mem, "src/riscv/rv32ui-p-add.hex")
  io.imem.inst := Cat(
    mem(io.imem.addr + 3.U(WORD_LEN.W)),
    mem(io.imem.addr + 2.U(WORD_LEN.W)),
    mem(io.imem.addr + 1.U(WORD_LEN.W)),
    mem(io.imem.addr)
  )
  io.dmem.rdata := Cat(
    mem(io.dmem.addr + 3.U(WORD_LEN.W)),
```

リスト4.6　chisel-template/src/main/scala/05_riscvtests/Memory.scala

```
    mem(io.dmem.addr + 2.U(WORD_LEN.W)),
    mem(io.dmem.addr + 1.U(WORD_LEN.W)),
    mem(io.dmem.addr)
  )

  when(io.dmem.wen === MEN_S){
    mem(io.dmem.addr)                 := io.dmem.wdata( 7,  0)
    mem(io.dmem.addr + 1.U(WORD_LEN.W)) := io.dmem.wdata(15,  8)
    mem(io.dmem.addr + 2.U(WORD_LEN.W)) := io.dmem.wdata(23, 16)
    mem(io.dmem.addr + 3.U(WORD_LEN.W)) := io.dmem.wdata(31, 24)
  }
}
```

Ⅱ
簡単なCPUの実装

75

第5章

命令フェッチの実装

それでは具体的なCPU実装に入っていきましょう。まずはCPUの最初の処理プロセスである命令フェッチを実装していきます。

第2章「2.2.1 命令フェッチ（IF：Instruction Fetch）」で説明したとおり、命令フェッチはCPUがメモリから命令データを取得する処理で、コンピュータの処理の流れで最初のステージに該当します。具体的にはCPUがPCレジスタに記憶されたアドレスをメモリへ送信して、メモリはそのアドレスに格納された命令データをCPUへ返します。

本章ではこれらの命令フェッチ回路をChiselで記述することがゴールです。また、本章の実装は`package fetch`として、`chisel-template/src/main/scala/01_fetch/`に格納しています。

5-1　Chiselコードの概要

実装は次の3つのファイルに分かれています。

- **Core.scala**：CPUを記述
- **Memory.scala**：メモリを記述
- **Top.scala**：CPUとメモリを接続するラッパー

Core.scalaというファイル名になっているコアという表現は、CPUの処理の中核を担う回路を意味します。CPUは1つのコアのみを有するシングルコア、複数のコアを有するマルチコアがあり、今回は1つのコアを持ったCPUという意味を込めて、Core.scalaと命名しています。

さて、前述のファイルで定義されるクラスは次の4つです。

- **Top**：コンピュータ全体の設計図
- **Core**：CPUコアの設計図

- **Memory**：メモリの設計図
- **ImemPortIo**：CPU コアとメモリをつなぐ命令用ポートの設計図

各クラスをインスタンス化、ハードウェア化し、次のようにコンピュータを構成します。

図5.1 fetchの構成図

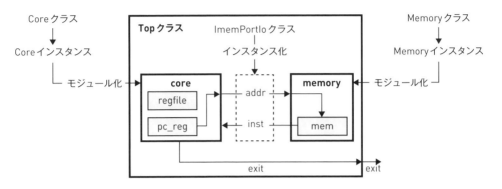

5-2 **Chiselの実装**

コードの全体を把握しやすくするため、全コードをそのまま転載しつつ、コメントを挿入する形で解説します。

リスト5.1 Top.scala

```scala
package fetch

import chisel3._
import chisel3.util._

class Top extends Module {
  val io = IO(new Bundle {
    val exit = Output(Bool())
  })

  // CoreクラスとMemoryクラスをnewでインスタンス化、Moduleでハードウェア化
  val core   = Module(new Core())
  val memory = Module(new Memory())

  // coreのioとmemoryのioはImemPortIoを反転した関係にあるので、"<>"で一括接続
  core.io.imem <> memory.io.imem

  io.exit := core.io.exit
}
```

リスト 5.2　Core.scala

```scala
package fetch

import chisel3._
import chisel3.util._
import common.Consts._

class Core extends Module {

  val io = IO(new Bundle {
    /* ImemPortIoをインスタンス化したものをFlippedで反転
       つまり、出力ポートaddr、および入力ポートinstを生成 */
    val imem = Flipped(new ImemPortIo())

    // 出力ポートexitはプログラム処理が終わった際にtrue.Bとなります。
    val exit = Output(Bool())
  })

  /* 32bit幅×32本のレジスタを生成
     WORD_LEN = 32　（Consts.scalaで定義）　*/
  val regfile = Mem(32, UInt(WORD_LEN.W))



  //********************************
  // Instruction Fetch (IF) Stage

  /* 初期値を0とするPCレジスタを生成
     サイクルごとに4ずつカウントアップ
     START_ADDR = 0　（Consts.scalaで定義）　*/
  val pc_reg = RegInit(START_ADDR)
  pc_reg := pc_reg + 4.U(WORD_LEN.W)

  // 出力ポートaddrにpc_regを接続し、入力ポートinstをinstで受けます。
  io.imem.addr := pc_reg
  val inst = io.imem.inst

  // exit信号はinstが"34333231"（読み込ませるプログラムの最終行）の場合にtrue.Bとします
  （プログラム内容は後述）。
  io.exit := (inst === 0x34333231.U(WORD_LEN.W))
}
```

リスト 5.3　Memory.scala

```scala
package fetch

import chisel3._
import chisel3.util._
import chisel3.util.experimental.loadMemoryFromFile
import common.Consts._
```

```
/* ImemPortIoクラスはBundleを継承する形で、addrとinstの2信号をまとめています。
   addr：メモリアドレス用の入力ポート
   inst：命令データ用の出力ポート
   ともに32bit幅（∵WORD_LEN=32） */
class ImemPortIo extends Bundle {
  val addr = Input(UInt(WORD_LEN.W))
  val inst = Output(UInt(WORD_LEN.W))
}

class Memory extends Module {
  val io = IO(new Bundle {
    val imem = new ImemPortIo()
  })

  /* メモリの実体として、8bit幅×16384本（16KB）のレジスタを生成します。
     8bit幅である理由は、PCのカウントアップ幅を4にするためです。
     1アドレスに8bit、つまり4アドレスに32bit格納する形になります。 */
  val mem = Mem(16384, UInt(8.W))

  // メモリデータをロード（hexファイル内容は後述）
  loadMemoryFromFile(mem, "src/hex/fetch.hex")

  // 各アドレスに格納された8bitデータを4つつなげて32bitデータに
  io.imem.inst := Cat(
    mem(io.imem.addr + 3.U(WORD_LEN.W)),
    mem(io.imem.addr + 2.U(WORD_LEN.W)),
    mem(io.imem.addr + 1.U(WORD_LEN.W)),
    mem(io.imem.addr)
  )
}
```

HDL特有の`pc_reg := pc_reg + 4.U(WORD_LEN.W)`という記述に関して、補足しておきます。これはレジスタpc_regの入力値に常に`pc_reg + 4.U(WORD_LEN.W)`を接続する回路です。クロックの立ち上がりエッジの度にレジスタの入力値が出力値に反映されるので、サイクルごとにPCが4ずつカウントアップされることになります。回路図としては次のようになります。

図5.2　pc_regの回路

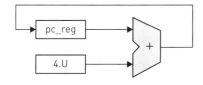

以上で命令フェッチのChisel実装は完了です！

第6章
ChiselTestによる
命令フェッチテスト

前章で命令フェッチをChiselで実装しましたが、それが正しく実装されているかどうかを確かめる必要があります。ここで登場するのがテストツール「ChiselTest」です。

ChiselTest[*1]とは、執筆時点では開発中でα版として提供されているテストツールです。前身としてChisel Testers[*2]がありますが、機能的に不足している部分があるため、今後主流になるであろうChiselTestを本書では利用します。

6-1 ChiselTestのインストール

Scala用のビルドツールsbt（Scala build tool）にはbuild.sbtというビルド方法を定義するファイルがあります。本来はbuild.sbt内でビルド時にChiselTestのライブラリを読み込むように指定する必要があります。しかし、今回ダウンロードしたchisel-templateにはデフォルトでChiselTest用のライブラリが記述済みなので、とくに対応は必要ありません。

リスト6.1　chisel-template/build.sbt
```
libraryDependencies ++= Seq(
  "edu.berkeley.cs" %% "chisel3" % "3.4.2", // Chisel3ライブラリ
  "edu.berkeley.cs" %% "chiseltest" % "0.3.2" % "test" // ChiselTestライブラリ
),
```

変数libraryDependenciesに追加するライブラリを代入することで、ビルド時に指定のライブラリをダウンロードできます。代入演算子として++=メソッドを使えば、Seqインスタンスで複数のライブラリを一括で追加できます。もし、1つだけのライブラリを追加する場合は+=で加算代入できます。

リスト6.2　+=による単一ライブラリの追加
```
libraryDependencies += "edu.berkeley.cs" %% "chisel3" % "3.4.2"
libraryDependencies += "edu.berkeley.cs" %% "chiseltest" % "0.3.2" % "test"
```

---

*1　https://github.com/ucb-bar/chisel-testers2
*2　https://github.com/freechipsproject/chisel-testers

　また、右辺の指定ライブラリにはModuleIDオブジェクトを記述します。文字列に％メソッドを適用させると、**package sbt**で定義されたModuleIDオブジェクトを生成できます。

リスト6.3　ModuleIDオブジェクトの生成方法
```
organization %% moduleName % version % configuration
```

　今回の例だと「"edu.berkeley.cs"という組織」の「"chiseltest"というモジュール」の「"0.3.2"バージョン」を指定しています。ちなみにorganizationに続く％を2個連続させることで、moduleNameでScalaバージョンの記述が不要になります。％を1つだけ利用するなら、**"edu.berkeley.cs" % "chiseltest_2.12" % "0.3.2"**のように記述できます。

　末尾にconfigurationとして記述している"test"は、該当のライブラリがテストコードのみで利用されるよう設定します。ほかにconfigurationで指定できる値として、コンパイル時には利用せず、実行時のみに利用する"runtime"などがありますが、本書では扱いません。

6 2　テストの流れ

　ChiselTestの準備が整ったので、具体的にテストコードを記述していきましょう。テストは大きく、次の4ステップで実行します。

①**chisel-template/src/test/scala/**ディレクトリにChiselテストコードファイルを作成
②テスト用の**hex**ファイルを作成し、Memoryクラスでロード
③**Core**クラスでデバッグ信号を出力
④**sbt**を利用してScalaコードをコンパイルしたあと、テストを実行

6-3　Chiselテストコードの作成

　chisel-template/src/test/scala/ディレクトリにFetchTest.scalaを作成しましょう。

リスト6.4　chisel-template/src/test/scala/FetchTest.scala
```
package fetch

import chisel3._

// ChiselTestを利用するために必要なpackage
import org.scalatest._
import chiseltest._

class HexTest extends FlatSpec with ChiselScalatestTester {
```

リスト6.4　chisel-template/src/test/scala/FetchTest.scala

```
  "mycpu" should "work through hex" in {
    test(new Top) { c =>
      // このブロックでテストを記述（変数cはTopクラスのインスタンス）
      while (!c.io.exit.peek().litToBoolean()) {
        c.clock.step(1)
      }
    }
  }
}
```

このコードの中で重要なのはテスト内容を記述している`test(new Top){}`ブロックです。それ以外のコードはテストの固有文法として、初めのうちはコピー＆ペーストで使い回す形で十分です。

6-3-1　trait

今回は次の2つのtraitをChiselTestで作成するテストクラスに継承させます。

- FlatSpec
- ChiselScalatestTester

FlatSpec

FlatSpecはScalaテストフレームワークであるScalaTest（`package org.scalatest`）内で定義されたtraitで、テストごとにテスト対象の振る舞いをテキストでラベリングするshouldメソッドを提供します。

リスト6.5　FlatSpecによる振る舞い記述

```
"テスト対象名" should "正しい振る舞い" in {
  // テスト内容
}
```

各テキストはテスト内容には影響せず、あくまでテスト結果の可読性を上げるテキストとして、任意の文字列を指定できます。たとえばリスト6.4のテスト結果は次のように出力されます。

図6.1　HexTestクラスのテスト結果例

```
...
[info] HexTest: # テストクラス名
[info] mycpu    # テスト対象名
[info] - should work through hex # 正しい振る舞い
[info] Run completed in 5 seconds, 520 milliseconds.
[info] Total number of tests run: 1
[info] Suites: completed 1, aborted 0
```

図6.1 HexTestクラスのテスト結果例

```
[info] Tests: succeeded 1, failed 0, canceled 0, ignored 0, pending 0
[info] All tests passed.
[success] Total time: 13 s, completed Mar 11, 2021, 9:01:41 AM
```

ChiselScalatestTester

package chiseltestで定義されたtraitで、Chiselで定義したハードウェアモジュールをテストするtestメソッドを提供します。

6-3-2　peek メソッド

信号名.peek()で値を取得し、返り値は信号の型です。リスト6.4中の**c.io.exit.peek()**はChiselで実装したexit信号と同じBool型を返します。

またwhileの条件式において、peekメソッドの返り値であるBool型の値を**[Bool型].litToBoolean**でScalaのBoolean型に変換しています。

6-3-3　clock.step メソッド

[インスタンス].clock.step(n)でクロックをnサイクル進めます。今回はwhileを使って、exit信号がfalse.Bである限り、クロックを1サイクルずつ進めています。

6-4　メモリ用hexファイルの作成

前章ではMemory.scalaにおいて、次のようにメモリデータとしてhexファイルをロードしていました。

リスト6.6　Memory.scala
```
loadMemoryFromFile(mem, "src/hex/fetch.hex")
```

今回はこのhexファイルを作成します。具体的には次のように16進数で1行2桁（＝8bit＝1byte）で記述します。

リスト6.7　chisel-template/src/hex/fetch.hex
```
11
12
13
14
21
22
23
```

```
24
31
32
33
34
```

RISC-V は byte を桁の小さい順にメモリに記録するリトルエンディアン方式を採用しており、各行は次のようにアドレス0から順番にメモリへ格納されます。

表6.1　fetch.hex のアドレス対応

メモリアドレス	データ
0	11
1	12
2	13
3	14
4	21
5	22
6	23
7	24
8	31
9	32
10	33
11	34

桁の小さい順にデータを並べることは自明に感じるかもしれませんが、コンピュータの世界ではそうではありません。たとえば、ビッグエンディアンという桁の大きい順にメモリに並べる方式もあります。

さて、改めて命令の意味を理解しやすいように fetch.hex のデータを32bit 単位で並べると次のとおりです。

表6.2　32bit 単位で整理した fetch.hex の内容

メモリアドレス	データ
0	14131211
4	24232221
8	34333231

この hex ファイルをロードした mem に対して、PC レジスタで指定したアドレスから4アドレス = 32bit 分のデータを読み出します。

リスト6.8　Memory.scala（※再掲、該当箇所抜粋）

```
io.imem.inst := Cat(
  mem(io.imem.addr + 3.U(WORD_LEN.W)),
  mem(io.imem.addr + 2.U(WORD_LEN.W)),
  mem(io.imem.addr + 1.U(WORD_LEN.W)),
  mem(io.imem.addr)
)
```

6-5　printfを活用したデバッグ信号の出力

テスト実行時にサイクルごとの信号値を確認するために、Core.scalaにデバッグ信号を出力するprintfオブジェクトを追記します。追記場所はCore.scala内で変数宣言後であれば、どこでも問題ありません。今回はわかりやすいようにCoreクラスのブロック末尾にまとめて記述します。

リスト6.9　Core.scala

```
class Core extends Module {
  ...
  printf(p"pc_reg : 0x${Hexadecimal(pc_reg)}\n")
  printf(p"inst   : 0x${Hexadecimal(inst)}\n")
  printf("---------\n") // サイクルの切れ目を識別するため
}
```

6-6　テストの実行

以上でテストコードの準備が整ったので、Dockerコンテナを立ち上げて、テストを実行してみましょう。

図6.2　sbtテストコマンド@Dockerコンテナ

```
$ cd /src/chisel-template
$ sbt "testOnly fetch.HexTest"
```

sbtのtestOnlyコマンドは引数に指定したテストクラスのみを実行します。テストクラスは**package名.テストクラス名**で指定し、今回は**fetch.HexTest**とします。

さて、前述のsbtテストコマンドを実行すると、各Scalaファイルがコンパイルされたあと、テストが実行されます。コンソールには次のテスト結果が出力されます。

図6.3　テスト結果

```
pc_reg : 00000000
inst   : 0x14131211
---------
pc_reg : 00000004
inst   : 0x24232221
---------
pc_reg : 00000008
inst   : 0x34333231
```

　PCが0、4、8と4ずつ増えていき、fetch.hexで定義したとおりの命令が読み込まれていることがわかります。以上でChiselTestを使った命令フェッチテストが完了です。

6-7　Dockerコンテナのcommit

　最後に現状のDockerコンテナをイメージにcommitしておきましょう。sbtで指定したライブラリ群はDockerイメージ内には存在せず、イメージから立ち上げたコンテナでsbtシェルを初回起動する際に1分ほどかけてダウンロードされます。

　必要なライブラリがダウンロード済みの現状のコンテナをイメージにcommitしておくことで、次回以降、イメージからコンテナを新たに立ち上げるたびにライブラリをダウンロードせず、高速にsbtコマンドを実行できるようになります。

図6.4　Dockerコンテナのイメージへのcommit

```
$ docker ps
CONTAINER ID    IMAGE       ...
[container_id]  riscv/mycpu

$ docker commit [container_id] riscv/mycpu
```

第7章

命令デコーダの実装

　続いて、フェッチした命令を解読し、対象レジスタのデータを読み込む命令デコーダを実装していきましょう。今回のデコーダでは、rs1/rs2/rdレジスタ番号を解読したうえで、該当データをレジスタから読み出す処理を行います。前述のとおり、RISC-Vではrs1/rs2/rdレジスタ番号のbit位置が命令間で共通化されているため、IDステージでオペコードによる分岐処理なくレジスタ番号を抽出でき、デコード（解読）回路の記述を簡略化できます。

7-1　Chiselの実装

　それではpackage fetchで実装したファイルにデコード処理、デバッグ用信号の出力を追記していきます。実装ファイルはGitHubのchisel-template/src/main/scala/02_decode/ディレクトリに保存しています。

7-1-1　レジスタ番号の解読

　レジスタ番号の解読は次のコードで行います。

リスト7.1　Core.scala

```
val rs1_addr = inst(19, 15) // rs1レジスタ番号は命令列の15-19bit目
val rs2_addr = inst(24, 20) // rs2レジスタ番号は命令列の20-24bit目
val wb_addr  = inst(11, 7)  // rdレジスタ番号は命令列の7-11bit目
```

7-1-2　レジスタデータの読み出し

　レジスタデータの読み出し方法は次のとおりです。

リスト7.2　Core.scala

```
val rs1_data = Mux((rs1_addr =/= 0.U(WORD_LEN.U)), regfile(rs1_addr), 0.U(WORD_LEN.W))
val rs2_data = Mux((rs2_addr =/= 0.U(WORD_LEN.U)), regfile(rs2_addr), 0.U(WORD_LEN.W))
```

87

rs1_dataは**rs1_addr =/= 0.U**がtrue.Bならregfile(rs1_addr)を、false.Bなら0.Uを格納します。このマルチプレクサが必要な理由は、RISC-Vでは0番レジスタが常に0であることを規定しているためです。常に0データを格納するレジスタを1本用意するだけで、実は色々と便利なことがあります（第17章コラム「LI（Load Immediate）命令」後述）。

7-1-3　デバッグ用信号の出力

今回新しく生成した変数をprintfで出力しておきましょう。

リスト7.3　Core.scala

```
// デバッグ用信号の追加
printf(p"rs1_addr : $rs1_addr\n")
printf(p"rs2_addr : $rs2_addr\n")
printf(p"wb_addr  : $wb_addr\n")
printf(p"rs1_data : 0x${Hexadecimal(rs1_data)}\n")
printf(p"rs2_data : 0x${Hexadecimal(rs2_data)}\n")
```

7-2　テストの実行

メモリデータはfetch.hexのまま、テストファイルFetchTest.scalaのpackage名のみdecodeに書きなおしたDecodeTest.scalaを作成します。

リスト7.4　chisel-template/src/test/scala/DecodeTest.scala

```
package decode
...
```

sbtテストコマンドは次のようになります。

図7.1　sbtテストコマンド@Dockerコンテナ

```
$ cd /src/chisel-template
$ sbt "testOnly decode.HexTest"
```

実行結果は次のとおりです。

図7.2 テスト結果

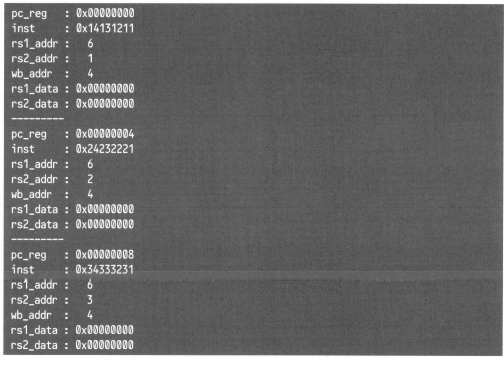

```
pc_reg    : 0x00000000
inst      : 0x14131211
rs1_addr  :    6
rs2_addr  :    1
wb_addr   :    4
rs1_data  : 0x00000000
rs2_data  : 0x00000000
---------
pc_reg    : 0x00000004
inst      : 0x24232221
rs1_addr  :    6
rs2_addr  :    2
wb_addr   :    4
rs1_data  : 0x00000000
rs2_data  : 0x00000000
---------
pc_reg    : 0x00000008
inst      : 0x34333231
rs1_addr  :    6
rs2_addr  :    3
wb_addr   :    4
rs1_data  : 0x00000000
rs2_data  : 0x00000000
```

テスト結果を見てみると、次のデコード表のとおり、各レジスタ番号は正しく解読されていることがわかります。

表7.1 デコード内容の確認

inst （16進数）	31 〜 25	24 〜 20 (rs2_addr)	19 〜 15 (rs1_addr)	14 〜 12	11 〜 7 (wb_addr)	6 〜 0
0x14131211	0001010	00001(1)	00110(6)	001	00100(4)	0010001
0x24232221	0010010	00010(2)	00110(6)	010	00100(4)	0100001
0x34333231	0011010	00011(3)	00110(6)	011	00100(4)	0110001

しかし、rs1_dataとrs2_dataはすべて0のままです。これはレジスタが0に初期化されたまま、何もデータをロードしていないためです。そこで次章ではレジスタにデータをロードするLW命令を実装してみましょう。

第8章

LW命令の実装

　前章までで命令フェッチ、命令デコード（解読）を実装できたので、本章からはRISC-Vで定義された実際の命令が動作できるように追加実装していきましょう。まずはレジスタにデータを書き込めるように、本章でメモリからのロード命令の1つ、LW命令を実装します。

8-1　RISC-VのLW命令定義

　LW（Load Word）命令はメモリからレジスタへ32bitデータ（＝Word）を読み込む命令です。I形式で利用する即値をimm_iと表現しています。LW命令のアセンブリ表現は、次のようになります。

リスト8.1　LW命令のアセンブリ表現

```
lw rd, offset(rs1)
```

LW命令の演算内容は次のとおりです。

リスト8.2　LW命令の演算内容

```
x[rd] = M[x[rs1] + sext(imm_i)]
```

表8.1　LW命令のbit配置（I形式）

31〜20	19〜15	14〜12	11〜7	6〜0
imm_i[11:0]	rs1	010	rd	0000011

　演算内容の表現として、いくつかの略語を利用しています。xはレジスタ、Mはメモリを意味しており、x[レジスタ番号]、M[アドレス]はレジスタないしメモリの該当番地に格納されているデータを意味します。

　sextは符号拡張（Sign Extension）を意味しています。符号拡張とは、符号あり整数を表現するbit列が、格納領域のbit幅（今回は32bit）よりも短い場合に、格納領域のbit幅に合わせ

て符号bitを補完する処理です。

　たとえば、1を表す"001"という3bitを5bitに符号拡張する場合は、不足している上位2bitを0で埋めて"00001"とすれば、5bitでも1を表す値となります。一方、2の補数表現で−1を表す3bit値"111"を5bitに符号拡張する場合、単純に上位2bitを0で埋めると"00111"となり、5bitでは7を表す値となってしまいます。

　符号付きの数のbit幅を増やすためには、不足している上位bitをbit幅を増やす前の最上位bit（符号bit）の値で埋めます。先ほどの例では元の最上位bitは"1"なので、上位2bitを1で埋めて"11111"となり、符号付き5bitでも−1を表す値となります。

図8.1　imm_iの符号拡張

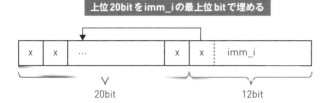

LW命令の処理内容は次のとおりです。

①メモリアドレスとして、rs1レジスタデータにsext(imm_i)を加算した値を計算する
②計算したメモリアドレスに格納されているデータをメモリから読み込む
③読み込んだデータをrdレジスタへ書き込む

アセンブリ表現でoffsetとしている部分がsext(imm_i)に該当します。

8-2　Chiselの実装

　本章の実装は、本書GitHubの**chisel-template/src/main/scala/03_lw/**ディレクトリに**package lw**として格納しています。

　LW命令に必要な追加実装は大きく分けて次の4つです。

①命令bitパターンの定義
②CPUとメモリ間のポート定義
③CPU内の処理実装
④メモリのデータ読み込み実装

それぞれ順番に見ていきましょう。

図8.2　LW命令の処理の流れ

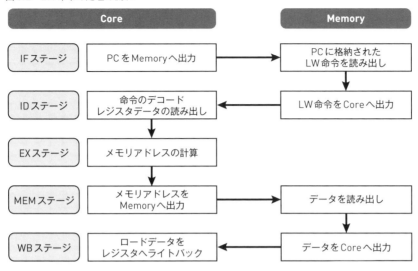

8-2-1　①命令 bit パターンの定義

表8.1の配置に従って、Instructions.scalaにLW命令のBitPatを定義します。

リスト8.3　chisel-template/src/common/Instructions.scala

```
package common

import chisel3._
import chisel3.util._

object Instructions {
  val LW = BitPat("b?????????????????010?????0000011")
}
```

InstructionsオブジェクトをCore.scalaで次のようにimportすることで、LWという命令識別用の変数を利用できます。

リスト8.4　Core.scala

```
// package commonの、Instructionsオブジェクトの、すべてのメンバー
import common.Instructions._
```

8-2-2　② CPU とメモリ間のポート定義

CPUとメモリ間でデータをやり取りするポートを作成します。命令用のImemPortIoクラス

Ⅱ
簡単なCPUの実装

に対して、今回はデータ用のDmemPortIoクラスを作成します。内容はImemPortIoクラスと
ほぼ同じで、Coreから入力されたアドレス信号addrに対して、Memoryは読み出したデータ
rdataを出力します。

リスト8.5　Memory.scala

```
class DmemPortIo extends Bundle {
  val addr  = Input(UInt(WORD_LEN.W))
  val rdata = Output(UInt(WORD_LEN.W))
}
```

そして、データメモリポートdmemをCoreとMemoryのioにそれぞれ追加します。

リスト8.6　Core.scala

```
val io = IO(new Bundle {
  val imem = Flipped(new ImemPortIo())
  val dmem = Flipped(new DmemPortIo()) // 追加
  val exit = Output(Bool())
})
```

リスト8.7　Memory.scala

```
val io = IO(new Bundle {
  val imem = new ImemPortIo()
  val dmem = new DmemPortIo() // 追加
})
```

以上を図で表すと次のようになります。

図8.3　DmemPortIo

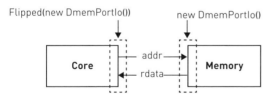

以上でCPUとメモリ間のポート実装は完了です。

8-2-3　③ CPU 内の処理実装

続いて、CPU内の処理をCore.scalaに追加します。

offset の符号拡張@ID ステージ

まずはoffsetの符号拡張をIDステージに実装しましょう。LW命令はI形式に属しており、信

号名imm_iのsuffixである**_i**はI形式の即値であることを意味しています。

リスト8.8　Core.scala

```
val imm_i = inst(31, 20) // offset[11:0]の抽出
val imm_i_sext = Cat(Fill(20, imm_i(11)), imm_i) // offsetの符号拡張
```

Fill(20, imm_i(11))はimm_iの11bit目（最上位bit）を20回繰り返したUInt型信号を意味します。そして、**Cat(Fill(20, imm_i(11)), imm_i)**は**imm_iの最上位bit × 20**のあとにimm_iをつなげたbit列となり、offsetの符号拡張をしています。

▌メモリアドレスの計算 @EX ステージ

続いて、メモリアドレス**x[rs1] + sext(imm_i)**の計算処理をEXステージに実装します。EXステージで計算した結果はalu_outという信号に出力します。ちなみにaluはArithmetic Logic Unitの略で、四則演算や論理演算を行う演算装置のことを指します。EXステージの処理は正に四則演算や論理演算であるため、この名前を付けています。

リスト8.9　Core.scala

```
val alu_out = MuxCase(0.U(WORD_LEN.W), Seq(
  (inst === LW) -> (rs1_data + imm_i_sext) // メモリアドレスの計算
))
```

今回の例だと、instがLWと等しい場合、alu_outにメモリアドレス**rs1_data + imm_i_sext**が接続されます。それ以外の場合、デフォルト値である0.U(WORD_LEN.W)が接続されます。

条件が1つだけなので、Muxでも十分なのですが、今後条件が増えていくことを見越して、MuxCaseでの記述を先んじて採用しています。

ちなみに**rs1_data + imm_i_sext**は場合によっては32bit幅をオーバーフローしますが、Chiselでは32bit幅同士の加算結果は32bit幅を返すため、溢れた桁は捨てられます。オーバーフロー桁の切り捨てはRISC-Vでは意図した挙動のため問題はありません。本書の範囲では意識する必要はありませんが、RISC-Vではハードウェアではなく、ソフトウェア側でオーバーフロー対応するようになっており、加算後の分岐命令でオーバーフロー有無を判別します。たとえば、**0x44444444 + 0xeeeeeeee = 0x33333333**とオーバーフローした場合、**IF(加算結果 < 被演算子)**によりオーバーフロー発生時の例外処理に分岐できます。

▌アドレス信号の接続 @MEM ステージ

EXステージで算出したメモリアドレス（alu_out）はMEMステージでメモリポートに接続します。

リスト8.10 Core.scala
```
io.dmem.addr := alu_out
```

読み出したメモリデータをどう処理するかはコアの実装次第なので、メモリからコアへのデータ（io.dmem.rdata）は常時供給されていて問題ありません。そのため、メモリアドレスもLW命令時に限らず、常時メモリへ出力する形で問題ありません。

リスト8.11 次のようにLW命令時のみに信号接続を制限する必要はない
```
when(inst === LW){
    io.dmem.addr := alu_out
}
```

ロードデータのレジスタライトバック＠WBステージ
最後にメモリからロードしたデータをレジスタにライトバックします。

リスト8.12 Core.scala
```
val wb_data = io.dmem.rdata
when(inst === LW) {
    regfile(wb_addr) := wb_data
}
```

8-2-4　④メモリのデータ読み込み実装
Memoryクラスにおいて、io.imem.instと同様、io.dmem.rdataにロードデータを接続します。

リスト8.13 Memory.scala
```
io.dmem.rdata := Cat(
  mem(io.dmem.addr + 3.U(WORD_LEN.W)),
  mem(io.dmem.addr + 2.U(WORD_LEN.W)),
  mem(io.dmem.addr + 1.U(WORD_LEN.W)),
  mem(io.dmem.addr)
)
```

以上でLW命令に必要なChisel実装は一通り完了です。

8-3　テストの実行

それでは実装したChiselをテストしてみましょう。

8-3-1　命令ファイル lw.hex の作成

今回利用する命令ファイル lw.hex を作成します。

リスト 8.14　chisel-template/src/hex/lw.hex

```
03
23
80
00
11
12
13
14
22
22
22
```

lw.hex を 32bit 単位で整理すると次のようになります。

表8.2　32bit 単位で整理した lw.hex の内容

アドレス	データ
0	00802303
4	14131211
8	22222222

最初の 32bit の機械語＝0x00802303 は次のような LW 命令の bit 配置となっています（16 進数と 2 進数の変換ツールは Web で数多く公開されています）。

表8.3　LW の機械語

31 ～ 20	19 ～ 15	14 ～ 12	11 ～ 7	6 ～ 0
imm_i[11:0]	rs1	010	rd	0000011
000000001000(imm_i=8)	00000(rs1=0)	010	00110(rd=6)	0000011

つまり、この機械語はメモリアドレス 8 のデータ（0x22222222）を 6 番レジスタへロードする LW 命令だと解読できます。

リスト 8.15　LW 命令の演算内容

```
// レジスタx[0]のデータは常に0なので、メモリアドレスは8
x[6] = M[x[0] + sext(8)]
```

ちなみに表 8.2「32bit 単位で整理した lw.hex の内容」2 行目の"14131211"は現時点では特定の命令を意味する bit 列ではありませんが、デコード実装時に前述したとおり、rs1_addr＝6 と

解読され、1行目のLW命令でライトバックされたレジスタデータが読み込まれるはずです。

8-3-2 メモリにロードするファイル名の変更

命令ファイルを変更したので、Memory.scalaのロードファイル名を変更しておきます。

リスト8.16 Memory.scala
```
loadMemoryFromFile(mem, "src/hex/lw.hex")
```

8-3-3 テスト終了条件の変更

メモリアドレス4に格納された命令でテストが終了するように、exit信号の生成条件も次のように変更しておきます。

リスト8.17 Core.scala
```
io.exit := (inst === 0x14131211.U(WORD_LEN.W))
```

8-3-4 デバッグ信号の追加

デバッグ信号の追加を行います。

リスト8.18 Core.scala
```
printf(p"wb_data   : 0x${Hexadecimal(wb_data)}\n")
printf(p"dmem.addr : ${io.dmem.addr}\n")
```

$io.dmem.addrと記述すると、ioのみが展開されてしまいます。Hexadecimal同様、ピリオドで区切った信号名は式として評価させるために、{}で囲ったうえで$を付与します。

8-3-5 テストの実行

FetchTest.scalaをpackage名のみlwに変更したテストファイルLwTest.scalaを作成したうえで、テストコマンドを実行します。

リスト8.19 chisel-template/src/test/scala/LwTest.scala
```
package lw
...
```

図8.4 sbtテストコマンド@Dockerコンテナ
```
$ cd /src/chisel-template
$ sbt "testOnly lw.HexTest"
```

テスト結果は次のようになります。

図8.5　テスト結果

```
pc_reg     : 0x00000000
inst       : 0x00802303 // LW命令
rs1_addr   : 0
rs2_addr   : 8
wb_addr    : 6          // 6番レジスタへライトバック
rs1_data   : 0x00000000
rs2_data   : 0x00000000
wb_data    : 0x22222222 // メモリからのロードデータ
dmem.addr  :         8  // メモリアドレス8からデータを読み込み
----------
pc_reg     : 0x00000004
inst       : 0x14131211
rs1_addr   : 6
rs2_addr   : 1
wb_addr    : 4
rs1_data   : 0x22222222 // 6番レジスタにメモリからロードされたデータが格納
rs2_data   : 0x00000000
wb_data    : 0x00802303
dmem.addr  :         0
```

　意図したとおり、2サイクル目のrs1_dataで、LW命令でライトバックされたデータを読み込めていることがわかります。以上でLW命令の実装は完了です！

第9章

SW命令の実装

LW命令に続いて、もう1つのメモリアクセス命令であるSW命令を実装していきましょう。

9-1　RISC-VのSW命令定義

SW命令とはStore Wordの略で、32bitのレジスタデータをメモリへ書き込む命令です。LW命令のアセンブリ表現、SW命令の演算内容はそれぞれ次のようになります。

リスト9.1　SW命令のアセンブリ表現
```
sw rs2, offset(rs1)
```

リスト9.2　SW命令の演算内容
```
M[x[rs1] + sext(imm_s)] = x[rs2]
```

SW命令のbit配置(S形式)は次のようになります。

表9.1　SW命令のbit配置(S形式)

31 〜 25	24 〜 20	19 〜 15	14 〜 12	11 〜 7	6 〜 0
imm_s[11:5]	rs2	rs1	010	imm_s[4:0]	0100011

LW命令はI形式、SW命令はS形式です。即値に関して、LW命令のI形式は[31:20]で指定するのに対して、SW命令のS形式は[31:25]と[11:7]に分かれます。S形式の即値をimm_sと呼び、これでメモリアドレスのoffsetを表現します。

imm_iとimm_sのbit配置の違いは、rdとrs2の有無に起因しています。LW命令はrs2がなく、rdがあるため、bit列の頭12bitに連続して即値を格納できます。一方、SW命令はrs2があり、rdがないため、rd部分に即値の下位5bitを逃がし、rs2を[24:20]に格納します。

図9.1 Ⅰ形式とS形式の比較

31	25 24	20 19	15 14	12 11	7 6	0	
imm[11:0]		rs1	funct3	rd	opcode		Ⅰ形式
imm[11:5]	rs2	rs1	funct3	imm[4:0]	opcode		S形式

このようにRISC-Vでは、多くの命令に登場するrs2やrdのbit位置を変えないことでデコード（解読）を容易にしつつ、一部で用いられる即値で柔軟に対応していることがわかります。

9-2　Chiselの実装

本章の実装は、本書GitHubの**chisel-template/src/main/scala/04_sw/**ディレクトリに**package sw**として、格納しています。

SW命令に必要な追加実装は大きく分けて次の4つです。

①命令bitパターンの定義
②CPUとメモリ間のポート定義
③CPU内の処理実装
④メモリのデータ書き込み実装

SW命令の処理の流れは次のようになります。

図9.2 SW命令の処理の流れ

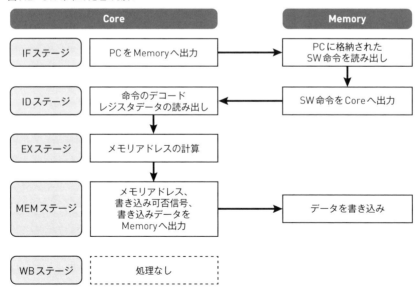

それぞれ順番に見ていきましょう。

9-2-1　①命令 bit パターンの定義

表9.1「SW命令のbit配置（S形式）」の配置に従って、Instructions.scalaにSW命令のBitPat
を定義します。

リスト9.3　chisel-template/src/common/Instructions.scala
```
val SW = BitPat("b?????????????????010?????0100011")
```

9-2-2　② CPU とメモリ間のポート定義

DmemPortIoクラスに書き込み可否信号wenと書き込みデータwdataの2つのOutputポー
トを追加します。読み出しと異なり、書き込みはデータの実体に影響を与えるため、wen信号
で書き込むタイミングを制限する必要があります。

リスト9.4　Memory.scala
```
class DmemPortIo extends Bundle {
  ...
  val wen   = Input(Bool()) // 追加
  val wdata = Input(UInt(WORD_LEN.W)) // 追加
}
```

9-2-3　③ CPU 内の処理実装

続いて、CPU内の処理をCore.scalaに追加します。

即値のデコード @IDステージ

SW命令の属するS形式命令の即値imm_sのデコード処理をIDステージに実装します。符
号拡張はimm_iと同様、imm_sの最上位bitで上位20bitを埋めます。

リスト9.5　即値のデコード
```
val imm_s = Cat(inst(31, 25), inst(11, 7))
val imm_s_sext = Cat(Fill(20, imm_s(11)), imm_s)
```

メモリアドレスの計算 @EXステージ

メモリアドレスx[rs1] + sext(imm_s)をEXステージでalu_outに出力します。

リスト 9.6　Core.scala

```
val alu_out = MuxCase(0.U(WORD_LEN.W), Seq(
  (inst === LW) -> (rs1_data + imm_i_sext),
  (inst === SW) -> (rs1_data + imm_s_sext) // 追加
))
```

メモリポートとの信号接続＠MEMステージ

MEM ステージにて、作成したメモリ書き込みポートに信号を接続します。

リスト 9.7　Core.scala

```
io.dmem.wen   := (inst === SW) // 追加
io.dmem.wdata := rs2_data      // 追加
```

wen が true.B の場合のみメモリ書き込みが実行されるので、SW 命令時以外でも wdata に信号を出力することは問題ありません。

9-2-4　④メモリのデータ書き込み実装

Memory クラスにおいて、Core から出力された wdata 信号を 8bit ずつ、各メモリアドレスに書き込みます。

リスト 9.8　Memory.scala

```
when(io.dmem.wen) {
  mem(io.dmem.addr)      := io.dmem.wdata( 7, 0)
  mem(io.dmem.addr + 1.U) := io.dmem.wdata(15, 8)
  mem(io.dmem.addr + 2.U) := io.dmem.wdata(23,16)
  mem(io.dmem.addr + 3.U) := io.dmem.wdata(31,24)
}
```

以上で SW 命令の Chisel 実装は完了です！

9-3　テストの実行

それでは実装した Chisel をテストしてみましょう。

9-3-1　命令ファイル sw.hex の作成

今回利用する命令ファイル sw.hex を作成します。

リスト9.9 chisel-template/src/hex/sw.hex

```
03
23
80
00
23
28
60
00
22
22
22
22
```

sw.hexを32bit単位で整理すると次のようになります。

表9.2 32bit単位で整理したsw.hexの内容

アドレス	データ
0	00802303
4	00602823
8	22222222

1行目の命令はLW命令用テストとまったく同じで、メモリアドレス8のデータ（0x22222222）を6番レジスタへロードするLW命令です。

2行目の機械語は次のようなSW命令のbit配置となっています。

表9.3 SW命令のbit配置

31～25	24～20	19～15	14～12	11～7	6～0
imm_s[11:5]	rs2	rs1	010	imm_s[4:0]	0100011
0000000	00110(6)	00000(0)	010	10000(16)	0100011

つまり、2行目の機械語は6番レジスタのデータ（0x22222222）をメモリアドレス16へ書き込むSW命令に相当します。

リスト9.10 SW命令の演算内容

```
M[x[0] + sext(16)] = x[6]
```

9-3-2　メモリにロードするファイル名の変更

hexファイル名を変更したので、Memory.scalaでロードするファイル名を変更しておきます。

リスト**9.11**　Memory.scala

```
loadMemoryFromFile(mem, "src/hex/sw.hex")
```

9-3-3　テスト終了条件の変更

メモリアドレス4の命令でテストが終了するように、exit信号の生成条件も変更しておきます。

リスト**9.12**　Core.scala

```
io.exit := (inst === 0x00602823.U(WORD_LEN.W))
```

9-3-4　デバッグ用信号の追加

今回新しく追加した信号をデバッグ用に出力しておきます。

リスト**9.13**　Core.scala

```
printf(p"dmem.wen   : ${io.dmem.wen}\n")
printf(p"dmem.wdata : 0x${Hexadecimal(io.dmem.wdata)}\n")
```

9-3-5　テストの実行

FetchTest.scalaをpackage名のみswへ変更したテストファイルSwTest.scalaを作成したうえで、テストコマンドを実行します。

リスト**9.14**　chisel-template/src/test/scala/SwTest.scala

```
package sw
...
```

図**9.3**　sbtテストコマンド＠Dockerコンテナ

```
$ cd /src/chisel-template
$ sbt "testOnly sw.HexTest"
```

テスト結果は次のようになります。

図9.4　テスト結果

```
pc_reg      : 0x00000000
inst        : 0x00802303 // LW命令
rs1_addr    :      0
rs2_addr    :      8
wb_addr     :      6
rs1_data    : 0x00000000
rs2_data    : 0x00000000
wb_data     : 0x22222222
dmem.addr   :            8
dmem.wen    :      0
dmem.wdata  : 0x00000000
---------
pc_reg      : 0x00000004
inst        : 0x00602823 // SW命令
rs1_addr    :      0
rs2_addr    :      6
wb_addr     :     16
rs1_data    : 0x00000000
rs2_data    : 0x22222222
wb_data     : 0x00000000
dmem.addr   :           16    // 書き込み先メモリアドレス
dmem.wen    :      1          // 書き込み可否信号がtrue
dmem.wdata  : 0x22222222      // 書き込みデータ
```

　SW命令でメモリアドレス16に意図したデータが書き込まれていることが確認できます。以上でSW命令の実装の完了です！

第10章

加減算命令の実装

　ロードとストアを実装できたので、続いて最も基本的な演算である加減算を実装していきましょう。今回実装する加減算命令はADD、SUB、ADDIの3つです。

　本章で実装する加減算命令からは、テスト内容が似通ったもので冗長になるので、個別では実施しません。その代わり、一通り基本命令を実装し終わったあと、第20章「riscv-testsによるテスト」でriscv-testsというテストツールを使って、命令の実装が正しいかどうかを確認します。

　また、ロード・ストア命令以外はメモリアクセスがないため、Top.scala、Memory.scalaを変更する必要はありません。そのため、以降の説明ではCore.scalaのみを実装していきます。

10-1　RISC-Vの加減算命令定義

　RISC-VのADD、SUB、ADDI命令は次のように定義されています。

リスト10.1　加減算命令のアセンブリ表現

```
add  rd, rs1, rs2
sub  rd, rs1, rs2
addi rd, rs1, imm_i
```

　加減算命令の演算内容は次のようになります。

表10.1　加減算命令の演算内容

命令	x[rd]へのライトバックデータ
ADD	x[rs1] + x[rs2]
SUB	x[rs1] - x[rs2]
ADDI	x[rs1] + sext(imm_i)

　ADDとSUBのbit配置(R形式)は次の通りです。

表10.2 ADDとSUBのbit配置（R形式）

命令	31〜25	24〜20	19〜15	14〜12	11〜7	6〜0
ADD	0000000	rs2	rs1	000	rd	0110011
SUB	0100000	rs2	rs1	000	rd	0110011

ADDIのbit配置(I形式)は次の通りです。

表10.3 ADDIのbit配置（I形式）

31〜20	19〜15	14〜12	11〜7	6〜0
imm_i[11:0]	rs1	000	rd	0010011

ADDI命令は、ADD命令のrs2の代わりに即値imm_iを利用する加算命令になっています。ちなみに即値減算命令SUBIが定義されていませんが、これはADDI命令の即値を負数で表現すれば演算できるためです。

10-2 Chiselの実装

本章の実装は、本書GitHubの**chisel-template/src/main/resources/cores/01_AddSub.scala**に格納しています。便宜上、ファイル名がCore.scalaではありませんが、第20章「riscv-testsによるテスト」でriscv-testsを実行するまでに実装していく命令別のCoreファイルは個別にコンパイル、テストしないため、特に問題はありません。

10-2-1 命令 bit パターンの定義

表10.2、表10.3の配置に従って、Instructions.scalaに各命令のBitPatを次のように定義します。

リスト10.2 chisel-template/src/common/Instructions.scala
```
val ADD  = BitPat("b0000000??????????000?????0110011")
val SUB  = BitPat("b0100000??????????000?????0110011")
val ADDI = BitPat("b?????????????????000?????0010011")
```

10-2-2 加減算結果の接続 @EX ステージ

加減算結果をalu_outに接続します。

リスト10.3　01_AddSub.scala

```scala
val alu_out = MuxCase(0.U(WORD_LEN.W), Seq(
  (inst === LW || inst === ADDI) -> (rs1_data + imm_i_sext), // ADDI追加
  (inst === SW)  -> (rs1_data + imm_s_sext),
  (inst === ADD) -> (rs1_data + rs2_data), // 追加
  (inst === SUB) -> (rs1_data - rs2_data)  // 追加
))
```

ADDI命令に関しては、実はLWのメモリアドレス計算とまったく同じなので、条件式を追加するだけで十分です。

10-2-3　加減算結果のレジスタライトバック @WB ステージ

レジスタにライトバックする命令として、LW命令に加えて、各加減算命令を追加します。そのため、MuxCaseを活用して、wb_dataへ接続する信号の分岐を実装します。MuxCaseのデフォルト値は今後命令を追加していく際に最も利用頻度が高くなるalu_outを設定しています。

リスト10.4　01_AddSub.scala

```scala
val wb_data = MuxCase(alu_out, Seq(
  (inst === LW) -> io.dmem.rdata
))
```

最後にレジスタライトバックを行う条件に加減算命令を追加します。

リスト10.5　01_AddSub.scala

```scala
when(inst === LW || inst === ADD || inst === ADDI || inst === SUB) {
  regfile(wb_addr) := wb_data
}
```

以上で加減算命令の実装は完了です！

II
簡単なCPUの実装

第11章
論理演算の実装

本章では論理演算命令を実装していきましょう。

11-1　RISC-Vの論理演算命令定義

　論理演算は第1章で説明したブール演算に登場するAND、ORといった演算を指し、RISC-Vでは主に6つの命令が定められています。アセンブリ表現としては次のようになります。

リスト11.1　論理演算命令のアセンブリ表現

```
and  rd, rs1, rs2
or   rd, rs1, rs2
xor  rd, rs1, rs2
andi rd, rs1, imm_i
ori  rd, rs1, imm_i
xori rd, rs1, imm_i
```

6つの論理演算とx[rs1]へのライトバックデータは次のとおりです。

表11.1　論理演算の種類

命令	x[rd]へのライトバックデータ
AND	x[rs1] & x[rs2]
OR	x[rs1] | x[rs2]
XOR	x[rs1] ^ x[rs2]
ANDI	x[rs1] & sext(imm_i)
ORI	x[rs1] | sext(imm_i)
XORI	x[rs1] ^ sext(imm_i)

論理演算命令のbit配置(R形式)は次のようになります。

表11.2　論理演算命令のbit配置（R形式）

命令	31 ～ 25	24 ～ 20	19 ～ 15	14 ～ 12	11 ～ 7	6 ～ 0
AND	0000000	rs2	rs1	111	rd	0110011
OR	0000000	rs2	rs1	110	rd	0110011
XOR	0000000	rs2	rs1	100	rd	0110011

即値論理演算命令のbit配置(I形式)は次のとおりです。

表11.3　即値論理演算命令のbit配置(I形式)

命令	31 ～ 20	19 ～ 15	14 ～ 12	11 ～ 7	6 ～ 0
ANDI	imm_i[11:0]	rs1	111	rd	0010011
ORI	imm_i[11:0]	rs1	110	rd	0010011
XORI	imm_i[11:0]	rs1	100	rd	0010011

ANDI、ORI、XORIはそれぞれrs2が即値imm_iとなっています。

11-2　Chiselの実装

本章のCore実装は、本書GitHubの`chisel-template/src/main/resources/cores/02_Logical.scala`に格納しています。

11-2-1　命令 bit パターンの定義

表11.2、表11.3の配置に従って、Instructions.scalaに各命令のBitPatを定義します。

リスト11.2　chisel-template/src/common/Instructions.scala

```
val AND  = BitPat("b0000000??????????111?????0110011")
val OR   = BitPat("b0000000??????????110?????0110011")
val XOR  = BitPat("b0000000??????????100?????0110011")
val ANDI = BitPat("b?????????????????111?????0010011")
val ORI  = BitPat("b?????????????????110?????0010011")
val XORI = BitPat("b?????????????????100?????0010011")
```

11-2-2　論理演算結果の接続 @EX ステージ

EX ステージに論理演算を実装しますが、Chiselではそれぞれの演算子がUIntクラスの演算子として定義済みなので、それらを記述するだけです。

リスト11.3　02_Logical.scala

```
val alu_out = MuxCase(0.U(WORD_LEN.W), Seq(
  ...
  (inst === AND)  -> (rs1_data & rs2_data),
  (inst === OR)   -> (rs1_data | rs2_data),
  (inst === XOR)  -> (rs1_data ^ rs2_data),
  (inst === ANDI) -> (rs1_data & imm_i_sext),
  (inst === ORI)  -> (rs1_data | imm_i_sext),
  (inst === XORI) -> (rs1_data ^ imm_i_sext)
))
```

11-2-3　論理演算結果のレジスタライトバック @WB ステージ

レジスタライトバックを行う条件に論理演算命令を追加します。

リスト11.4　02_Logical.scala

```
when(inst === LW || inst === ADD || inst === ADDI || inst === SUB || inst === AND
|| inst === OR || inst === XOR || inst === ANDI || inst === ORI || inst == XORI) {
  regfile(wb_addr) := wb_data
}
```

以上で論理演算命令の実装は完了です！

第12章

デコーダの強化

さて、前章までで説明した Chisel コードでも問題なく動作するのですが、ここでもう 1 チャレンジとして、デコーダを強化します。本章の Core 実装は、本書 GitHub の **chisel-template/ src/main/resources/cores/03_DecodeMore.scala** に格納しています。

12-1　ALU 用デコード

前章で次のような ALU を実装しましたが、同じ演算が冗長に繰り返されていることに気づきましたか？

リスト**12.1**　Logical.scala

```
val alu_out = MuxCase(0.U(WORD_LEN.W), Seq(
  ...
  (inst === AND)  -> (rs1_data & rs2_data),
  (inst === OR)   -> (rs1_data | rs2_data),
  (inst === XOR)  -> (rs1_data ^ rs2_data),
  (inst === ANDI) -> (rs1_data & imm_i_sext),
  (inst === ORI)  -> (rs1_data | imm_i_sext),
  (inst === XORI) -> (rs1_data ^ imm_i_sext)
))
```

たとえば、AND と ANDI は第 2 オペランド（被演算子）が異なるだけで、ほかはまったく同じです。そこで、類似した演算器を共通化するために、ALU での演算内容、第 1 オペランド、第 2 オペランドをそれぞれ ID ステージで解読してしまいましょう。

12-1-1　デコーダの強化 @ID ステージ

デコーダの強化として、命令ごとにその演算内容とオペランドの種類を解読します。具体的には演算内容を **exe_fun**、第 1 オペランドを **op1_sel**、第 2 オペランドを **op2_sel** の信号にデコード（解読）します。

デコード方法としては、次のように ListLookup オブジェクトを活用します。ここで登場する定数は第4章のリスト4.2　Consts.scala ですべて定義されています。

リスト12.2 03_DecodeMore.scala

```
val csignals = ListLookup(inst,
           List(ALU_X  , OP1_RS1, OP2_RS2),
   Array(
     LW   -> List(ALU_ADD, OP1_RS1, OP2_IMI),
     SW   -> List(ALU_ADD, OP1_RS1, OP2_IMS),
     ADD  -> List(ALU_ADD, OP1_RS1, OP2_RS2),
     ADDI -> List(ALU_ADD, OP1_RS1, OP2_IMI),
     SUB  -> List(ALU_SUB, OP1_RS1, OP2_RS2),
     AND  -> List(ALU_AND, OP1_RS1, OP2_RS2),
     OR   -> List(ALU_OR , OP1_RS1, OP2_RS2),
     XOR  -> List(ALU_XOR, OP1_RS1, OP2_RS2),
     ANDI -> List(ALU_AND, OP1_RS1, OP2_IMI),
     ORI  -> List(ALU_OR , OP1_RS1, OP2_IMI),
     XORI -> List(ALU_XOR, OP1_RS1, OP2_IMI)
   )
)
val exe_fun :: op1_sel :: op2_sel :: Nil = csignals
```

まずは op1_sel、op2_sel の2つのデコード信号を元にEXステージに渡すオペランドを解読します。

リスト12.3 03_DecodeMore.scala

```
val op1_data = MuxCase(0.U(WORD_LEN.W), Seq(
  (op1_sel === OP1_RS1) -> rs1_data
))

val op2_data = MuxCase(0.U(WORD_LEN.W), Seq(
  (op2_sel === OP2_RS2) -> rs2_data,
  (op2_sel === OP2_IMI) -> imm_i_sext,
  (op2_sel === OP2_IMS) -> imm_s_sext
))
```

12-1-2　デコード信号を活用した ALU 簡略化 @EX ステージ

続いて exe_fun 信号を利用することで、EXステージのALUは次のように簡略化できます。

リスト12.4　03_DecodeMore.scala

```scala
val alu_out = MuxCase(0.U(WORD_LEN.W), Seq(
  (exe_fun === ALU_ADD) -> (op1_data + op2_data),
  (exe_fun === ALU_SUB) -> (op1_data - op2_data),
  (exe_fun === ALU_AND) -> (op1_data & op2_data),
  (exe_fun === ALU_OR)  -> (op1_data | op2_data),
  (exe_fun === ALU_XOR) -> (op1_data ^ op2_data)
))
```

たとえば、論理積 AND 部分は次のように2行を1行に簡略化できています。

リスト12.5　簡略化前の加算部分

```scala
(inst === AND)  -> (rs1_data & rs2_data),
(inst === ANDI) -> (rs1_data & imm_i_sext),
```

リスト12.6　簡略化後の加算部分

```scala
(exe_fun === ALU_AND) -> (op1_data & op2_data),
```

ほかの演算部分も同様に命令間で重複した演算処理の定義を一本化できたことがわかります。

12-2　MEM 用デコード

この流れでMEMステージ用にもデコードした信号を出力するようにしましょう。もともとはメモリの書き込み可否信号wenを判別するために、次のようにMEMステージでinstの解読を行っていました。

リスト12.7　デコーダ強化前のMEMステージ

```scala
io.dmem.wen := (inst === SW)
```

デコーダを強化することで、MEMステージでのinst解読を不要にします。

12-2-1　デコーダの強化 @ID ステージ

wen信号をIDステージで前もってデコードし、変数mem_wenに格納します。

リスト12.8　03_DecodeMore.scala

```scala
val csignals = ListLookup(inst,
            List(ALU_X  , OP1_RS1, OP2_RS2, MEN_X),
    Array(
    LW   -> List(ALU_ADD, OP1_RS1, OP2_IMI, MEN_X),
    SW   -> List(ALU_ADD, OP1_RS1, OP2_IMS, MEN_S),
    ADD  -> List(ALU_ADD, OP1_RS1, OP2_RS2, MEN_X),
    ADDI -> List(ALU_ADD, OP1_RS1, OP2_IMI, MEN_X),
    SUB  -> List(ALU_SUB, OP1_RS1, OP2_RS2, MEN_X),
    AND  -> List(ALU_AND, OP1_RS1, OP2_RS2, MEN_X),
    OR   -> List(ALU_OR , OP1_RS1, OP2_RS2, MEN_X),
    XOR  -> List(ALU_XOR, OP1_RS1, OP2_RS2, MEN_X),
    ANDI -> List(ALU_AND, OP1_RS1, OP2_IMI, MEN_X),
    ORI  -> List(ALU_OR , OP1_RS1, OP2_IMI, MEN_X),
    XORI -> List(ALU_XOR, OP1_RS1, OP2_IMI, MEN_X)
    )
)

val exe_fun :: op1_sel :: op2_sel :: mem_wen :: Nil = csignals
```

MEN_Sがメモリへの書き込みあり、MEN_Xが書き込みなしを意味しています。MEN_Sの"S"は「スカラ」を意味しており、後ほどベクトル命令を実装する際に登場するMEN_Vと区別しているだけです。

12-2-2　命令デコードの不要化 @MEM ステージ

このmem_wen信号を利用して、MEMステージの処理を書き換えます。

リスト12.9　デコーダ強化後のMEMステージ

```scala
io.dmem.wen := mem_wen
```

これによりMEMステージでinstの再デコード処理が不要になりました。

12-3　WB用デコード

最後にWBステージ用にもデコード信号を生成しましょう。もともとはWBステージでinstを解読することで、wb_dataの種類、ライトバック有無を判断していました。

リスト12.10 デコーダ強化前のWBステージ

```
val wb_data = MuxCase(alu_out, Seq(
  (inst === LW) -> io.dmem.rdata
))

when(inst === LW || inst === ADD || inst === ADDI || inst === SUB || inst === AND
|| inst === OR || inst === XOR || inst === ANDI || inst === ORI || inst == XORI) {
  regfile(wb_addr) := wb_data
}
```

12-3-1 デコーダの強化 @ID ステージ

今回はIDステージで前もってwb_dataの識別信号、ライトバック有効信号を解読し、rf_wen、wb_selに格納します。

リスト12.11 03_DecodeMore.scala

```
val csignals = ListLookup(inst,
            List(ALU_X  , OP1_RS1, OP2_RS2, MEN_X, REN_X, WB_X  ),
  Array(
    LW   -> List(ALU_ADD, OP1_RS1, OP2_IMI, MEN_X, REN_S, WB_MEM),
    SW   -> List(ALU_ADD, OP1_RS1, OP2_IMS, MEN_S, REN_X, WB_X  ),
    ADD  -> List(ALU_ADD, OP1_RS1, OP2_RS2, MEN_X, REN_S, WB_ALU),
    ADDI -> List(ALU_ADD, OP1_RS1, OP2_IMI, MEN_X, REN_S, WB_ALU),
    SUB  -> List(ALU_SUB, OP1_RS1, OP2_RS2, MEN_X, REN_S, WB_ALU),
    AND  -> List(ALU_AND, OP1_RS1, OP2_RS2, MEN_X, REN_S, WB_ALU),
    OR   -> List(ALU_OR , OP1_RS1, OP2_RS2, MEN_X, REN_S, WB_ALU),
    XOR  -> List(ALU_XOR, OP1_RS1, OP2_RS2, MEN_X, REN_S, WB_ALU),
    ANDI -> List(ALU_AND, OP1_RS1, OP2_IMI, MEN_X, REN_S, WB_ALU),
    ORI  -> List(ALU_OR , OP1_RS1, OP2_IMI, MEN_X, REN_S, WB_ALU),
    XORI -> List(ALU_XOR, OP1_RS1, OP2_IMI, MEN_X, REN_S, WB_ALU)
  )
)
val exe_fun :: op1_sel :: op2_sel :: mem_wen :: rf_wen :: wb_sel :: Nil = csignals
```

12-3-2 命令デコードの不要化 @WB ステージ

WBステージで命令デコードの不要化を行います。

リスト12.2　03_DecodeMore.scala

```scala
val wb_data = MuxCase(alu_out, Seq(
  (wb_sel === WB_MEM) -> io.dmem.rdata
))
when(rf_wen === REN_S) {
  regfile(wb_addr) := wb_data
}
```

　便宜上、WB_XとWB_ALUを定義していますが、WB_MEM以外はwb_dataにalu_outが
デフォルトで接続されます。WB_Xではレジスタへライトバックしませんが、それはライトバッ
ク有効信号rf_wenをREN_Xにするだけで十分です。そのため、Consts.scalaでWB_XとWB_
ALUはともに、次のように0.Uと定義しています。

リスト12.13　Consts.scala

```scala
val WB_SEL_LEN = 3
val WB_X       = 0.U(WB_SEL_LEN.W)
val WB_ALU     = 0.U(WB_SEL_LEN.W)
```

　以上でデコーダの強化が完了し、instをEX以降のステージに受け渡す必要がなくなり、回
路やコードの見通しも良くなりました。

第13章

シフト演算の実装

本章ではシフト演算命令を実装していきましょう。

13-1　RISC-Vのシフト演算命令定義

RISC-Vでは、6つのシフト演算命令を用意しています。アセンブリ表現としては次のように
なります。

リスト13.1　シフト演算命令のアセンブリ表現

```
sll  rd, rs1, rs2
srl  rd, rs1, rs2
sra  rd, rs1, rs2
slli rd, rs1, shamt
srli rd, rs1, shamt
srai rd, rs1, shamt
```

6つのシフト演算命令とx[rd]へのライトバックデータは次のとおりです。

表13.1　シフト演算命令

命令	x[rd]へのライトバックデータ
SLL (Shift Left Logical)	x[rs1] << x[rs2] (4,0)
SRL (Shift Right Logical)	x[rs1] >>$_u$ x[rs2] (4,0)
SRA (Shift Right Arithmetic)	x[rs1] >>$_s$ x[rs2] (4,0)
SLLI	x[rs1] << imm_i_sext (4,0)
SRLI	x[rs1] >>$_u$ imm_i_sext (4,0)
SRAI	x[rs1] >>$_s$ imm_i_sext (4,0)

シフト演算命令のbit配置(R形式)は次のようになります。

表13.2 シフト演算命令の bit 配置（R 形式）

命令	31 〜 25	24 〜 20	19 〜 15	14 〜 12	11 〜 7	6 〜 0
SLL	0000000	rs2	rs1	001	rd	0110011
SRL	0000000	rs2	rs1	101	rd	0110011
SRA	0100000	rs2	rs1	101	rd	0110011

即値シフト演算命令の bit 配置 (I 形式) は次のようになります。

表13.3 即値シフト演算命令の bit 配置 (I 形式)

命令	31 〜 25	24 〜 20	19 〜 15	14 〜 12	11 〜 7	6 〜 0
SLLI	0000000	shamt	rs1	001	rd	0010011
SRLI	0000000	shamt	rs1	101	rd	0010011
SRAI	0100000	shamt	rs1	101	rd	0010011

"$<<$" は論理左シフト、"$>>_u$" は論理右シフト、"$>>_s$" は算術右シフトを意味しています。シフト量（shamt）は前半3つは x[rs2] の下位5bit、後半3つが即値（imm_i_sext の下位5bit に相当）で規定されています。32bitCPU では最大シフト量が31なので、5bit ですべて表現できます（∵ 5bit で表現できる範囲：$0 \sim 2^5 - 1 = 31$）。

13-2 Chiselの実装

それでは具体的にシフト演算命令を Chisel に実装していきましょう。本章の Core 実装ファイルは chisel-template/src/main/resources/cores/04_Shift.scala として GitHub 上に格納しています。

13-2-1 命令 bit パターンの定義

表13.2、表13.3の配置に従って、Instructions.scala に各命令の BitPat を定義します。

リスト13.2 chisel-template/src/common/Instructions.scala

```
val SLL  = BitPat("b0000000??????????001?????0110011")
val SRL  = BitPat("b0000000??????????101?????0110011")
val SRA  = BitPat("b0100000??????????101?????0110011")
val SLLI = BitPat("b0000000??????????001?????0010011")
val SRLI = BitPat("b0000000??????????101?????0010011")
val SRAI = BitPat("b0100000??????????101?????0010011")
```

13-2-2　デコード信号の生成 @ID ステージ

シフト演算のデコード（解読）結果をcsignalsに追加します。

リスト13.3　04_Shift.scala

```
val csignals = ListLookup(inst,
            List(ALU_X   , OP1_RS1, OP2_RS2, MEN_X, REN_X, WB_X   ),
    Array(
        ...
      SLL  -> List(ALU_SLL, OP1_RS1, OP2_RS2, MEN_X, REN_S, WB_ALU),
      SRL  -> List(ALU_SRL, OP1_RS1, OP2_RS2, MEN_X, REN_S, WB_ALU),
      SRA  -> List(ALU_SRA, OP1_RS1, OP2_RS2, MEN_X, REN_S, WB_ALU),
      SLLI -> List(ALU_SLL, OP1_RS1, OP2_IMI, MEN_X, REN_S, WB_ALU),
      SRLI -> List(ALU_SRL, OP1_RS1, OP2_IMI, MEN_X, REN_S, WB_ALU),
      SRAI -> List(ALU_SRA, OP1_RS1, OP2_IMI, MEN_X, REN_S, WB_ALU)
    )
)
```

exe_funはALU_SLL、ALU_SRL、ALU_SRAの3種類を新規追加し、対応する即値シフト演算命令とALUを共有させます。

13-2-3　シフト演算結果の接続 @EX ステージ

alu_outにexe_fun別のシフト演算結果を接続します。

リスト13.4　04_Shift.scala

```
val alu_out = MuxCase(0.U(WORD_LEN.W), Seq(
    ...
    (exe_fun === ALU_SLL) -> (op1_data << op2_data(4, 0))(31, 0),
    (exe_fun === ALU_SRL) -> (op1_data >> op2_data(4, 0)).asUInt(),
    (exe_fun === ALU_SRA) -> (op1_data.asSInt() >> op2_data(4, 0)).asUInt()
))
```

Chiselの左シフト演算子 "<<" はbit幅をシフト量分拡張するため、**(31, 0)** のbit選択により、下位32bitを抽出します。加算ではオーバーフローしても返り値のbit幅が変わりませんが、左シフトではbit幅が増えるので注意してください。

また、右シフト ">>" はBits型（UIntやSIntの親クラス）を返す[1]のに対して、bit列の一部を抽出する**Bits型(Int,Int)** はUInt型を返します[2]。そのため、下位32bitを選択するALU_SLL以外は、シフト演算後に明示的にUInt型への変換が必要です。

以上でシフト演算の実装は完了です！

---

[1]　https://www.chisel-lang.org/api/SNAPSHOT/chisel3/UInt.html#>>(that:chisel3.UInt):chisel3.Bits

[2]　https://www.chisel-lang.org/api/SNAPSHOT/chisel3/Bits.html#apply(x:Int,y:Int):chisel3.UInt

第14章

比較演算の実装

本章では比較演算命令を実装していきましょう。

14-1　RISC-V の比較演算命令定義

比較演算（SLT命令：Set if Less Than）とは2つのオペランド（被演算子）の大小を比較し、第1オペランドが第2オペランドよりも小さい場合に1、それ以外の場合は0を指定したレジスタに書き込む命令です。

RISC-Vでは第2オペランドの種類、符号有無の違いで4種類の比較演算が定義されています。比較演算命令のアセンブリ表現は次のようになります。

リスト14.1　比較演算命令のアセンブリ表現

```
slt   rd, rs1, rs2
sltu  rd, rs1, rs2
slti  rd, rs1, imm_i
sltiu rd, rs1, imm_i
```

4つの比較演算命令とx[rd]へのライトバックデータは次のとおりです。

表14.1　比較演算の種類

命令	x[rd] へのライトバックデータ
SLT	$x[rs1] <_s x[rs2]$
SLTU	$x[rs1] <_u x[rs2]$
SLTI	$x[rs1] <_s imm\_i\_sext$
SLTIU	$x[rs1] <_u imm\_i\_sext$

$<_s$ が符号あり整数、$<_u$ が符号なし整数としての比較を意味しています。

比較演算命令のbit配置(R形式)は次のようになります。

表14.2　比較演算命令のbit配置（R形式）

命令	31〜25	24〜20	19〜15	14〜12	11〜7	6〜0
SLT	0000000	rs2	rs1	010	rd	0110011
SLTU	0000000	rs2	rs1	011	rd	0110011

即値比較演算命令のbit配置(I形式)は次のようになります。

表14.3　即値比較演算命令のbit配置（I形式）

命令	31〜20	19〜15	14〜12	11〜7	6〜0
SLTI	imm_i[11:0]	rs1	010	rd	0010011
SLTIU	imm_i[11:0]	rs1	011	rd	0010011

14-2　Chiselの実装

それでは比較演算命令をChiselに実装していきましょう。本章のCore実装ファイルは **chisel-template/src/main/resources/cores/05_Compare.scala** としてGitHub上に格納しています。

14-2-1　命令bitパターンの定義

表14.2、表14.3の配置に従って、Instructions.scalaに各命令のBitPatを定義します。

リスト14.2　chisel-template/src/common/Instructions.scala

```
val SLT   = BitPat("b0000000??????????010?????0110011")
val SLTU  = BitPat("b0000000??????????011?????0110011")
val SLTI  = BitPat("b?????????????????010?????0010011")
val SLTIU = BitPat("b?????????????????011?????0010011")
```

14-2-2　デコード信号の生成 @ID ステージ

csignalsに比較演算命令のデコード（解読）結果を追加します。

リスト14.3 csignals

```
val csignals = ListLookup(inst,
            List(ALU_X   , OP1_RS1, OP2_RS2, MEN_X, REN_X, WB_X  ),
  Array(
    ...
    SLT   -> List(ALU_SLT , OP1_RS1, OP2_RS2, MEN_X, REN_S, WB_ALU),
    SLTU  -> List(ALU_SLTU, OP1_RS1, OP2_RS2, MEN_X, REN_S, WB_ALU),
    SLTI  -> List(ALU_SLT , OP1_RS1, OP2_IMI, MEN_X, REN_S, WB_ALU),
    SLTIU -> List(ALU_SLTU, OP1_RS1, OP2_IMI, MEN_X, REN_S, WB_ALU),
  )
)
```

exe_funはALU_SLT、ALU_SLTUの2種類を新規追加し、対応する即値シフト演算命令と演算処理を共通化します。

14-2-3　比較演算結果の接続 @EX ステージ

alu_outに比較演算結果を接続します。

リスト14.4 alu_out

```
val alu_out = MuxCase(0.U(WORD_LEN.W), Seq(
  ...
  (exe_fun === ALU_SLT)  -> (op1_data.asSInt() < op2_data.asSInt()).asUInt(),
  (exe_fun === ALU_SLTU) -> (op1_data < op2_data).asUInt()
))
```

符号あり比較の場合は、オペランドデータを**asSInt()**メソッドでSInt型へ変換したうえで比較演算を行います。

また、Chiselの比較演算子"<"はBool型を返すので、**asUInt()**メソッドによりUInt型へ変換します。

以上で、比較演算命令の実装が完了です！

第15章

分岐命令の実装

本章では分岐命令を実装していきましょう。

15-1　RISC-Vの分岐命令定義

　分岐命令とは条件に応じて、プログラムカウンタ（PC）の値を変更する命令です。ここまで実装してきた加減算、論理演算、シフト演算、比較演算はすべてWBステージで汎用レジスタへライトバックしていました。一方、今回の分岐命令では演算結果で汎用レジスタではなく、PCレジスタの値を更新します。 分岐命令のアセンブリ表現は次のようになります。

リスト15.1　分岐命令のアセンブリ表現

```
beq  rs1, rs2, offset
bne  rs1, rs2, offset
blt  rs1, rs2, offset
bge  rs1, rs2, offset
bltu rs1, rs2, offset
bgeu rs1, rs2, offset
```

分岐命令の演算内容は次のようになります。offsetがsext(imm_b)に該当します。

表15.1　分岐命令の演算内容

命令	条件	条件成立時の次サイクルpc
BEQ（Branch if Equal）	x[rs1] === x[rs2]	現PC+sext(imm_b)
BNE（Branch if Not Equal）	x[rs1] =/= x[rs2]	現PC+sext(imm_b)
BLT（Branch if Less Than）	x[rs1] $<_s$ x[rs2]	現PC+sext(imm_b)
BGE（Branch if Greater Than or Equal）	x[rs1] $>=_s$ x[rs2]	現PC+sext(imm_b)
BLTU（BLT Unsigned）	x[rs1] $<_u$ x[rs2]	現PC+sext(imm_b)
BGEU（BGE Unsigned）	x[rs1] $>=_u$ x[rs2]	現PC+sext(imm_b)

分岐命令のbit配置(B形式)は次のようになります。

表15.2　分岐命令のbit配置（B形式）

命令	31～25	24～20	19～15	14～12	11～7	6～0
BEQ	imm_b[12|10:5]	rs2	rs1	000	imm_b[4:1|11]	1100011
BNE	imm_b[12|10:5]	rs2	rs1	001	imm_b[4:1|11]	1100011
BLT	imm_b[12|10:5]	rs2	rs1	100	imm_b[4:1|11]	1100011
BGE	imm_b[12|10:5]	rs2	rs1	101	imm_b[4:1|11]	1100011
BLTU	imm_b[12|10:5]	rs2	rs1	110	imm_b[4:1|11]	1100011
BGEU	imm_b[12|10:5]	rs2	rs1	111	imm_b[4:1|11]	1100011

RISC-Vの命令bit配列は次のようになっていますが、分岐命令が属するB形式の即値imm_bの取り方に関して、2つの注意点があります。

図15.1　RISC-Vの命令bit配列

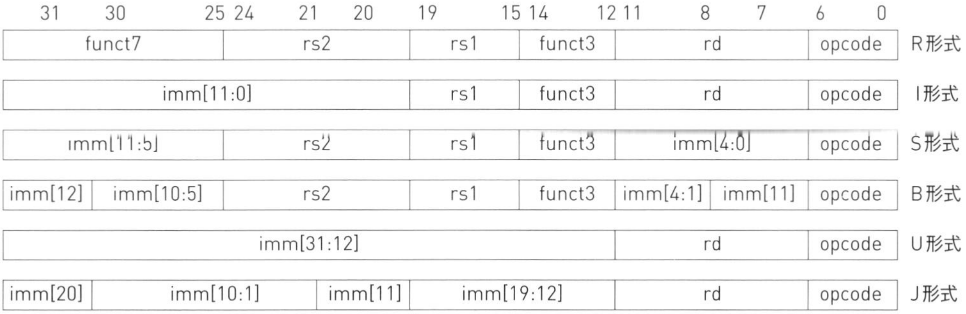

1つ目の注意点が、命令bit列では即値12bitのうち、上位11bitのみを規定することです。実際に図15.1のB形式ではimm[0]が記述されておらず、imm[0]は常に0とします。これにより、即値は常に2の倍数となります。

こうした仕様になっている理由は、より広い範囲を即値で表現できる、つまりより遠いアドレスへジャンプできるようにするためです。

RISC-Vの1命令の長さは一般の命令のみだと32bitですが、圧縮拡張命令（C）を含めると16bitまたは32bitとなります。PCは命令の長さの整数倍にしかなり得ないため、16bit＝2バイトの整数倍となります。つまりPCは必ず2の倍数となります。そのため、最下位bitを命令列にエンコーディングしないことで、即値用に確保された12bitで13bit分の範囲を示せるようになります[1]。

2つ目の注意点が、即値の配置が順番に並んでいない点です。しかし、図15.2を見てみると、命令形式が異なっても、符号拡張した即値の各桁は可能な限り、命令bit列の同じ桁に対応するように決められていることがわかります。

---

*1　本書での実装ではすべて32bitで命令を記述しているため、16bit単位で命令メモリにアクセスすることはありません。

図15.2　命令形式別の32bit符号拡張即値

31	30	20	19	12	11	10	5	4	1	0	

── inst[31] ──				inst[30:25]	inst[24:21]	inst[20]	I-immediate
── inst[31] ──				inst[30:25]	inst[11:8]	inst[7]	S-immediate
── inst[31] ──			inst[7]	inst[30:25]	inst[11:8]	0	B-immediate
inst[31]	inst[30:20]	inst[19:12]	── 0 ──				U-immediate
── inst[31] ──	inst[19:12]	inst[20]	inst[30:25]	inst[24:21]	0		J-immediate

　これにより、即値生成のための回路を共有できるようになり、ハードウェアの簡潔化につながります。たとえば、32bitに符号拡張する際、即値の最上位bitが必ずinst[31]に配置されているため、命令種別に関係なく、即値の符号拡張処理を共通化できます。Chiselコードでは論理面を対象とするので、具体的な回路に目を向ける機会は少ないですが、回路の効率化の一例としてぜひ知っておいてください。

15-2　Chiselの実装

　それでは具体的に分岐命令のChisel実装をしていきましょう。本章のCore実装ファイルは**chisel-template/src/main/resources/cores/06_Branch.scala**としてGitHub上に格納しています。

15-2-1　命令 bit パターンの定義

　表15.2「分岐命令のbit配置（B形式）」の配置に従って、Instructions.scalaに各命令のBitPatを定義します。

リスト15.2　chisel-template/src/common/Instructions.scala

```
val BEQ  = BitPat("b?????????????????000?????1100011")
val BNE  = BitPat("b?????????????????001?????1100011")
val BLT  = BitPat("b?????????????????100?????1100011")
val BGE  = BitPat("b?????????????????101?????1100011")
val BLTU = BitPat("b?????????????????110?????1100011")
val BGEU = BitPat("b?????????????????111?????1100011")
```

15-2-2　PC の制御 @IF ステージ

　分岐計算では分岐先をbr_target、分岐可否をbr_flgで管理します。具体的には分岐可否信号br_flgがtrue.Bなら、PCが分岐先br_targetとなるように実装します。

II
簡単なCPUの実装

リスト15.3 06_Branch.scala

```
val pc_plus4  = pc_reg + 4.U(WORD_LEN.W)
val br_flg    = Wire(Bool())
val br_target = Wire(UInt(WORD_LEN.W))

val pc_next = MuxCase(pc_plus4, Seq(
  br_flg -> br_target
))
pc_reg := pc_next
```

br_flgおよびbr_targetの値はEXステージで規定するため、IFステージでは事前にWireで宣言のみ行います。

pc_nextはMuxCaseオブジェクトを利用していますが、条件が1つだけなのでMuxオブジェクトでも問題ありません。しかし、今後も条件が増えていくので、先んじてMuxCaseを採用しています。

15-2-3　即値およびデコード信号の生成 @ID ステージ

まずは即値imm_bをデコード（解読）します。

リスト15.4 06_Branch.scala

```
val imm_b = Cat(inst(31), inst(7), inst(30, 25), inst(11, 8))
val imm_b_sext = Cat(Fill(19, imm_b(11)), imm_b, 0.U(1.U))
```

続いて、分岐命令用にcsignalsを定義します。

リスト15.5 06_Branch.scala

```
val csignals = ListLookup(inst,
             List(ALU_X  , OP1_RS1, OP2_RS2, MEN_X, REN_X, WB_X),
  Array(
    ...
    BEQ   -> List(BR_BEQ , OP1_RS1, OP2_RS2, MEN_X, REN_X, WB_X),
    BNE   -> List(BR_BNE , OP1_RS1, OP2_RS2, MEN_X, REN_X, WB_X),
    BGE   -> List(BR_BLT , OP1_RS1, OP2_RS2, MEN_X, REN_X, WB_X),
    BGEU  -> List(BR_BGE , OP1_RS1, OP2_RS2, MEN_X, REN_X, WB_X),
    BLT   -> List(BR_BLTU, OP1_RS1, OP2_RS2, MEN_X, REN_X, WB_X),
    BLTU  -> List(BR_BGEU, OP1_RS1, OP2_RS2, MEN_X, REN_X, WB_X)
  )
)
```

分岐命令はレジスタへのライトバックはないため、REN_X、WB_Xとなります。

15-2-4　分岐可否、ジャンプ先アドレスの計算 @EX ステージ

分岐命令はalu_outではなく、条件の成立可否信号br_flg、およびジャンプ先のアドレスbr_targetを別途生成します。

リスト15.6　06_Branch.scala

```
br_flg := MuxCase(false.B, Seq(
  (exe_fun === BR_BEQ)  -> (op1_data === op2_data),
  (exe_fun === BR_BNE)  -> !(op1_data === op2_data),
  (exe_fun === BR_BLT)  -> (op1_data.asSInt() < op2_data.asSInt()),
  (exe_fun === BR_BGE)  -> !(op1_data.asSInt() < op2_data.asSInt()),
  (exe_fun === BR_BLTU) -> (op1_data < op2_data),
  (exe_fun === BR_BGEU) -> !(op1_data < op2_data)
))
br_target := pc_reg + imm_b_sext
```

分岐命令はメモリアクセス、レジスタライトバックがないので、以上で実装は完了です！

第16章
ジャンプ命令の実装

本章ではジャンプ命令を実装していきましょう。分岐命令は条件が成立した場合のみジャンプしますが、ジャンプ命令は無条件でジャンプを実行します。

16-1 RISC-V のジャンプ命令定義

RISC-V では JAL（Jump And Link）、JALR（Jump And Link Register）の2つのジャンプ命令を定義しています。ジャンプ命令のアセンブリ表現は次のようになります。

リスト16.1 ジャンプ命令のアセンブリ表現
```
jal  rd, offset
jalr rd, offset(rs1)
```

ジャンプ命令と x[rd] へのライトバックデータは次のとおりです。offset は JAL 命令が sext(imm_j)、JALR 命令が sext(imm_i) となります。

表16.1 ジャンプ命令の演算内容

命令	x[rd] へのライトバックデータ	次サイクルの pc
JAL	現 PC+4	現 PC+sext(imm_j)
JALR	現 PC+4	(x[rs1]+sext(imm_i))&~1

JAL 命令（J 形式）、JALR 命令（I 形式）の bit 配置はそれぞれ次のようになります。

表16.2 JAL 命令の bit 配置（J 形式）

31 ～ 12	11 ～ 7	6 ～ 0
imm_j[20|10:1|11|19:12]	rd	1101111

表16.3 JALR 命令の bit 配置（I 形式）

31 ～ 20	19 ～ 15	14 ～ 12	11 ～ 7	6 ～ 0
imm_i[11:0]	rs1	000	rd	1100111

　JAL命令は、現PCに即値を加算した先へPCをジャンプさせます。JALはJ形式で、分岐命令のB形式と同様、最下位bitは命令bitでは定義されず、常に0に設定されます。

　一方、JALR命令はI形式で、rs1データに即値を加算した先へPCをジャンプさせます。加算結果に~1がAND演算で掛かっていますが、これは(not 1) = (not (000...01)) = (111...10)を意味しており、AND演算することで、最下位bitを0にするマスクの役割を担っています。

　JAL命令、JALR命令でのジャンプ先アドレスの最下位bitが常に0なのは、分岐命令と同様、RISC-V命令長が2byte（16bit）の整数倍長であるためです。加えてJAL命令ではジャンプ可能な幅を大きくするためです。

　また、rdレジスタにはジャンプしなかった場合の後続命令アドレスに相当する**現PC+4**を格納します。通常、rdレジスタは1番地のra（return address）レジスタに設定されます。たとえば、ある関数を呼び出すために、関数の格納されているアドレスにジャンプした場合、関数処理の終了後、再び呼び出し元のアドレスに戻ることが多いです。そうした際にraを使ってジャンプ命令を発行します。ちなみにraが不要の無条件ジャンプ命令の場合は、rdレジスタをx0（常に値が0）に設定します。

　raレジスタの利用イメージは次のようになります。

図16.1　raレジスタの利用イメージ

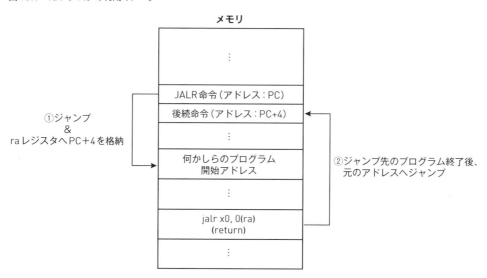

16-2　Chiselの実装

　本章のCore実装ファイルは**chisel-template/src/main/resources/cores/07_Jump.**

scalaとしてGitHub上に格納しています。必要な実装はIF、ID、EX、WBステージですが、処理の流れが理解しやすいようにID, EX、IF、WBステージという順番で説明します。

16-2-1　命令 bit パターンの定義

表16.2、表16.3の配置に従って、Instructions.scalaに各命令のBitPatを定義します。

リスト16.2　chisel-template/src/common/Instructions.scala
```
val JAL  = BitPat("b?????????????????????????1101111")
val JALR = BitPat("b?????????????????000?????1100111")
```

16-2-2　デコードおよびオペランドデータの読み出し @ID ステージ

CPU内の処理に関して、まずはIDステージから見ていきます。

即値imm_jのデコード

まずはJAL命令で利用する即値imm_jをデコード（解読）します。JALはJ形式、JALRはI形式なので、即値の取り方が異なることに注意しましょう。

リスト16.3　07_Jump.scala
```
val imm_j = Cat(inst(31), inst(19, 12), inst(20), inst(30, 21))
val imm_j_sext = Cat(Fill(11, imm_j(19)), imm_j, 0.U(1.U)) // 最下位bitを0に
```

csignalsの生成

続いて、ジャンプ命令のcsignalsを定義します。

リスト16.4　07_Jump.scala
```
val csignals = ListLookup(inst,
            List(ALU_X   , OP1_RS1, OP2_RS2, MEN_X, REN_X, WB_X ),
  Array(
    ...
    JAL   -> List(ALU_ADD , OP1_PC , OP2_IMJ, MEN_X, REN_S, WB_PC),
    JALR  -> List(ALU_JALR, OP1_RS1, OP2_IMI, MEN_X, REN_S, WB_PC)
  )
)
```

ジャンプ先アドレスに関して、JALはpc+imm_jなので、ALU_ADDを転用できます。一方、JALRは(rs1+imm_i) & ~1なので、専用のALU_JALRを追加します。

また、レジスタへのライトバックデータはPC+4なので、REN_S、WB_PCを設定します。

▎オペランドデータの読み出し

最後にop1_data、op2_dataのデコードを追加します。

リスト16.5　07_Jump.scala

```
val op1_data = MuxCase(0.U(WORD_LEN.W), Seq(
  (op1_sel === OP1_RS1) -> rs1_data,
  (op1_sel === OP1_PC)  -> pc_reg // 追加
))

val op2_data = MuxCase(0.U(WORD_LEN.W), Seq(
  ...
  (op2_sel === OP2_IMJ) -> imm_j_sext // 追加
))
```

16-2-3　JALR 用演算の追加 @EX ステージ

ALU_JALR用の演算を新規追加します。

リスト16.6　07_Jump.scala

```
val alu_out = MuxCase(0.U(WORD_LEN.W), Seq(
  ...
  (exe_fun === ALU_JALR) -> (op1_data + op2_data) & ~1.U(WORD_LEN.W) // 追加
))
```

16-2-4　PC の制御 @IF ステージ

ID、EX ステージで処理の流れを把握できたので、IF ステージに戻って、PC 設定を実装します。

EX ステージでジャンプ先をalu_outに出力しています。そこで、IF ステージではジャンプ命令時はpc_nextにalu_outを接続するようにします。ジャンプ命令の判別用にjmp_flg信号も新規追加しています。

リスト16.7　07_Jump.scala

```
val jmp_flg = (inst === JAL || inst === JALR) // 追加
val alu_out = Wire(UInt(WORD_LEN.W))         // 追加

val pc_next = MuxCase(pc_plus4, Seq(
  br_flg  -> br_target,
  jmp_flg -> alu_out // 追加
))
```

IF ステージでalu_outを利用するため、Wire オブジェクトで先んじて宣言しています。そのため、EX ステージにおけるalu_outの変数宣言を次のように変更する必要があります。

リスト16.8 07_Jump.scala

```
// val alu_out = MuxCase(...)
alu_out := MuxCase(...)
```

16-2-5 ra のライトバック @WB ステージ

rdレジスタにはraに相当するPC+4をライトバックします。

リスト16.9 07_Jump.scala

```
val wb_data = MuxCase(alu_out, Seq(
  (wb_sel === WB_MEM) -> io.dmem.rdata,
  (wb_sel === WB_PC)  -> pc_plus4 // 追加
))
```

以上でジャンプ命令のChisel実装は完了です！

第17章
即値ロード命令の実装

本章では即値ロード命令を実装していきましょう。

17-1　RISC-Vの即値ロード命令定義

RISC-Vでは即値ロード命令として、LUIとAUIPCが定義されています。即値ロード命令の
アセンブリ表現は次のようになります。

リスト17.1　即値ロード命令のアセンブリ表現

```
lui   rd, imm_u
auipc rd, imm_u
```

即値ロード命令とx[rd]へのライトバックデータは次のとおりです。

表17.1　命令内容

命令	x[rd]へのライトバックデータ
LUI（Load Upper Immediate）	sext(imm_u[31:12] << 12)
AUIPC（Add Upper Immediate to PC）	現PC + sext(imm_u[31:12] << 12)

表17.2　即値ロード命令のbit配置（U形式）

命令	31 〜 12	11 〜 7	6 〜 0
LUI	imm_u[31:12]	rd	0110111
AUIPC	imm_u[31:12]	rd	0010111

LUI命令は即値20bitを12bit左シフトした値をx[rd]に格納します。AUIPC命令は現在の
PCにLUIと同様の即値を加算した値をx[rd]に書き込みます。

AUIPC命令はPC相対アドレスを計算するために用いられます。たとえば、AUIPC命令と
JALR命令を組み合わせると、AUIPC命令で即値の上位20bit、JALR命令で即値の下位12bit
を指定でき、PCに対して、32bit範囲内の任意の相対アドレスにジャンプできます。同様に

AUIPCとLWやSW命令を組み合わせると、PCに対して32bit範囲内の任意の相対アドレスの
メモリデータにアクセスできます（図17.1参照）。

図17.1　AUIPC命令の利用例

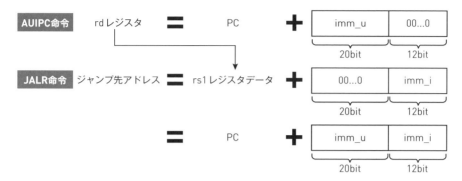

17-2　Chiselの実装

本章のCore実装ファイルはchisel-template/src/main/resources/cores/08_Lui.
scalaとしてGitHub上に格納しています。

17-2-1　命令bitパターンの定義

表17.2の配置に従って、Instructions.scalaに各命令のBitPatを定義します。

リスト17.2　chisel-template/src/common/Instructions.scala

```
val LUI   = BitPat("b?????????????????????????0110111")
val AUIPC = BitPat("b?????????????????????????0010111")
```

17-2-2　デコードおよびオペランドデータの読み出し @ID ステージ

CPU内の処理に関して、即値ロード命令ではIDステージの実装追加のみとなります。

即値imm_Uのデコード

まずはU形式の即値imm_uをデコード（解読）します。

リスト17.3　08_Lui.scala

```
val imm_u = inst(31,12)
val imm_u_shifted = Cat(imm_u, Fill(12, 0.U))
```

csignalsの生成

続いて、即値ロード命令のcsignalsを定義します。imm_u用のOP2_IMUを新規追加しています。

リスト17.4　08_Lui.scala

```
val csignals = ListLookup(inst,
            List(ALU_X  , OP1_RS1, OP2_RS2, MEN_X, REN_X, WB_X  ),
  Array(
    ...
    LUI   -> List(ALU_ADD, OP1_X  , OP2_IMU, MEN_X, REN_S, WB_ALU),
    AUIPC -> List(ALU_ADD, OP1_PC , OP2_IMU, MEN_X, REN_S, WB_ALU),
  )
)
```

オペランドデータの読み出し

最後にop2_dataにU形式の即値を接続します。

リスト17.5　08_Lui.scala

```
val op2_data = MuxCase(0.U(WORD_LEN.W), Seq(
  ...
  (op2_sel === OP2_IMU) -> imm_u_shifted // 追加
))
```

これらのデコードにより、LUI命令は`0 + imm_u_shifted`、AUIPC命令は`pc_reg + imm_u_shifted`を`alu_out`に出力できるようになります。

以上で即値ロード命令のChisel実装は完了です！

Column

LI (Load Immediate) 命令

LUI は即値 20bit を 12bit 左シフトした値をレジスタにロードします。一方、即値をそのままレジスタにロードしたい場合は、LI 命令を使います。しかし、RISC-V では LI はあくまで疑似命令であり、実際にコンパイルすると、ADDI、AUIPC、LUI 命令などに展開されます。

たとえば、12bit 以下の即値であれば、ADDI 命令のみで表現できます。

リスト17.6 アセンブリ言語
```
addi rd, x0, imm
```

リスト17.7 アセンブリ言語の意味
```
rd = x[0] + sext(imm)
   = sext(imm)
```

RISC-V では 0 番レジスタ (x[0]) の値は常に 0 です。これを利用することで、即値ロード用の個別命令を定義することなく、既存の命令で即値ロードを実現できます。

また 32bit 即値を生成する場合も、LUI や AUIPC 命令で生成した上位 20bit と、ADDI 命令で生成した下位 12bit を足し合わせれば、32bit 即値となります。前述した AUIPC 命令と JALR/LW/SW 命令の組み合わせもこれと同様の話です。

第18章

CSR命令の実装

本章ではCSR命令を実装していきましょう。

18-1　RISC-VのCSR命令定義

RISC-Vには、制御およびステータスレジスタとして、CSR（Control and Status Register）が定義されています。制御レジスタは割り込み・例外処理の管理、仮想メモリの設定などに使います。また、ステータスレジスタはCPUの状態を表します。

RISC-VのCSR命令（拡張命令Zicsrとして定義）では、CSRアドレスとして12bitを確保しており、4096（2^{12}）本のCSRにアクセス可能です。各レジスタには用途ごとに次のような名前が振られています。

表18.1　CSRレジスタ例

アドレス	名前	記憶するデータ
0x300	mstatus（Machine Status）	マシン状態（割り込み許可etc.）
0x305	mtvec（Machine Trap-Vector Base-Address）	マシンモードにおける例外発生時の処理を格納する trap vector アドレス
0x341	mepc（Machine Exception Program Counter）	マシンモードにおける例外発生時のPC
0x342	mcause（Machine Cause）	マシンモードにおける割り込み・例外発生の要因

現時点ではこれらの意味を理解する必要はなく、CPUの制御や状態を表すものだと認識いただくだけで十分です。ただし、マシンモードに関して補足しておくと、CPUにはCPUモード（特権レベル）という概念があり、各レベルに応じて、CPUが実行可能な操作を制限します。本書で作成するCPUはこうした特権機能は一切実装していない、つまりすべての操作が可能な最も権限レベルの高い特権レベル（マシンモード）で動作していることになります。

CSR命令はこうしたCSRの読み書きを行うための命令です。CSR命令のアセンブリ表現は次のようになります。

リスト18.1　CSR命令のアセンブリ表現

```
csrrw  rd, csr, rs1
csrrwi rd, csr, imm_z
csrrs  rd, csr, rs1
csrrsi rd, csr, imm_z
csrrc  rd, csr, rs1
csrrci rd, csr, imm_z
```

CSR命令の演算内容は次のとおりです。

表18.2　CSR命令の演算内容

命令	CSRs[csr]への書き込みデータ	x[rd]への書き込みデータ
CSRRW（Read and Write）	x[rs1]	CSRs[csr]
CSRRWI（Read and Write Immediate）	uext(imm_z)	CSRs[csr]
CSRRS（Read and Set）	CSRs[csr] | x[rs1]	CSRs[csr]
CSRRSI（Read and Set Immediate）	CSRs[csr] | uext(imm_z)	CSRs[csr]
CSRRC（Read and Clear）	CSRs[csr]&~x[rs1]	CSRs[csr]
CSRRCI（Read and Clear Immediate）	CSRs[csr]&~uext(imm_z)	CSRs[csr]

CSR命令のbit配置(I形式)は次のとおりです。

表18.3　CSR命令のbit配置（I形式）

命令	31〜20	19〜15	14〜12	11〜7	6〜0
CSRRW	csr	rs1	001	rd	1110011
CSRRWI	csr	imm_z	101	rd	1110011
CSRRS	csr	rs1	010	rd	1110011
CSRRSI	csr	imm_z	110	rd	1110011
CSRRC	csr	rs1	011	rd	1110011
CSRRCI	csr	imm_z	111	rd	1110011

　CSRsはCSRレジスタ、csrはCSRアドレス、imm_zはCSR命令用5bit即値、uextはゼロ拡張を意味しています。符号拡張sextは拡張桁を最上位bitで穴埋めするのに対して、uextは常に0で穴埋めします。

　すべてのCSR命令はCSRへの書き込みと読み出しの両方を一度に実行します。読み出すCSRはいずれの命令でもCSRs[csr]となっており、それらはレジスタx[rd]へライトバックされます。

　一方、CSRへ書き込むデータは命令によって異なります。CSRRW命令はレジスタx[rs1]の値、CSRRWI命令は即値**uext(imm_z)**をそのまま書き込みます。

　CSRRS命令、CSRRSI命令は現在のCSRの値を読み出し、x[rs1]または即値とのOR結果をCSRに書き込みます。これはx[rs1]または即値の値で1となっているbitに対応するCSRのbit

を 1 にする（セットする）という動作です（図18.1）。

CSRRC 命令、CSRRCI 命令は現在の CSR の値を読み出し、x[rs1] または即値の NOT を取り、その結果と読み出した CSR の値の AND 結果を CSR に書き込みます。これは x[rs1] または即値の値で 1 となっている bit に対応する CSR の bit を 0 にする（クリアする）という動作です。

図18.1　CSRのSetとClear

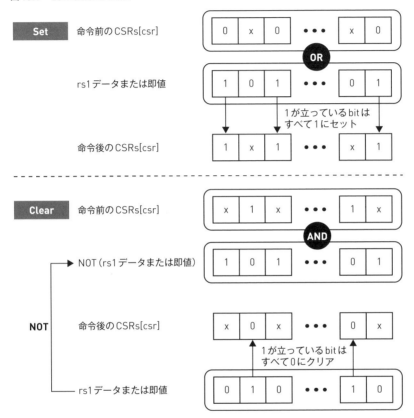

18-2　Chiselの実装

本章のCore実装ファイルは chisel-template/src/main/resources/cores/09_Csr.scala として GitHub 上に格納しています。

CSR の読み書きはデコード（解読）が完了した EX ステージ以降であれば、どこで記述しても問題はありませんが、今回は記憶装置とのやり取りという意味で類似した MEM ステージで実装します。

18-2-1 命令 bit パターンの定義

表18.3の配置に従って、Instructions.scalaに各命令のBitPatを定義します。

リスト18.2 chisel-template/src/common/Instructions.scala

```
val CSRRW  = BitPat("b?????????????????001?????1110011")
val CSRRWI = BitPat("b?????????????????101?????1110011")
val CSRRS  = BitPat("b?????????????????010?????1110011")
val CSRRSI = BitPat("b?????????????????110?????1110011")
val CSRRC  = BitPat("b?????????????????011?????1110011")
val CSRRCI = BitPat("b?????????????????111?????1110011")
```

II
簡単なCPUの実装

18-2-2 即値およびデコード信号の生成 @ID ステージ

まずは即値imm_zをデコードします。

リスト18.3 09_Csr.scala

```
val imm_z = inst(19,15)
val imm_z_uext = Cat(Fill(27, 0.U), imm_z)
```

続いて、各CSR命令に対して、csignalsを定義します。今回はALU_COPY1、即値imm_z用にOP1_IMZ、WB_CSRを新しく定義しています。ALU_COPY1は、CSR書き込みデータに必要なrs1_dataをそのままMEMステージに渡すためのALUです。さらにCSR処理用にデコード信号csr_cmdを追加しています。

リスト18.4 09_Csr.scala

```
val csignals = ListLookup(inst,
            List(ALU_X    , OP1_RS1, OP2_RS2, MEN_X, REN_X, WB_X  , CSR_X),
  Array(
    ...
    CSRRW  -> List(ALU_COPY1, OP1_RS1, OP2_X, MEN_X, REN_S, WB_CSR, CSR_W),
    CSRRWI -> List(ALU_COPY1, OP1_IMZ, OP2_X, MEN_X, REN_S, WB_CSR, CSR_W),
    CSRRS  -> List(ALU_COPY1, OP1_RS1, OP2_X, MEN_X, REN_S, WB_CSR, CSR_S),
    CSRRSI -> List(ALU_COPY1, OP1_IMZ, OP2_X, MEN_X, REN_S, WB_CSR, CSR_S),
    CSRRC  -> List(ALU_COPY1, OP1_RS1, OP2_X, MEN_X, REN_S, WB_CSR, CSR_C),
    CSRRCI -> List(ALU_COPY1, OP1_IMZ, OP2_X, MEN_X, REN_S, WB_CSR, CSR_C),
  )
)

val exe_fun :: op1_sel :: op2_sel :: mem_wen :: rf_wen :: wb_sel :: csr_cmd :: Nil
= csignals
```

18-2-3　op1_data の接続 @EX ステージ

CSRへの書き込みデータ用にop1_dataをそのままalu_outに接続し、MEM ステージへ受け
渡します。

リスト18.5　09_Csr.scala
```
alu_out := MuxCase(0.U(WORD_LEN.W), Seq(
  ...
  (exe_fun === ALU_COPY1) -> op1_data // 追加
))
```

18-2-4　CSR の読み書き @MEM ステージ

4096本のCSRを定義したうえで、その読み出しおよび書き込み処理を実装します。

リスト18.6　09_Csr.scala
```
val csr_regfile = Mem(4096, UInt(WORD_LEN.W))
val csr_addr    = inst(31,20)

// CSRの読み出し
val csr_rdata   = csr_regfile(csr_addr)

// CSRの書き込み
val csr_wdata = MuxCase(0.U(WORD_LEN.W), Seq(
  (csr_cmd === CSR_W) -> op1_data,
  (csr_cmd === CSR_S) -> (csr_rdata | op1_data),
  (csr_cmd === CSR_C) -> (csr_rdata & ~op1_data)
))

when(csr_cmd > 0.U){ // CSR命令のとき
  csr_regfile(csr_addr) := csr_wdata
}
```

csr_cmd用の定数はConsts.scalaで次のように定義しており、1.U以上の値であればCSR命
令であることを判別できるようにしています。

リスト18.7　Consts.scala
```
val CSR_LEN = 3
val CSR_X   = 0.U(CSR_LEN.W)
val CSR_W   = 1.U(CSR_LEN.W)
val CSR_S   = 2.U(CSR_LEN.W)
val CSR_C   = 3.U(CSR_LEN.W)
```

18-2-5　CSR 読み出しデータのレジスタライトバック @WB ステージ

すべてのCSR命令は一様にCSRデータ **CSRs[csr]** をレジスタへライトバックします。

リスト18.8　09_Csr.scala

```
val wb_data = MuxCase(alu_out, Seq(
  ...
  (wb_sel === WB_CSR) -> csr_rdata // 追加
))
```

以上でCSR命令のChisel実装は完了です！ ただし、実はCSRレジスタごとにアクセス権が異なったりと、RISC-VのCSR仕様はより複雑です。RISC-Vの細かい規定を追求することよりも、CPUの大枠を理解することを目指しているため、本書ではそういった細かいRISC-V仕様は省略しています。

第19章

ECALLの実装

本章ではECALL命令を実装していきましょう。

19-1　RISC-VのECALL命令定義

ECALL（Environment Call）命令は、例外を起こしたうえで、実行環境（OS）を呼び出す命令です。"実行環境（OS）を呼び出す"というのは、たとえばLinux OS上でCプログラムを実行している場合、Linuxに対するシステムコールに相当します。

ECALL命令は規約上、I形式に分類されますが、7〜31bit目はすべて0となっています。ECALL命令のアセンブリ表現は次のようになります。

リスト19.1　ECALL命令のアセンブリ表現
```
ecall
```

ECAL命令のbit配置(I形式)は次のようになります。

表19.1　ECAL命令のbit配置（I形式）

31 〜 7	6 〜 0
00…0（すべて0）	1110011

それではECALL命令の具体的な処理内容を見ていきましょう。まずCSRのmcauseレジスタ（アドレス0x342）に、次のいずれかの値をCPUモードに合わせて書き込みます。

mcauseの定義は次のようになります。

表19.2 mcauseの定義

値	意味
8	ユーザモードからのEcall
9	スーパーバイザーモードからのEcall
10	ハイパーバイザーモードからのEcall
11	マシンモードからのEcall

本書ではマシンモードで実装しているため、11を書き込むことになります。

続いて、CSRの1つであるmtvec（アドレス0x305）に格納されているtrap_vectorアドレスにジャンプします。trap_vectorには例外発生時の処理（システムコール）が記述されています。本書で自作しているOSのないChisel実装では、trap_vectorへの遷移をトリガーにriscv-testsを終了させています（後述）。

ちなみにRISC-VのCSR定義では、ECALL命令を発行した場合、例外発生時のPCをmepcに、各種状態をmstatusに書き込むといった処理も必要です。しかし、CSRに関しては、CPU自作のテーマにおいて若干傍流に外れる（RISC-V特有の仕様詳細に深入りする）ため、後述するriscv-testsで求められる最低限のCSRのみを実装していきます。

19-2 Chiselの実装

本章のCore実装ファイルは**chisel-template/src/main/resources/cores/10_Ecall.scala**としてGitHub上に格納しています。

19-2-1 命令bitパターンの定義

表19.1の配置に従って、Instructions.scalaにECALL命令のBitPatを定義します。

リスト19.2 chisel-template/src/common/Instructions.scala

```
val ECALL = BitPat("b00000000000000000000000001110011")
```

19-2-2 PCの制御 @IF ステージ

ECALL命令時にはPCをtrap_vectorアドレスへジャンプさせます。

リスト**19.3**　10_Ecall.scala

```
val pc_next = MuxCase(pc_plus4, Seq(
  ...
  // 0x305:mtvecにはtrap_vectorアドレスが格納
  (inst === ECALL) -> csr_regfile(0x305)
))
```

19-2-3　デコード信号の生成 @ID ステージ

ECALL命令用にcsignalsを定義します。ECALL命令はとくに演算を実行しないため、ALUからWBまですべて_Xとしていますが、CSR書き込みがあるため、CSR_Eのみ追加しています。

リスト**19.4**　10_Ecall.scala

```
val csignals = ListLookup(inst,
            List(ALU_X, OP1_RS1, OP2_RS2, MEN_X, REN_X, WB_X, CSR_X),
  Array(
    ...
    ECALL -> List(ALU_X, OP1_X  , OP2_X  , MEN_X, REN_X, WB_X, CSR_E)
  )
)
```

19-2-4　CSR 書き込み @MEM ステージ

ECALL命令時にはcsr_addrをmcauseレジスタに設定し、**11.U**を書き込みます。

リスト**19.5**　10_Ecall.scala

```
// CSRのアドレス0x342はmcauseレジスタ
val csr_addr = Mux(csr_cmd === CSR_E, 0x342.U(CSR_ADDR_LEN.W), inst(31,20))
...
val csr_wdata = MuxCase(0.U(WORD_LEN.W), Seq(
  ...
  (csr_cmd === CSR_E) -> 11.U(WORD_LEN.W) // マシンモードからのECALL
))
```

以上でECALL命令のChisel実装は完了です！ ここまでで最低限の命令を実装できたので、次章でriscv-testsを回してみましょう。

第20章

riscv-tests によるテスト

手動で機械語を用意し、命令が正しく動作しているかどうかを担保することは、手間、正確性の両観点から得策ではありません。そこで命令実装の正確性をより簡単に確かめる方法として、riscv-tests[*1]を活用しましょう。

riscv-tests は RISC-V エコシステムでオープンソースとして開発が進められているテストスイートで、命令別の動作確認やCPU性能のベンチマークが可能です。

20-1 riscv-tests のビルド

環境構築したDockerイメージに riscv-tests はダウンロード済みです。これを元にテストコードをビルドしていきましょう。

まずは本書で実装したCPUのPC開始アドレス＝0に合わせて、リンカスクリプトを変更します。リンカスクリプトはメモリ配置を定義し、Cプログラムを機械語に翻訳する際に利用されます。詳しくは「21-3 リンク」で後述するので、今回はPCの開始アドレスを設定できる点だけ理解いただければ問題ありません。

risc-testsのデフォルト設定では開始アドレスは0x80000000となっていますが、これを0x00000000に変更します。

図20.1 link.ldを編集 @Dockerコンテナ

```
$ vim /opt/riscv/riscv-tests/env/p/link.ld
SECTIONS
{
  . = 0x00000000; // "0x80000000"から変更
  ...
}
```

あとはドキュメントどおり、Dockerコンテナ上でビルドします。

[*1] https://github.com/riscv/riscv-tests

図20.2　riscv-testsのビルド@Dockerコンテナ

```
$ cd /opt/riscv/riscv-tests
$ autoconf
$ ./configure --prefix=/src/target # 生成するテストコードの配置ディレクトリを指定
$ make
$ make install
```

これでコンテナ内にマウントしている **/src/target/share/riscv-tests/isa/** ディレクトリにテストコードの ELF ファイル、および dump ファイル群が生成されます。ELF（Executable and Linkable Format）は機械語に翻訳された実行可能なファイルフォーマットです。

テストコードはいくつかのパターンがありますが、今回は次の2種類のコードを利用します。

表20.1　利用するテストコード

prefix	内容	対象命令例
rv32ui-p-	ユーザレベルの 32bit 整数命令テストコード	ADD、SUB、LW、SW命令 etc.
rv32mi-p-	マシンレベルの 32bit 整数命令テストコード	CSR命令、ECALL命令 etc.

ユーザレベルとは最も権限の弱いユーザモードでも実行できる命令、マシンレベルとは最も権限の強いマシンモードでのみ実行できる命令を意味します。

たとえば、ADD命令のテストファイルは次のとおりです。

図20.3　ELF ファイルの確認@Dockerコンテナ

```
$ file /src/target/share/riscv-tests/isa/rv32ui-p-add
rv32ui-p-add: ELF 32-bit LSB executable, UCB RISC-V, version 1 (SYSV), statically
linked, not stripped
```

20-2　ELFファイルをBINファイルへ変換

ELF ファイルはカーネル（OSの中核ソフトウェア）によって再配置可能なシンボル情報を持っており、実行時にメモリアドレスを決定します。自作CPUではカーネルを実装していないので、生のバイナリ（2進数）ファイル = BIN ファイルに変換する必要があります。

図20.4　ELF ファイルをBIN ファイルへ変換@Dockerコンテナ

```
$ mkdir /src/chisel-template/src/riscv
$ cd /src/chisel-template/src/riscv
$ riscv64-unknown-elf-objcopy -O binary /src/target/share/riscv-tests/isa/rv32ui-p
-add rv32ui-p-add.bin
```

riscv64-unknown-elf-objcopy［ELFファイル名］［出力ファイル名］は ELF ファイルを指定した形式へ変換します。今回は **-O binary** オプションにより、出力ファイル形式をバイナ

リファイルに指定します。

以上のコマンドにより、BINファイル**rv32ui-p-add.bin**を生成できました。

20-3 BINファイルのhex化

最後にChiselで読み込むためにBINファイルをhex化（16進数化）します。

図20.5 BINファイルのhex化@Dockerコンテナ

```
$ od -An -tx1 -w1 -v rv32ui-p-add.bin >> rv32ui-p-add.hex
```

odコマンドはファイルを8進数や16進数に変換するコマンドです。利用している4つのオプションは次のような意味を持っています。

表20.2 odコマンドのオプション

オプション名	内容
-An	各行の左端に表示されるアドレス情報を非表示
-t	出力形式を指定。x1だと1byte（8bit）単位で16進数表記
-w	1行あたりのデータ幅を指定。-w1で1行1byteを出力
-v	同一内容の連続行が*で省略されるデフォルト設定を無効化

以上により、次のようなhexファイルを生成できます。

リスト20.1 rv32ui-p-add.hex

```
6f
00
80
04
..
```

20-4 riscv-tests のパス条件

riscv-testsのテストコードが問題なく実行できたかどうかの判別はglobal pointerの値（gp：レジスタx3に該当）が1かどうかで判別します。これはriscv-testsの仕様として決められています。

参考までに、たとえばaddテストのdumpファイルは次のようになっています。

リスト20.2 /src/target/share/riscv-tests/isa/rv32ui-p-add.dump

```
00000000 <_start>:
   0:   0480006f          j       48 <reset_vector>
```

```
00000004 <trap_vector>: # ECALL命令のジャンプ先
   4:   34202f73              csrr    t5,mcause # ECALL命令によりmcause=11なので、
t5=11
   8:   00800f93              li      t6,8
   c:   03ff0863              beq     t5,t6,3c <write_tohost>
  10:   00900f93              li      t6,9
  14:   03ff0463              beq     t5,t6,3c <write_tohost>
  18:   00b00f93              li      t6,11 # t6=11
  1c:   03ff0063              beq     t5,t6,3c <write_tohost> # 条件が成立し、
<write_tohost>へジャンプ
  20:   00000f13              li      t5,0
  24:   000f0463              beqz    t5,2c <trap_vector+0x28>
  28:   000f0067              jr      t5
  2c:   34202f73              csrr    t5,mcause
  30:   000f5463              bgez    t5,38 <handle_exception>
  34:   0040006f              j       38 <handle_exception>

...

0000003c <write_tohost>:
  3c:   00001f17              auipc   t5,0x1
  40:   fc3f2223              sw      gp,-60(t5) # 1000 <tohost>
  44:   ff9ff06f              j       3c <write_tohost> # pc=0x44でテスト終了

...

00000048 <reset_vector>: # 初期化プログラム
  48:   00000093              li      ra,0 # レジスタx1の初期化
  4c:   00000113              li      sp,0 # レジスタx2の初期化
...
 118:   00000297              auipc   t0,0x0
 11c:   eec28293              addi    t0,t0,-276 # t0=4 <trap_vector>
 120:   30529073              csrw    mtvec,t0   # CSRのmtvecにt0=4を書き込み
...
 164:   01428293              addi    t0,t0,20 # t0=174 <test_2>
 168:   34129073              csrw    mepc,t0   # CSRのmepcにt0=174を書き込み
 16c:   f1402573              csrr    a0,mhartid
 170:   30200073              mret # （未実装）mepcをPCにセット、つまりPCが174にな
ります

00000174 <test_2>: # 具体的なテスト開始
 174:   00000093              li      ra,0
 178:   00000113              li      sp,0
 17c:   00208733              add     a4,ra,sp
 180:   00000393              li      t2,0
 184:   00200193              li      gp,2 # gpのカウントアップ
 188:   4c771663              bne     a4,t2,654 <fail>
```

リスト20.2　/src/target/share/riscv-tests/isa/rv32ui-p-add.dump

```
...

00000638 <test_38>: # 最終テストパターン
 638:   01000093            li      ra,16
 63c:   01e00113            li      sp,30
 640:   00208033            add     zero,ra,sp
 644:   00000393            li      t2,0
 648:   02600193            li      gp,38 # gpのカウントアップ
 64c:   00701463            bne     zero,t2,654 <fail>
 650:   02301063            bne     zero,gp,670 <pass>

00000654 <fail>:
 654:   0ff0000f            fence
 658:   00018063            beqz    gp,658 <fail+0x4>
 65c:   00119193            slli    gp,gp,0x1
 660:   0011e193            ori     gp,gp,1
 664:   05d00893            li      a7,93
 668:   00018513            mv      a0,gp
 66c:   00000073            ecall # trap_vectorへジャンプ

00000670 <pass>:
 670:   0ff0000f            fence
 674:   00100193            li      gp,1 # 成功時はgp=1
 678:   05d00893            li      a7,93
 67c:   00000513            li      a0,0
 680:   00000073            ecall # trap_vectorへジャンプ
 684:   c0001073            unimp
```

　オペランド位置に登場する記号は各レジスタの意味をわかりやすくするために付けたABI（Application Binary Interface）名と呼ばれる別名であり、次のように定義されています。

表20.3　レジスタABI名

番号	ABI名	意味
0	zero	定数値ゼロ
1	ra	リターンアドレス
2	sp	スタックポインタ
3	gp	グローバルポインタ
4	tp	スレッドポインタ
5 〜 7	t0 〜 t2	一時レジスタ
8	s0/fp	保存レジスタ、フレームポインタ
9	s1	保存レジスタ
10 〜 17	a0 〜 a7	関数の引数や返り値
18 〜 27	s2 〜 s11	保存レジスタ
28 〜 31	t3 〜 t6	一時レジスタ

　本書の範囲内では、それぞれの細かい役割を理解する必要はありませんが、dump ファイル
に登場する記号が各レジスタを指していることは覚えておいてください。

　それでは dump ファイルの中身について、順番に確認していきましょう。まずはアドレス 0 の
<start> からプログラムが開始し、すぐにアドレス 48 の初期化処理を担う <reset_vector> へ
ジャンプします。初期化処理では、たとえばレジスタの値をすべて 0 に上書きしたり、ECALL
命令のジャンプ先に当たる trap_vector のアドレス 4 が CSR の mtvec に書き込まれたりしてい
ます。

　その際に登場する csrw は疑似命令で、CSR へ書き込むのみで、読み込みは行いません。具
体的には csrrw x0, csr, rs1 に展開され、CSRs[csr] に rs1 データを書き込む一方、rd レジス
タがゼロレジスタとなっており、レジスタへの書き込み値は破棄されます。

　同様に csrr も疑似命令で、CSR を読み出すのみで、書き込みは行いません。具体的には
csrrs rd, csr, x0 に展開され、rd レジスタに CSRs[csr] を書き込む一方、CSRs[csr] の値は
変更されません。

　アドレス 174 から test が複数パターン繰り返され、各パターンごとに gp がカウントアップさ
れていきます。テストに失敗すれば <fail> へ、すべてのテストに成功すれば <pass> へジャン
プし、それぞれ ECALL 命令で例外を発生させ、<trap_vector> へジャンプします。テスト失敗
時は失敗したテスト番号（2 以上の値）が gp に書き込まれているのに対して、<pass> では gp
に 1 が格納されます。

　ECALL 命令で mcause = 11 となっているので、<trap_vector> ではアドレス 1c の分岐命令でへ
ジャンプします。

　<write_tohost> では 40: fc3f2223 sw gp,-60(t5) の命令でメモリアドレス 1000 に gp を
ストアするという処理を永遠にループする形となっています。そのため、Core クラスの exit 信
号を用いて、pc=0x44 となった際にテストを終了させるように実装すればよいことがわかりま
す。

　ちなみに <fail> と <pass> の頭の FENCE 命令は本書では未実装ですが、メモリバリア（フェ
ンス）と呼ばれるもので、メモリバリア前のメモリロード／ストア命令や I/O 処理をすべて終了
させてから、メモリバリア後の命令を実行するように制御します。本書の実装では命令は順番
どおりに実行され、I/O 処理を待つ必要がある場面が発生しませんが、たとえばアウトオブオー
ダーのような命令処理の順番が前後するアーキテクチャの場合では必要な実装になります。

20-5　riscv-tests の実行

　本章の CPU 実装ファイルは、本書 GitHub の chisel-template/src/main/scala/05_
riscvtests ディレクトリに package riscvtests として格納しています。

20-5-1 Chisel の実装

基本的にECALL命令までの実装がベースとなりますが、riscv-testsを実施するにあたって必要となるテストの終了信号exit、パス条件判定用信号gpを追加します。

テストの終了信号exit

Coreクラスのexit信号で、PCが0x44となった際にtrue.Bが立つようにします。

リスト20.3　Core.scala

```
io.exit := (pc_reg === 0x44.U(WORD_LEN.W))
```

パス条件判別信号gp

gp（x3）をパス条件判定用に出力する必要があるので、以下のとおり、CoreクラスとTopクラスそれぞれに出力ポートを追加します。

リスト20.4　Core.scala

```
val io = IO(
  new Bundle {
    ...
    val gp = Output(UInt(WORD_LEN.W)) // 追加
  }
)
...
io.gp := regfile(3) // 追加
...
printf(p"gp : ${regfile(3)}\n") // 追加
```

リスト20.5　Top.scala

```
class Top extends Module {
  val io = IO(new Bundle {
    val exit = Output(Bool())
    val gp   = Output(UInt(WORD_LEN.W)) // 追加
  })
  ...
  io.gp := core.io.gp // 追加
}
```

20-5-2 テストの実行

まずはテストファイルを作成します。FetchTest.scalaとほとんど同じですが、1行だけテストの判別用のコードを追加します。

リスト20.6　chisel-template/src/test/scala/RiscvTests.scala

```
package riscvtests
...
class RiscvTest extends FlatSpec with ChiselScalatestTester {
  behavior of "mycpu"
  it should "work through hex" in {
    test(new Top) { c =>
      while (!c.io.exit.peek().litToBoolean){
        c.clock.step(1)
      }
      c.io.gp.expect(1.U) // 追加
    }
  }
}
```

信号名**.expect()** メソッドは、信号が引数と等しい場合にテストをパスさせます。riscv-tests は gp が1であることがテストのパス条件なので、引数に1.Uを指定しています。

今回はテスト対象として ADD 命令をピックアップしましょう。Memory クラスで riscv-tests のテストコードをロードします。

リスト20.7　Memory.scala

```
loadMemoryFromFile(mem, "src/riscv/rv32ui-p-add.hex")
```

それでは Docker コンテナ上で sbt テストコマンドを実行しましょう。

図20.6　sbt テストコマンド@Docker コンテナ

```
$ cd /src/chisel-template
$ sbt "testOnly riscvtests.RiscvTest"
```

テスト結果は次のようになります。

図20.7　テスト結果

```
...
--------
io.pc    : 0x00000650
inst     : 0x02301063
gp       :              38 # <test_38>終了時のgp
--------

...
--------
io.pc    : 0x00000680 # <pass>のECALL命令
inst     : 0x00000073
gp       :               1 # gp=1を設定
--------

...
--------
```

図20.7　テスト結果

```
io.pc       : 0x00000044 # テスト終了
inst        : 0xff9ff06f
gp          :          1 # gp=1でテストはパス
---------
test Top Success: 0 tests passed in 75 cycles in 0.431198 seconds 173.93 Hz
[info] RiscvTest:
[info] mycpu
[info] - should work through hex
[info] ScalaTest
[info] Run completed in 9 seconds, 677 milliseconds.
[info] Total number of tests run: 1
[info] Suites: completed 1, aborted 0
[info] Tests: succeeded 1, failed 0, canceled 0, ignored 0, pending 0
[info] All tests passed.
[info] Passed: Total 1, Failed 0, Errors 0, Passed 1
[success] Total time: 20 s, completed Jan 24, 2021, 7:01:23 AM
```

以上のとおり、ADD命令テストがパスしていることがわかります。これと同様の流れで各種命令テストが実行可能です。

20-6　一括テストスクリプト

しかし、命令ごとにhexファイルを生成し、Memory.scalaを変更して、テストを実行するのは面倒です。そのため、hexファイルを一括生成するシェルスクリプト（tohex.sh）、および全テストを一括で実行できるシェルスクリプト（riscv_tests.sh）を用意しました。

20-6-1　hexファイルの一括生成：tohex.sh

シェルスクリプトは次のようになります。

リスト20.8　chisel-template/src/shell/tohex.sh

```bash
#!/bin/bash

FILES=/src/target/share/riscv-tests/isa/rv32*i-p-*
SAVE_DIR=/src/chisel-template/src/riscv

for f in $FILES
do
  FILE_NAME="${f##*/}" # $fのファイル名のみ抽出
  if [[ ! $f =~ "dump" ]]; then # dumpファイルをスキップ、ELFファイルのみ抽出
    riscv64-unknown-elf-objcopy -O binary $f $SAVE_DIR/$FILE_NAME.bin
    od -An -tx1 -w1 -v $SAVE_DIR/$FILE_NAME.bin > $SAVE_DIR/$FILE_NAME.hex
    rm -f $SAVE_DIR/$FILE_NAME.bin
  fi
done
```

155

tohex.sh を次のように実行します。

図20.8　tohex.shの実行 @Dockerコンテナ

```
$ cd /src/chisel-template/src/shell
$ ./tohex.sh
```

tohex.shにより、riscv-testsの各ELFファイルをhex化したものを **/src/chisel-template/src/riscv/** ディレクトリに格納できます。

20-6-2　riscv-tests の一括実行：riscv_tests.sh

続いて、riscv_tests.shでは主要なテストパターン（UI：ユーザレベル整数命令、MI：マシンレベル整数命令）を抽出して、各命令ごとにsbtテストコマンドを実行します。

リスト20.9　chisel-template/src/shell/riscv_tests.sh

```bash
#!/bin/bash

# 各命令名の配列
UI_INSTS=(sw lw add addi sub and andi or ori xor xori sll srl sra slli srli srai
slt sltu slti sltiu beq bne blt bge bltu bgeu jal jalr lui auipc)
MI_INSTS=(csr scall)

WORK_DIR=/src/chisel-template
RESULT_DIR=$WORK_DIR/results
mkdir -p $RESULT_DIR
cd $WORK_DIR

function loop_test(){
  INSTS=${!1} # 第一引数を配列として受け取り
  PACKAGE_NAME=$2
  ISA=$3
  DIRECTORY_NAME=$4
  # RiscvTests.scalaのpackage名を$PACKAGE_NAMEに変更
  sed -e "s/{package}/$PACKAGE_NAME/" $WORK_DIR/src/test/resources/RiscvTests.
scala > $WORK_DIR/src/test/scala/RiscvTests.scala

  for INST in ${INSTS[@]}
  do
    echo $INST
    # Memory.scalaのpackage名、hexファイル名を命令ごとに変更
    sed -e "s/{package}/$PACKAGE_NAME/" -e "s/{isa}/$ISA/" -e "s/{inst}/$INST/"
$WORK_DIR/src/main/resources/Memory.scala > $WORK_DIR/src/main/scala/$DIRECTORY_
NAME/Memory.scala

    # sbtテストコマンドを実行し、出力を$RESULT_DIRに保存
    sbt "testOnly $PACKAGE_NAME.RiscvTest" > $RESULT_DIR/$INST.txt
```

```
    done
}

PACKAGE_NAME=$1   # コマンドの第一引数
DIRECTORY_NAME=$2 # コマンドの第二引数
loop_test UI_INSTS[@] $PACKAGE_NAME "ui" $DIRECTORY_NAME
loop_test MI_INSTS[@] $PACKAGE_NAME "mi" $DIRECTORY_NAME
```

`./riscv_tests.sh ［package名］［ディレクトリ名］`でpackageごとにRiscvTests.scala、命令テストごとにMemory.scalaを作成、sbt testコマンドを実行し、テスト結果を`/src/chisel-template/results/`ディレクトリにテキストファイルとして出力しています。package名とディレクトリ名を引数にしている理由は、ほかのpackageでもriscv-testsを実行できるようにするためです。

package名とテスト用のhexファイル名を置換する元となるMemory.scalaは`chisel-template/src/main/resources/`に格納しています。

```
package {package}
  ...
  loadMemoryFromFile(mem, "src/riscv/rv32{isa}-p-{inst}.hex")
  ...
```

package名を置換するRiscvTests.scalaも同様に本書Githubの`chisel-template/src/test/resources/`に格納しています。

```
package {package}
...
```

シェルスクリプトではこれらのファイルをsedコマンドにより、package、命令ごとに置換しています。

さて、riscv_tests.shを次のようにDockerコンテナで実行することで、全命令のテストを一括実行できます。

図20.9　riscv_tests.shの実行 @Dockerコンテナ

```
$ cd /src/chisel-template/src/shell
$ ./riscv_tests.sh riscvtests 05_RiscvTests
```

一括テスト終了後、`/src/chisel-template/results/`ディレクトリに各命令別のテスト結果ファイルが出力されます。実際に各ファイルを確認すると、すべての命令でテストに成功していることがわかります。以上でriscv-testsによるテストは完了です！

第21章
Cプログラムを
動かしてみよう

　ここまで実装してきたCPUはあくまで基本的な命令を実装したのみで、決して高性能なものではありません。しかし、簡単なCプログラムを実行するには十分な機能を備えていることも事実です。そこで本章では自作CPU上でCプログラムを動かすことをゴールに掲げましょう。

　Cプログラムを実行するには次の手順を踏みます。

①Cプログラムの作成
②コンパイル
③リンク
④機械語のhex化
⑤ChiselTestによるテスト実行

　今回のCore実装ファイルは本書GitHubの**chisel-template/src/main/scala/06_ctest/**ディレクトリに**package ctest**として格納しています。

21-1　Cプログラム作成

本例では次のようなif文を含むCプログラムを扱います。

リスト21.1　chisel-template/src/c/ctest.c

```
#include <stdio.h>

int main()
{
  const unsigned int x = 1;
  const unsigned int y = 2;
  unsigned int z = x + y;
  if (z == 1)
  {
    z = z + 1;
  }
```

```
    else
    {
      z = z + 2;
    }
    asm volatile("unimp");
    return 0;
}
```

　`asm();`はインラインアセンブラと呼ばれ、アセンブリ言語を直接記述できます。`volatile`キーワードはコンパイラによる最適化を無効にします。これは記述したアセンブリ言語が意図しない形に変更されることを防ぐためです。

　unimp命令は、非実装命令（unimplement）を意味しており、後述するコンパイラriscv64-unknown-elf-gccでは"C0001073"という命令bitに翻訳されます。これは`CSRRW x0, cycle, x0`を意味しており、CSRの1つであるcycle（アドレス0xC00）がread-onlyであるため、例外を発生させます（cycleは実行サイクル数が記録されるレジスタです）。今回はCSRの読み書き可否まで実装していないので、Core側でこの命令bitを検知した際、exit信号にtrue.Bを立てるようにします。

リスト21.2　Core.scala
```
io.exit := (inst === UNIMP)
```

リスト21.3　Consts.scala
```
val UNIMP = "x_c0001073".U(WORD_LEN.W)
```

　ただし、unimp命令のbit列を定義する際にScalaのString型をUInt型に変換している点に注意してください。"c0001073"は2進数で表現すると"11000000000000000001000001110011"となり、最上位bitが1となります。そのため、"c0001073"はScala上では32bitのInt型"-1073737613"と負の値として扱われます。すると`0xc0001073.U`ではUIntが負数を受け付けないので、Chiselのコンパイル時にエラーが発生します。

　一方、ScalaのString型をChiselのUInt型へ変換する場合、Chiselが桁数に関係なくUInt型へ変換します。ただし、Stringを16進数表記にするために、String型にxまたはx_を先頭に付加する必要があります。

21-2　コンパイル

　上記のCプログラムを自作CPU上で実行するためには、機械語へ翻訳、つまりコンパイルする必要があります。コンパイルするソフトウェアをコンパイラと呼びますが、CPU自作の文脈ではコンパイラ自体も自作することが少なくありません。なぜなら、オリジナルISAを元に

CPU を自作した場合は、その ISA の機械語を出力するコンパイラも存在しないからです。

しかし、本書では RISC-V という標準的な ISA を採用しており、そのエコシステムのおかげでオープンソースの GCC（GNU Compiler Collection）が提供する RISC-V 用コンパイラを利用できます。

図21.1　コンパイル @Docker コンテナ

```
$ cd /src/chisel-template/src/c
$ riscv64-unknown-elf-gcc -march=rv32i -mabi=ilp32 -c -o ctest.o ctest.c
```

riscv64-unknown-elf-gcc［ソースファイル名］コマンドがコンパイラでコンパイルを実行するための基本的なコマンド書式になります。

表21.1　riscv64-unknown-elf-gcc のオプション

オプション名	意味
-march=\<ISA>	ISA の指定
-mabi=\<ABI>	ABI の指定
-c	コンパイルするが、リンクしない
-o \<file>	出力ファイル名の指定

ISA として指定している rv32i は、RISC-V 32bit の基本整数命令セット I を意味しています。たとえば、乗除命令セット M を加える場合は、rv32im と指定します。この ISA オプションで指定した命令セットの範囲内でコンパイルされます。

ABI（Application Binary Interface）は、アプリケーションとシステム（OS など）のバイナリレベルのインターフェースであり、データ型やサイズ情報、第20章の表20.3で紹介したレジスタの ABI 名などを定義します。本例で指定している ilp32 は int、long、pointer のすべてが 32bit、long long が 64bit、char が 8bit、short が 16bit であることを意味しています。

本コンパイルコマンドで生成される ctest.o は再配置可能（relocatable）な ELF ファイルです。再配置可能というのは変数や関数が特定のアドレスに紐付いておらず、シンボル情報として残っていることを意味しています。

図21.2　ctest.o のファイル形式確認 @Docker コンテナ

```
$ file ctest.o
ctest.o: ELF 32-bit LSB relocatable, UCB RISC-V, version 1 (SYSV), not stripped
```

Column

コンパイルとアセンブル

C プログラムを機械語へ翻訳する流れを細かく見ると、次のようになります。

図21.3　コンパイルの流れ

C プログラムを機械語へ翻訳する流れは広義のコンパイルに該当します。広義のコンパイルはさらに
アセンブリ言語へ翻訳する狭義のコンパイル、機械語へ翻訳するアセンブルに分かれます。

gcc コマンドの実体は、狭義のコンパイルとアセンブルを順番に実行するプログラムです。たとえば、
riscv64-unknown-elf-gcc コマンドで -c オプションの代わりに -S オプションを指定すると、狭義の
コンパイルのみで処理をストップし、翻訳されたアセンブリ言語を出力できます。

図21.4　狭義のコンパイル

```
$ riscv64-unknown-elf-gcc -march=rv32i -mabi=ilp32 -S ctest.c
$ cat ctest.s
  .file "ctest.c"
  .option nopic
  .option checkconstraints
  .attribute arch, "rv32i2p0"
  .attribute unaligned_access, 0
  .attribute stack_align, 16
  .text
  .align       2
  .globl       main
  .type main, @function
main:
  addi   sp,sp,-32
  sw     s0,28(sp)
  addi   s0,sp,32
  li     a5,1
...
```

アセンブリ言語を機械語へ翻訳（アセンブル）するには、riscv64-unknown-elf-as コマンドを利
用します。

図21.5　アセンブル

```
$ riscv64-unknown-elf-as -o ctest.o ctest.S
```

21-3 ○ リンク

再配置可能なファイル群を結合し、特定のアドレスに紐付け、実行可能ファイルに変換する作業をリンクと呼びます。多くの場合において、複数ファイルがリンク対象になりますが、今回はctest.oの1ファイルだけです。

リンク方法はリンカスクリプトlink.ldで指定します。

リスト21.4　chisel-template/src/c/link.ld

```
SECTIONS
{
  . = 0x00000000;
  .text : { *(.text) }
}
```

`. = 0x00000000;`の.は現在のアドレスを意味しており、現在のアドレス＝開始アドレスを0に設定しています。

コンパイル時にはセクションごとに決められたデータを格納します。".text"セクションには、プログラムの機械語が書き込まれます。

また、`{ *(.text) }`は任意のオブジェクトファイル（*）の.textセクションを意味しています。今回はctest.oのみが与えられているので、`{ ctest.o(.text) }`と同義です。つまり、`.text : { *(.text) }`は、.textセクションに、ctest.oの.textセクションを配置するよう決めています。

ここまでの話をまとめると、このlink.ldによって、アドレス0からctest.cのmain関数が配置されます。このlink.ldを使って、riscv64-unknown-elf-ldコマンドにより実行可能ファイルctestを生成します。

図21.6　リンク@Dockerコンテナ

```
$ riscv64-unknown-elf-ld -b elf32-littleriscv ctest.o -T link.ld -o ctest
```

`riscv64-unknown-elf-ld [ソースファイル名]`がリンクコマンドです。riscv64-unknown-elf-ldのオプション は次のようになります。

表21.2　riscv64-unknown-elf-ldのオプション

オプション名	意味
-b <TARGET>	ターゲットアーキテクチャを指定
-T <FILE>	読み込むリンカスクリプトファイルを指定
-o <FILE>	出力ファイル名を指定

-bオプションで指定した"elf32-littleriscv"はRISC-V32bitのアーキテクチャを意味しています。RISC-V64bitアーキテクチャは"elf64-littleriscv"と表記します。

以上で実行可能（executable）ファイル ctest を生成できました。

図21.7　ctestのファイル形式確認＠Dockerコンテナ

```
$ file ctest
ctest: ELF 32-bit LSB executable, UCB RISC-V, version 1 (SYSV), statically linked,
not stripped
```

21-4　機械語の hex 化と dump ファイルの生成

最後にriscv-testsと同様にhex化およびdumpファイルの生成を実行しましょう。hexファイルは **chisel-template/src/hex/**、dumpファイルは **chisel-template/src/dump/** に出力するようにしています。

図21.8　hexおよびdumpファイルの生成＠Dockerコンテナ

```
$ cd /src/chisel-template/src/c
$ riscv64-unknown-elf-objcopy -O binary ctest ctest.bin
$ od -An -tx1 -w1 -v ctest.bin > ../hex/ctest.hex
$ riscv64-unknown-elf-objdump -b elf32-littleriscv -D ctest > ../dump/ctest.elf.dmp
```

リスト21.5　chisel-template/src/dump/ctest.elf.dmp

```
00000000 <main>:
    0:	fe010113          	addi	sp,sp,-32
    4:	00812e23          	sw	s0,28(sp)
    8:	02010413          	addi	s0,sp,32
    c:	00100793          	li	a5,1
   10:	fef42623          	sw	a5,-20(s0)
   14:	00200793          	li	a5,2
   18:	fef42423          	sw	a5,-24(s0)
   1c:	fec42703          	lw	a4,-20(s0)
   20:	fe842783          	lw	a5,-24(s0)
   24:	00f707b3          	add	a5,a4,a5
   28:	fef42223          	sw	a5,-28(s0)
   2c:	fe442703          	lw	a4,-28(s0)
   30:	00100793          	li	a5,1
   34:	00f71a63          	bne	a4,a5,48 <main+0x48>
   38:	fe442783          	lw	a5,-28(s0)
   3c:	00178793          	addi	a5,a5,1
   40:	fef42223          	sw	a5,-28(s0)
   44:	0100006f          	j	54 <main+0x54>
   48:	fe442783          	lw	a5,-28(s0)
   4c:	00278793          	addi	a5,a5,2
   50:	fef42223          	sw	a5,-28(s0)
   54:	c0001073          	unimp
```

21-5　テストの実行

FetchTest.scalaをpackage名のみctestへ変更したテストファイルCTest.scalaを作成したうえで、sbtテストコマンドを実行します。

リスト21.6　chisel-template/src/test/scala/CTest.scala

```
package ctest
...
```

sbtテストコマンドは次のようになります。

図21.9　sbtテストコマンド@Dockerコンテナ

```
$ cd /src/chisel-template
$ sbt "testOnly ctest.HexTest"
```

テスト結果は次のようになります。

図21.10　テスト結果

```
# add    a5,a4,a5
---------
io.pc       : 0x00000024
inst        : 0x00f707b3
rs1_addr    : 14
rs2_addr    : 15
wb_addr     : 15
rs1_data    : 0x00000001
rs2_data    : 0x00000002
wb_data     : 0x00000003 # 1 + 2 = 3
---------

...
# bne    a4,a5,48
---------
io.pc       : 0x00000034
pc_next     : 0x00000048 # if条件が不成立のため、アドレス48へジャンプ
inst        : 0x00f71a63
rs1_addr    : 14
rs2_addr    : 15
rs1_data    : 0x00000003 # a5=3(z)
rs2_data    : 0x00000001 # a4=1
---------

...
# addi   a5,a5,2
---------
io.pc       : 0x0000004c
inst        : 0x00278793
rs1_addr    : 15
```

```
wb_addr    :  15
rs1_data   :  0x00000003 # z
wb_data    :  0x00000005 # z = z + 2
```

　以上のとおり、加算、条件分岐が問題なく実行されています。非常にシンプルなCプログラムが動作しただけなので、その結果自体は当たり前に感じるかもしれません。しかし、シミュレーション上ではあるものの、この結果は間違いなく自身で実装したCPU上で算出されたものです。

　基本的な機能のみではありますが、動作に耐えるCPUを自作できたとして第Ⅱ部を締めくくります。第Ⅱ部で実装した内容は次の図のようになります。

図21.11　第Ⅱ部で完成した実装

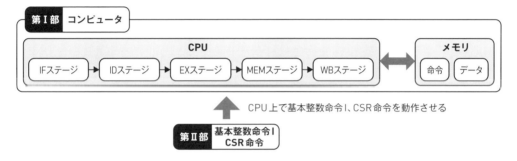

第III部

パイプラインの
実装

第22章

パイプラインとは

ここまでで個々の命令に関して、その処理内容を学び、実際にChiselで実装してきました。本章では目線を一段階引き上げて、複数の命令を効率的に処理する技術「パイプライン処理」を紹介します。

図22.1　第Ⅲ部の立ち位置

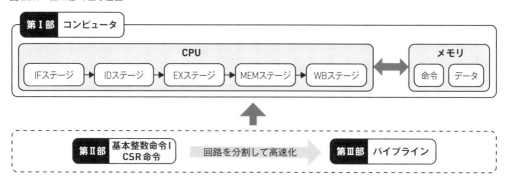

22-1　パイプライン処理の意義

パイプライン処理とは、1つの命令をいくつかの段階に分割実行させることで、複数の命令を並列実行する方法を指します。

たとえば、ある命令を4サイクルで実行する回路があるとします。この命令を3回繰り返すプログラムを逐次処理すると、4×3 = 12サイクルかかります。

表22.1　逐次処理のイメージ

サイクル	1	2	3	4	5	6	7	8	9	10	11	12
回路	命令1				命令2				命令3			

そこでこの命令をAとBという2つの段階に分割して処理します。A、B各段階での処理は

共に2サイクル必要で、BはAの処理結果を利用するため、前後依存性を持つとします。この分割により、次のように8サイクルで命令を3回実行可能になります。

表22.2 パイプライン化

サイクル	1	2	3	4	5	6	7	8
回路A	命令1-A		命令2-A		命令3-A			
回路B			命令1-B		命令2-B		命令3-B	

2つの段階に分割することで、AとBを同時稼働させられる点がポイントです。A、Bそれぞれでの処理をパイプラインステージと呼び、本例は2ステージとなります。

このパイプラインステージ数が多いほど、パイプライン効率は高まります。たとえば、前述の各ステージをさらに2ステージ（AをA'とA''、BをB'とB''）に分割し、いずれも1サイクルで処理を遂行できるとします。すると、3つの命令実行に要する時間は計6サイクルに短縮されます。

表22.3 パイプラインステージの細分化

サイクル	1	2	3	4	5	6
回路A'	命令1-A'	命令2-A'	命令3-A'			
回路A''		命令1-A''	命令2-A''	命令3-A''		
回路B'			命令1-B'	命令2-B'	命令3-B'	
回路B''				命令1-B''	命令2-B''	命令3-B''

このようにパイプラインステージを多くするためには、演算ユニットを細かく実装することが求められます。1つの洗濯乾燥機を利用するよりも、洗濯機と乾燥機をそれぞれ別で利用したほうが洗濯作業のスループットが増えるイメージです。

スループットとは単位時間あたりに処理できる量を意味しています。一方、レイテンシとはシステムに対して要求してからレスポンスがあるまでの遅延時間を指します。

前述のパイプライン化の例では、非パイプライン化回路の場合、3つの処理を完了させるためにかかる時間＝レイテンシは12サイクル、1サイクルあたりの処理数＝スループットは3/12＝0.25となります。表22.2ではレイテンシは8サイクル、スループットは3/8＝0.375でともに向上していることがわかります。

22-2 CPU処理のパイプライン化

命令フェッチからレジスタライトバックまでの各ステージをパイプライン化すると、次のようになります。

表22.4　一般的なプロセッサのパイプラインステージ

サイクル	1	2	3	4	5	6	7
命令1	IF	ID	EX	MEM	WB		
命令2		IF	ID	EX	MEM	WB	
命令3			IF	ID	EX	MEM	WB

　しかし、上記のように単純な回路分割だけでは、パイプライン処理を実装するには不十分です。確かに回路は概念的に分割されていますが、物理的には1つの回路にまとまってしまっており、各命令がどのステージまで進んだのか識別できません。

　この問題を解決するのが、レジスタによるクロック同期回路です。各パイプラインステージ間にレジスタを設置して、クロック立ち上がりエッジでの各ステージの出力をレジスタに記録します。これにより、2ステージ以上先に出力が伝播することを防ぎ、確実に1サイクルで1ステージの処理を進められます。

図22.2　パイプラインレジスタ

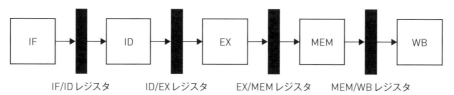

IF/IDレジスタ　　　ID/EXレジスタ　　　EX/MEMレジスタ　　　MEM/WBレジスタ

　細かくレジスタを経由させると、一見処理速度は落ちそうに思えます。確かにパイプラインレジスタやその周辺の制御回路の増加により回路規模は増加します。しかし、1サイクルで処理すべき演算量が減るためサイクル周期を短縮できることに加えて、パイプライン処理によりCPUのスループットの向上が見込めます。

22-3　第III部で完成するChiselコード

　次章以降で実装するパイプライン化CPUの完成コードCore.scalaをあらかじめ記載しておきます。今回はTop.scalaとMemory.scalaに変更点はありません。コード全体を見渡したくなった際はこちらを参照してください。

リスト22.1　chisel-template/src/main/scala/09_pipeline_datahazard/Core.scala

```
package pipeline_datahazard

import chisel3._
import chisel3.util._
import common.Instructions._
```

```scala
import common.Consts._

class Core extends Module {
  val io = IO(
    new Bundle {
      val imem = Flipped(new ImemPortIo())
      val dmem = Flipped(new DmemPortIo())
      val gp   = Output(UInt(WORD_LEN.W))
      val exit = Output(Bool())
    }
  )

  val regfile = Mem(32, UInt(WORD_LEN.W))
  val csr_regfile = Mem(4096, UInt(WORD_LEN.W))


  //*********************************
  // Pipeline State Registers

  // IF/ID State
  val id_reg_pc             = RegInit(0.U(WORD_LEN.W))
  val id_reg_inst           = RegInit(0.U(WORD_LEN.W))

  // ID/EX State
  val exe_reg_pc            = RegInit(0.U(WORD_LEN.W))
  val exe_reg_wb_addr       = RegInit(0.U(ADDR_LEN.W))
  val exe_reg_op1_data      = RegInit(0.U(WORD_LEN.W))
  val exe_reg_op2_data      = RegInit(0.U(WORD_LEN.W))
  val exe_reg_rs2_data      = RegInit(0.U(WORD_LEN.W))
  val exe_reg_exe_fun       = RegInit(0.U(EXE_FUN_LEN.W))
  val exe_reg_mem_wen       = RegInit(0.U(MEN_LEN.W))
  val exe_reg_rf_wen        = RegInit(0.U(REN_LEN.W))
  val exe_reg_wb_sel        = RegInit(0.U(WB_SEL_LEN.W))
  val exe_reg_csr_addr      = RegInit(0.U(CSR_ADDR_LEN.W))
  val exe_reg_csr_cmd       = RegInit(0.U(CSR_LEN.W))
  val exe_reg_imm_i_sext    = RegInit(0.U(WORD_LEN.W))
  val exe_reg_imm_s_sext    = RegInit(0.U(WORD_LEN.W))
  val exe_reg_imm_b_sext    = RegInit(0.U(WORD_LEN.W))
  val exe_reg_imm_u_shifted = RegInit(0.U(WORD_LEN.W))
  val exe_reg_imm_z_uext    = RegInit(0.U(WORD_LEN.W))

  // EX/MEM State
  val mem_reg_pc            = RegInit(0.U(WORD_LEN.W))
  val mem_reg_wb_addr       = RegInit(0.U(ADDR_LEN.W))
  val mem_reg_op1_data      = RegInit(0.U(WORD_LEN.W))
  val mem_reg_rs2_data      = RegInit(0.U(WORD_LEN.W))
  val mem_reg_mem_wen       = RegInit(0.U(MEN_LEN.W))
  val mem_reg_rf_wen        = RegInit(0.U(REN_LEN.W))
```

```
val mem_reg_wb_sel       = RegInit(0.U(WB_SEL_LEN.W))
val mem_reg_csr_addr     = RegInit(0.U(CSR_ADDR_LEN.W))
val mem_reg_csr_cmd      = RegInit(0.U(CSR_LEN.W))
val mem_reg_imm_z_uext   = RegInit(0.U(WORD_LEN.W))
val mem_reg_alu_out      = RegInit(0.U(WORD_LEN.W))

// MEM/WB State
val wb_reg_wb_addr       = RegInit(0.U(ADDR_LEN.W))
val wb_reg_rf_wen        = RegInit(0.U(REN_LEN.W))
val wb_reg_wb_data       = RegInit(0.U(WORD_LEN.W))


//*******************************
// Instruction Fetch (IF) Stage

val if_reg_pc = RegInit(START_ADDR)
io.imem.addr := if_reg_pc
val if_inst = io.imem.inst

val stall_flg     = Wire(Bool())
val exe_br_flg    = Wire(Bool())
val exe_br_target = Wire(UInt(WORD_LEN.W))
val exe_jmp_flg   = Wire(Bool())
val exe_alu_out   = Wire(UInt(WORD_LEN.W))

val if_pc_plus4 = if_reg_pc + 4.U(WORD_LEN.W)
val if_pc_next = MuxCase(if_pc_plus4, Seq(
  // 優先順位重要！　ジャンプ成立とストールが同時発生した場合、ジャンプ処理を優先
  exe_br_flg            -> exe_br_target,
  exe_jmp_flg           -> exe_alu_out,
  (if_inst === ECALL)   -> csr_regfile(0x305), // go to trap_vector
  stall_flg             -> if_reg_pc, // stall
))
if_reg_pc := if_pc_next


//*******************************
// IF/ID Register
id_reg_pc   := Mux(stall_flg, id_reg_pc, if_reg_pc)
id_reg_inst := MuxCase(if_inst, Seq(
  // 優先順位重要！　ジャンプ成立とストールが同時発生した場合、ジャンプ処理を優先
  (exe_br_flg || exe_jmp_flg) -> BUBBLE,
  stall_flg -> id_reg_inst
))


//*******************************
// Instruction Decode (ID) Stage
```

```scala
// stall_flg検出用にレジスタ番号のみいったんデコード
val id_rs1_addr_b = id_reg_inst(19, 15)
val id_rs2_addr_b = id_reg_inst(24, 20)

// EXとのデータハザード→stall
val id_rs1_data_hazard = (exe_reg_rf_wen === REN_S) && (id_rs1_addr_b =/= 0.U) &
& (id_rs1_addr_b === exe_reg_wb_addr)
val id_rs2_data_hazard = (exe_reg_rf_wen === REN_S) && (id_rs2_addr_b =/= 0.U) &
& (id_rs2_addr_b === exe_reg_wb_addr)
stall_flg := (id_rs1_data_hazard || id_rs2_data_hazard)

// branch,jump,stall時にIDをBUBBLE化
val id_inst = Mux((exe_br_flg || exe_jmp_flg || stall_flg), BUBBLE, id_reg_inst)

val id_rs1_addr = id_inst(19, 15)
val id_rs2_addr = id_inst(24, 20)
val id_wb_addr  = id_inst(11, 7)

val mem_wb_data = Wire(UInt(WORD_LEN.W))
val id_rs1_data = MuxCase(regfile(id_rs1_addr), Seq(
  (id_rs1_addr === 0.U) -> 0.U(WORD_LEN.W),
  ((id_rs1_addr === mem_reg_wb_addr) && (mem_reg_rf_wen === REN_S)) -> mem_wb_da
ta,   // MEMからフォワーディング
  ((id_rs1_addr === wb_reg_wb_addr ) && (wb_reg_rf_wen  === REN_S)) -> wb_reg_wb
_data // WBからフォワーディング
))
val id_rs2_data = MuxCase(regfile(id_rs2_addr),  Seq(
  (id_rs2_addr === 0.U) -> 0.U(WORD_LEN.W),
  ((id_rs2_addr === mem_reg_wb_addr) && (mem_reg_rf_wen === REN_S)) -> mem_wb_da
ta,   // MEMからフォワーディング
  ((id_rs2_addr === wb_reg_wb_addr ) && (wb_reg_rf_wen  === REN_S)) -> wb_reg_wb
_data // WBからフォワーディング
))

val id_imm_i = id_inst(31, 20)
val id_imm_i_sext = Cat(Fill(20, id_imm_i(11)), id_imm_i)
val id_imm_s = Cat(id_inst(31, 25), id_inst(11, 7))
val id_imm_s_sext = Cat(Fill(20, id_imm_s(11)), id_imm_s)
val id_imm_b = Cat(id_inst(31), id_inst(7), id_inst(30, 25), id_inst(11, 8))
val id_imm_b_sext = Cat(Fill(19, id_imm_b(11)), id_imm_b, 0.U(1.U))
val id_imm_j = Cat(id_inst(31), id_inst(19, 12), id_inst(20), id_inst(30, 21))
val id_imm_j_sext = Cat(Fill(11, id_imm_j(19)), id_imm_j, 0.U(1.U))
val id_imm_u = id_inst(31,12)
val id_imm_u_shifted = Cat(id_imm_u, Fill(12, 0.U))
val id_imm_z = id_inst(19,15)
val id_imm_z_uext = Cat(Fill(27, 0.U), id_imm_z)
```

```scala
  val csignals = ListLookup(id_inst,
              List(ALU_X    , OP1_RS1, OP2_RS2, MEN_X, REN_X, WB_X   , CSR_X),
    Array(
      LW    -> List(ALU_ADD  , OP1_RS1, OP2_IMI, MEN_X, REN_S, WB_MEM, CSR_X),
      SW    -> List(ALU_ADD  , OP1_RS1, OP2_IMS, MEN_S, REN_X, WB_X   , CSR_X),
      ADD   -> List(ALU_ADD  , OP1_RS1, OP2_RS2, MEN_X, REN_S, WB_ALU, CSR_X),
      ADDI  -> List(ALU_ADD  , OP1_RS1, OP2_IMI, MEN_X, REN_S, WB_ALU, CSR_X),
      SUB   -> List(ALU_SUB  , OP1_RS1, OP2_RS2, MEN_X, REN_S, WB_ALU, CSR_X),
      AND   -> List(ALU_AND  , OP1_RS1, OP2_RS2, MEN_X, REN_S, WB_ALU, CSR_X),
      OR    -> List(ALU_OR   , OP1_RS1, OP2_RS2, MEN_X, REN_S, WB_ALU, CSR_X),
      XOR   -> List(ALU_XOR  , OP1_RS1, OP2_RS2, MEN_X, REN_S, WB_ALU, CSR_X),
      ANDI  -> List(ALU_AND  , OP1_RS1, OP2_IMI, MEN_X, REN_S, WB_ALU, CSR_X),
      ORI   -> List(ALU_OR   , OP1_RS1, OP2_IMI, MEN_X, REN_S, WB_ALU, CSR_X),
      XORI  -> List(ALU_XOR  , OP1_RS1, OP2_IMI, MEN_X, REN_S, WB_ALU, CSR_X),
      SLL   -> List(ALU_SLL  , OP1_RS1, OP2_RS2, MEN_X, REN_S, WB_ALU, CSR_X),
      SRL   -> List(ALU_SRL  , OP1_RS1, OP2_RS2, MEN_X, REN_S, WB_ALU, CSR_X),
      SRA   -> List(ALU_SRA  , OP1_RS1, OP2_RS2, MEN_X, REN_S, WB_ALU, CSR_X),
      SLLI  -> List(ALU_SLL  , OP1_RS1, OP2_IMI, MEN_X, REN_S, WB_ALU, CSR_X),
      SRLI  -> List(ALU_SRL  , OP1_RS1, OP2_IMI, MEN_X, REN_S, WB_ALU, CSR_X),
      SRAI  -> List(ALU_SRA  , OP1_RS1, OP2_IMI, MEN_X, REN_S, WB_ALU, CSR_X),
      SLT   -> List(ALU_SLT  , OP1_RS1, OP2_RS2, MEN_X, REN_S, WB_ALU, CSR_X),
      SLTU  -> List(ALU_SLTU , OP1_RS1, OP2_RS2, MEN_X, REN_S, WB_ALU, CSR_X),
      SLTI  -> List(ALU_SLT  , OP1_RS1, OP2_IMI, MEN_X, REN_S, WB_ALU, CSR_X),
      SLTIU -> List(ALU_SLTU , OP1_RS1, OP2_IMI, MEN_X, REN_S, WB_ALU, CSR_X),
      BEQ   -> List(BR_BEQ   , OP1_RS1, OP2_RS2, MEN_X, REN_X, WB_X   , CSR_X),
      BNE   -> List(BR_BNE   , OP1_RS1, OP2_RS2, MEN_X, REN_X, WB_X   , CSR_X),
      BGE   -> List(BR_BGE   , OP1_RS1, OP2_RS2, MEN_X, REN_X, WB_X   , CSR_X),
      BGEU  -> List(BR_BGEU  , OP1_RS1, OP2_RS2, MEN_X, REN_X, WB_X   , CSR_X),
      BLT   -> List(BR_BLT   , OP1_RS1, OP2_RS2, MEN_X, REN_X, WB_X   , CSR_X),
      BLTU  -> List(BR_BLTU  , OP1_RS1, OP2_RS2, MEN_X, REN_X, WB_X   , CSR_X),
      JAL   -> List(ALU_ADD  , OP1_PC , OP2_IMJ, MEN_X, REN_S, WB_PC , CSR_X),
      JALR  -> List(ALU_JALR , OP1_RS1, OP2_IMI, MEN_X, REN_S, WB_PC , CSR_X),
      LUI   -> List(ALU_ADD  , OP1_X  , OP2_IMU, MEN_X, REN_S, WB_ALU, CSR_X),
      AUIPC -> List(ALU_ADD  , OP1_PC , OP2_IMU, MEN_X, REN_S, WB_ALU, CSR_X),
      CSRRW -> List(ALU_COPY1, OP1_RS1, OP2_X  , MEN_X, REN_S, WB_CSR, CSR_W),
      CSRRWI-> List(ALU_COPY1, OP1_IMZ, OP2_X  , MEN_X, REN_S, WB_CSR, CSR_W),
      CSRRS -> List(ALU_COPY1, OP1_RS1, OP2_X  , MEN_X, REN_S, WB_CSR, CSR_S),
      CSRRSI-> List(ALU_COPY1, OP1_IMZ, OP2_X  , MEN_X, REN_S, WB_CSR, CSR_S),
      CSRRC -> List(ALU_COPY1, OP1_RS1, OP2_X  , MEN_X, REN_S, WB_CSR, CSR_C),
      CSRRCI-> List(ALU_COPY1, OP1_IMZ, OP2_X  , MEN_X, REN_S, WB_CSR, CSR_C),
      ECALL -> List(ALU_X    , OP1_X  , OP2_X  , MEN_X, REN_X, WB_X   , CSR_E)
    )
  )
  val id_exe_fun :: id_op1_sel :: id_op2_sel :: id_mem_wen :: id_rf_wen :: id_wb_s
el :: id_csr_cmd :: Nil = csignals

  val id_op1_data = MuxCase(0.U(WORD_LEN.W), Seq(
    (id_op1_sel === OP1_RS1) -> id_rs1_data,
```

```scala
    (id_op1_sel === OP1_PC)  -> id_reg_pc,
    (id_op1_sel === OP1_IMZ) -> id_imm_z_uext
  ))
  val id_op2_data = MuxCase(0.U(WORD_LEN.W), Seq(
    (id_op2_sel === OP2_RS2) -> id_rs2_data,
    (id_op2_sel === OP2_IMI) -> id_imm_i_sext,
    (id_op2_sel === OP2_IMS) -> id_imm_s_sext,
    (id_op2_sel === OP2_IMJ) -> id_imm_j_sext,
    (id_op2_sel === OP2_IMU) -> id_imm_u_shifted
  ))

  val id_csr_addr = Mux(id_csr_cmd === CSR_E, 0x342.U(CSR_ADDR_LEN.W), id_inst(31,20))


  //**********************************
  // ID/EX register
  exe_reg_pc           := id_reg_pc
  exe_reg_op1_data     := id_op1_data
  exe_reg_op2_data     := id_op2_data
  exe_reg_rs2_data     := id_rs2_data
  exe_reg_wb_addr      := id_wb_addr
  exe_reg_rf_wen       := id_rf_wen
  exe_reg_exe_fun      := id_exe_fun
  exe_reg_wb_sel       := id_wb_sel
  exe_reg_imm_i_sext   := id_imm_i_sext
  exe_reg_imm_s_sext   := id_imm_s_sext
  exe_reg_imm_b_sext   := id_imm_b_sext
  exe_reg_imm_u_shifted := id_imm_u_shifted
  exe_reg_imm_z_uext   := id_imm_z_uext
  exe_reg_csr_addr     := id_csr_addr
  exe_reg_csr_cmd      := id_csr_cmd
  exe_reg_mem_wen      := id_mem_wen


  //**********************************
  // Execute (EX) Stage

  exe_alu_out := MuxCase(0.U(WORD_LEN.W), Seq(
    (exe_reg_exe_fun === ALU_ADD)  -> (exe_reg_op1_data + exe_reg_op2_data),
    (exe_reg_exe_fun === ALU_SUB)  -> (exe_reg_op1_data - exe_reg_op2_data),
    (exe_reg_exe_fun === ALU_AND)  -> (exe_reg_op1_data & exe_reg_op2_data),
    (exe_reg_exe_fun === ALU_OR)   -> (exe_reg_op1_data | exe_reg_op2_data),
    (exe_reg_exe_fun === ALU_XOR)  -> (exe_reg_op1_data ^ exe_reg_op2_data),
    (exe_reg_exe_fun === ALU_SLL)  -> (exe_reg_op1_data << exe_reg_op2_data(4, 0)
)(31, 0),
    (exe_reg_exe_fun === ALU_SRL)  -> (exe_reg_op1_data >> exe_reg_op2_data(4, 0)
).asUInt(),
    (exe_reg_exe_fun === ALU_SRA)  -> (exe_reg_op1_data.asSInt() >> exe_reg_op2_
```

リスト 22.1　chisel-template/src/main/scala/09_pipeline_datahazard/Core.scala

```scala
data(4, 0)).asUInt(),
    (exe_reg_exe_fun === ALU_SLT)  -> (exe_reg_op1_data.asSInt() < exe_reg_op2_da
ta.asSInt()).asUInt(),
    (exe_reg_exe_fun === ALU_SLTU) -> (exe_reg_op1_data < exe_reg_op2_data).asUInt(),
    (exe_reg_exe_fun === ALU_JALR) -> ((exe_reg_op1_data + exe_reg_op2_data) & ~1
.U(WORD_LEN.W)),
    (exe_reg_exe_fun === ALU_COPY1) -> exe_reg_op1_data
  ))

  // branch
  exe_br_flg := MuxCase(false.B, Seq(
    (exe_reg_exe_fun === BR_BEQ)  -> (exe_reg_op1_data === exe_reg_op2_data),
    (exe_reg_exe_fun === BR_BNE)  -> !(exe_reg_op1_data === exe_reg_op2_data),
    (exe_reg_exe_fun === BR_BLT)  -> (exe_reg_op1_data.asSInt() < exe_reg_op2_da
ta.asSInt()),
    (exe_reg_exe_fun === BR_BGE)  -> !(exe_reg_op1_data.asSInt() < exe_reg_op2_da
ta.asSInt()),
    (exe_reg_exe_fun === BR_BLTU) -> (exe_reg_op1_data < exe_reg_op2_data),
    (exe_reg_exe_fun === BR_BGEU) -> !(exe_reg_op1_data < exe_reg_op2_data)
  ))
  exe_br_target := exe_reg_pc + exe_reg_imm_b_sext

  exe_jmp_flg := (exe_reg_wb_sel === WB_PC)


  //*********************************
  // EX/MEM register
  mem_reg_pc          := exe_reg_pc
  mem_reg_op1_data    := exe_reg_op1_data
  mem_reg_rs2_data    := exe_reg_rs2_data
  mem_reg_wb_addr     := exe_reg_wb_addr
  mem_reg_alu_out     := exe_alu_out
  mem_reg_rf_wen      := exe_reg_rf_wen
  mem_reg_wb_sel      := exe_reg_wb_sel
  mem_reg_csr_addr    := exe_reg_csr_addr
  mem_reg_csr_cmd     := exe_reg_csr_cmd
  mem_reg_imm_z_uext  := exe_reg_imm_z_uext
  mem_reg_mem_wen     := exe_reg_mem_wen


  //*********************************
  // Memory Access Stage

  io.dmem.addr  := mem_reg_alu_out
  io.dmem.wen   := mem_reg_mem_wen
  io.dmem.wdata := mem_reg_rs2_data

  // CSR
```

```scala
val csr_rdata = csr_regfile(mem_reg_csr_addr)

val csr_wdata = MuxCase(0.U(WORD_LEN.W), Seq(
  (mem_reg_csr_cmd === CSR_W) -> mem_reg_op1_data,
  (mem_reg_csr_cmd === CSR_S) -> (csr_rdata | mem_reg_op1_data),
  (mem_reg_csr_cmd === CSR_C) -> (csr_rdata & ~mem_reg_op1_data),
  (mem_reg_csr_cmd === CSR_E) -> 11.U(WORD_LEN.W)
))

when(mem_reg_csr_cmd > 0.U){
  csr_regfile(mem_reg_csr_addr) := csr_wdata
}

mem_wb_data := MuxCase(mem_reg_alu_out, Seq(
  (mem_reg_wb_sel === WB_MEM) -> io.dmem.rdata,
  (mem_reg_wb_sel === WB_PC)  -> (mem_reg_pc + 4.U(WORD_LEN.W)),
  (mem_reg_wb_sel === WB_CSR) -> csr_rdata
))


//*******************************
// MEM/WB regsiter
wb_reg_wb_addr := mem_reg_wb_addr
wb_reg_rf_wen  := mem_reg_rf_wen
wb_reg_wb_data := mem_wb_data


//*******************************
// Writeback (WB) Stage

when(wb_reg_rf_wen === REN_S) {
  regfile(wb_reg_wb_addr) := wb_reg_wb_data
}


//*******************************
// IO & Debug
io.gp := regfile(3)
//io.exit := (mem_reg_pc === 0x44.U(WORD_LEN.W))
io.exit := (id_reg_inst === UNIMP)
printf(p"if_reg_pc        : 0x${Hexadecimal(if_reg_pc)}\n")
printf(p"id_reg_pc        : 0x${Hexadecimal(id_reg_pc)}\n")
printf(p"id_reg_inst      : 0x${Hexadecimal(id_reg_inst)}\n")
printf(p"stall_flg        : 0x${Hexadecimal(stall_flg)}\n")
printf(p"id_inst          : 0x${Hexadecimal(id_inst)}\n")
printf(p"id_rs1_data      : 0x${Hexadecimal(id_rs1_data)}\n")
printf(p"id_rs2_data      : 0x${Hexadecimal(id_rs2_data)}\n")
printf(p"exe_reg_pc       : 0x${Hexadecimal(exe_reg_pc)}\n")
```

III
パイプラインの実装

```
  printf(p"exe_reg_op1_data : 0x${Hexadecimal(exe_reg_op1_data)}\n")
  printf(p"exe_reg_op2_data : 0x${Hexadecimal(exe_reg_op2_data)}\n")
  printf(p"exe_alu_out      : 0x${Hexadecimal(exe_alu_out)}\n")
  printf(p"mem_reg_pc       : 0x${Hexadecimal(mem_reg_pc)}\n")
  printf(p"mem_wb_data      : 0x${Hexadecimal(mem_wb_data)}\n")
  printf(p"wb_reg_wb_data   : 0x${Hexadecimal(wb_reg_wb_data)}\n")
  printf("---------\n")
}
```

<h1>第23章
パイプラインレジスタの
実装</h1>

　それではパイプラインの各ステージ間にレジスタを実装していきましょう。

　第Ⅱ部で実装した1ステージCPUでは同時に1つの命令のみ処理するため、PCレジスタreg_pcのような命令に紐付く信号もそれぞれ1つずつしか存在しません。しかし、今回実装する5ステージのパイプライン化CPUでは、常に5つの命令が同時並行に処理されているため、そうした信号が複数個存在することになります。たとえばreg_pcはIF、ID、EX、MEMステージにそれぞれ登場します。

　本書ではそうした信号を区別するため、ステージごとにif_、id_、exe_、mem_、wb_のprefixを付与します。pc_regの例だとそれぞれif_reg_pc、id_reg_pc、exe_reg_pc、mem_reg_pcと命名します。

　また同名の信号が複数ステージで登場しない場合でも、その信号がどのステージに属するのかをわかりやすくするために同様のprefixを付与することにします。

　本章の実装は、本書GitHubの**chisel-template/src/main/scala/07_pipeline/**ディレクトリに**package pipeline**として格納しています。パイプライン実装とは言っても、ステージ間にレジスタを挟むだけなので、意外とシンプルです。

23-1　レジスタ定義

　まずは、利用するパイプラインレジスタを冒頭で次のように一通り定義しておきます。パイプラインレジスタは数が多いので、初見では面食らうかもしれませんが、その実態は後続ステージで利用する信号をピックアップしているだけです。また、大文字の変数はすべて第4章のリスト4.2 Consts.scalaで定義した定数です。

リスト 23.1　Core.scala

```
//********************************
// Pipeline State Registers

// IF/ID State
val id_reg_pc              = RegInit(0.U(WORD_LEN.W))
val id_reg_inst            = RegInit(0.U(WORD_LEN.W))

// ID/EX State
val exe_reg_pc             = RegInit(0.U(WORD_LEN.W))
val exe_reg_wb_addr        = RegInit(0.U(ADDR_LEN.W))
val exe_reg_op1_data       = RegInit(0.U(WORD_LEN.W))
val exe_reg_op2_data       = RegInit(0.U(WORD_LEN.W))
val exe_reg_rs2_data       = RegInit(0.U(WORD_LEN.W))
val exe_reg_exe_fun        = RegInit(0.U(EXE_FUN_LEN.W))
val exe_reg_mem_wen        = RegInit(0.U(MEN_LEN.W))
val exe_reg_rf_wen         = RegInit(0.U(REN_LEN.W))
val exe_reg_wb_sel         = RegInit(0.U(WB_SEL_LEN.W))
val exe_reg_csr_addr       = RegInit(0.U(CSR_ADDR_LEN.W))
val exe_reg_csr_cmd        = RegInit(0.U(CSR_LEN.W))
val exe_reg_imm_i_sext     = RegInit(0.U(WORD_LEN.W))
val exe_reg_imm_s_sext     = RegInit(0.U(WORD_LEN.W))
val exe_reg_imm_b_sext     = RegInit(0.U(WORD_LEN.W))
val exe_reg_imm_u_shifted  = RegInit(0.U(WORD_LEN.W))
val exe_reg_imm_z_uext     = RegInit(0.U(WORD_LEN.W))

// EX/MEM State
val mem_reg_pc             = RegInit(0.U(WORD_LEN.W))
val mem_reg_wb_addr        = RegInit(0.U(ADDR_LEN.W))
val mem_reg_op1_data       = RegInit(0.U(WORD_LEN.W))
val mem_reg_rs2_data       = RegInit(0.U(WORD_LEN.W))
val mem_reg_mem_wen        = RegInit(0.U(MEN_LEN.W))
val mem_reg_rf_wen         = RegInit(0.U(REN_LEN.W))
val mem_reg_wb_sel         = RegInit(0.U(WB_SEL_LEN.W))
val mem_reg_csr_addr       = RegInit(0.U(CSR_ADDR_LEN.W))
val mem_reg_csr_cmd        = RegInit(0.U(CSR_LEN.W))
val mem_reg_imm_z_uext     = RegInit(0.U(WORD_LEN.W))
val mem_reg_alu_out        = RegInit(0.U(WORD_LEN.W))

// MEM/WB State
val wb_reg_wb_addr         = RegInit(0.U(ADDR_LEN.W))
val wb_reg_rf_wen          = RegInit(0.U(REN_LEN.W))
val wb_reg_wb_data         = RegInit(0.U(WORD_LEN.W))
```

23-2 IFステージ

命令フェッチおよびPCの設定を行いますが、実質的な内容はパイプライン化前とほとんど変わらず、各変数にif_やexe_といったprefixを付与するだけです。

23-2-1 命令フェッチおよび PC 制御

ただし、一点だけジャンプ命令フラグとして、exe_jmp_flgを新規追加しています。

もともとはpc_nextのMuxCaseの中で(inst === JAL || inst === JALR) -> alu_outとして、ジャンプ先アドレスを接続していました。

一方、パイプライン化CPUでは、ジャンプ先アドレスをEXステージで算出するため、EXステージで処理している命令がジャンプ命令であるか否かを識別する信号exe_jmp_flg（リスト23.12後述）を使って、exe_jmp_flg -> exe_alu_outのように実装します。

リスト23.2　Core.scala

```
val if_reg_pc = RegInit(START_ADDR)
io.imem.addr := if_reg_pc
val if_inst = io.imem.inst

val exe_br_flg    = Wire(Bool())
val exe_br_target = Wire(UInt(WORD_LEN.W))
val exe_jmp_flg   = Wire(Bool())
val exe_alu_out   = Wire(UInt(WORD_LEN.W))

val if_pc_plus4 = if_reg_pc + 4.U(WORD_LEN.W)
val if_pc_next = MuxCase(if_pc_plus4, Seq(
  exe_br_flg         -> exe_br_target,
  exe_jmp_flg        -> exe_alu_out,
  (if_inst === ECALL) -> csr_regfile(0x305)
))
if_reg_pc := if_pc_next
```

23-2-2 IF/ID レジスタへの書き込み

IFステージで算出した各信号をIF/IDレジスタに書き込みます。

リスト23.3　Core.scala

```
id_reg_pc   := if_reg_pc
id_reg_inst := if_inst
```

23-3　IDステージ

各種デコード処理もパイプライン化前と変わらず、id_ のprefixを付与するだけです。

23-3-1　①レジスタ番号のデコードおよびレジスタデータの読み出し

レジスタ番号のデコード及びレジスタデータの読み出しは次のように行います。

リスト23.4　Core.scala

```
val id_rs1_addr = id_reg_inst(19, 15)
val id_rs2_addr = id_reg_inst(24, 20)
val id_wb_addr  = id_reg_inst(11, 7)

val id_rs1_data = Mux((id_rs1_addr =/= 0.U(WORD_LEN.U)), regfile(id_rs1_addr), 0.U
(WORD_LEN.W))
val id_rs2_data = Mux((id_rs2_addr =/= 0.U(WORD_LEN.U)), regfile(id_rs2_addr), 0.U
(WORD_LEN.W))
```

23-3-2　②即値のデコード

即値のデコードは次のようになります。

リスト23.5　Core.scala

```
val id_imm_i = id_reg_inst(31, 20)
val id_imm_i_sext = Cat(Fill(20, id_imm_i(11)), id_imm_i)
val id_imm_s = Cat(id_reg_inst(31, 25), id_reg_inst(11, 7))
val id_imm_s_sext = Cat(Fill(20, id_imm_s(11)), id_imm_s)
val id_imm_b = Cat(id_reg_inst(31), id_reg_inst(7), id_reg_inst(30, 25), id_reg_in
st(11, 8))
val id_imm_b_sext = Cat(Fill(19, id_imm_b(11)), id_imm_b, 0.U(1.U))
val id_imm_j = Cat(id_reg_inst(31), id_reg_inst(19, 12), id_reg_inst(20), id_reg_i
nst(30, 21))
val id_imm_j_sext = Cat(Fill(11, id_imm_j(19)), id_imm_j, 0.U(1.U))
val id_imm_u = id_reg_inst(31,12)
val id_imm_u_shifted = Cat(id_imm_u, Fill(12, 0.U))
val id_imm_z = id_reg_inst(19,15)
val id_imm_z_uext = Cat(Fill(27, 0.U), id_imm_z)
```

23-3-3　③ csignals のデコード

csignalsのデコードは次のようになります。

リスト 23.6　Core.scala

```scala
val csignals = ListLookup(id_reg_inst, ...)
val id_exe_fun :: id_op1_sel :: id_op2_sel :: id_mem_wen :: id_rf_wen :: id_wb_sel
:: id_csr_cmd :: Nil = csignals
```

23-3-4　④オペランドデータの選択

オペランドデータの選択は次のようになります。

リスト 23.7　Core.scala

```scala
val id_op1_data = MuxCase(0.U(WORD_LEN.W), Seq(
  (id_op1_sel === OP1_RS1) -> id_rs1_data,
  (id_op1_sel === OP1_PC)  -> id_reg_pc,
  (id_op1_sel === OP1_IMZ) -> id_imm_z_uext
))
val id_op2_data = MuxCase(0.U(WORD_LEN.W), Seq(
  (id_op2_sel === OP2_RS2) -> id_rs2_data,
  (id_op2_sel === OP2_IMI) -> id_imm_i_sext,
  (id_op2_sel === OP2_IMS) -> id_imm_s_sext,
  (id_op2_sel === OP2_IMJ) -> id_imm_j_sext,
  (id_op2_sel === OP2_IMU) -> id_imm_u_shifted
))
```

23-3-5　⑤ csr_addr の生成

csr_addrに関しては、パイプライン化前はMEMステージのCSR処理部分にまとめていましたが、命令列からデコードするため、IDステージに移行しています。

リスト 23.8　Core.scala

```scala
val id_csr_addr = Mux(id_csr_cmd === CSR_E, 0x342.U(CSR_ADDR_LEN.W), id_inst(31,20))
```

23-3-6　⑥ ID/EX レジスタへの書き込み

IDステージで導出した各信号をID/EXレジスタに書き込みます。

リスト23.9　Core.scala

```
exe_reg_pc            := id_reg_pc
exe_reg_op1_data      := id_op1_data
exe_reg_op2_data      := id_op2_data
exe_reg_rs2_data      := id_rs2_data
exe_reg_wb_addr       := id_wb_addr
exe_reg_rf_wen        := id_rf_wen
exe_reg_exe_fun       := id_exe_fun
exe_reg_wb_sel        := id_wb_sel
exe_reg_imm_i_sext    := id_imm_i_sext
exe_reg_imm_s_sext    := id_imm_s_sext
exe_reg_imm_b_sext    := id_imm_b_sext
exe_reg_imm_u_shifted := id_imm_u_shifted
exe_reg_imm_z_uext    := id_imm_z_uext
exe_reg_csr_addr      := id_csr_addr
exe_reg_csr_cmd       := id_csr_cmd
exe_reg_mem_wen       := id_mem_wen
```

23-4　EXステージ

　EXステージの実装も実質的にはパイプライン化前とほぼ変わらず、exe_のprefixを付与するだけです。

23-4-1　① alu_out への信号接続

リスト23.10　Core.scala

```
exe_alu_out := MuxCase(0.U(WORD_LEN.W), Seq(
  (exe_reg_exe_fun === ALU_ADD)   -> (exe_reg_op1_data + exe_reg_op2_data),
  (exe_reg_exe_fun === ALU_SUB)   -> (exe_reg_op1_data - exe_reg_op2_data),
  (exe_reg_exe_fun === ALU_AND)   -> (exe_reg_op1_data & exe_reg_op2_data),
  (exe_reg_exe_fun === ALU_OR)    -> (exe_reg_op1_data | exe_reg_op2_data),
  (exe_reg_exe_fun === ALU_XOR)   -> (exe_reg_op1_data ^ exe_reg_op2_data),
  (exe_reg_exe_fun === ALU_SLL)   -> (exe_reg_op1_data << exe_reg_op2_data(4, 0))
(31, 0),
  (exe_reg_exe_fun === ALU_SRL)   -> (exe_reg_op1_data >> exe_reg_op2_data(4, 0)).
asUInt(),
  (exe_reg_exe_fun === ALU_SRA)   -> (exe_reg_op1_data.asSInt() >> exe_reg_op2_dat
a(4, 0)).asUInt(),
  (exe_reg_exe_fun === ALU_SLT)   -> (exe_reg_op1_data.asSInt() < exe_reg_op2_data
.asSInt()).asUInt(),
  (exe_reg_exe_fun === ALU_SLTU)  -> (exe_reg_op1_data < exe_reg_op2_data).asUInt(),
  (exe_reg_exe_fun === ALU_JALR)  -> ((exe_reg_op1_data + exe_reg_op2_data) &
~1.U(WORD_LEN.W)),
  (exe_reg_exe_fun === ALU_COPY1) -> exe_reg_op1_data
))
```

23-4-2 ②分岐命令の処理

リスト23.11 Core.scala

```
exe_br_flg := MuxCase(false.B, Seq(
  (exe_reg_exe_fun === BR_BEQ) -> (exe_reg_op1_data === exe_reg_op2_data),
  (exe_reg_exe_fun === BR_BNE) -> !(exe_reg_op1_data === exe_reg_op2_data),
  (exe_reg_exe_fun === BR_BLT) -> (exe_reg_op1_data.asSInt() < exe_reg_op2_data.asSInt()),
  (exe_reg_exe_fun === BR_BGE) -> !(exe_reg_op1_data.asSInt() < exe_reg_op2_data.asSInt()),
  (exe_reg_exe_fun === BR_BLTU) -> (exe_reg_op1_data < exe_reg_op2_data),
  (exe_reg_exe_fun === BR_BGEU) -> !(exe_reg_op1_data < exe_reg_op2_data)
))
exe_br_target := exe_reg_pc + exe_reg_imm_b_sext
```

IFステージで前述したようにexe_jmp_flgのみ新規追加します。ジャンプ命令はwb_sel信号がWB_PCであるか否かで識別可能です。

リスト23.12 Core.scala

```
exe_jmp_flg := (exe_reg_wb_sel === WB_PC)
```

23-4-3 ③ EX/MEM レジスタへの書き込み

最後にEX/MEMレジスタに各信号を接続します。

リスト23.13 Core.scala

```
mem_reg_pc         := exe_reg_pc
mem_reg_op1_data   := exe_reg_op1_data
mem_reg_rs2_data   := exe_reg_rs2_data
mem_reg_wb_addr    := exe_reg_wb_addr
mem_reg_alu_out    := exe_alu_out
mem_reg_rf_wen     := exe_reg_rf_wen
mem_reg_wb_sel     := exe_reg_wb_sel
mem_reg_csr_addr   := exe_reg_csr_addr
mem_reg_csr_cmd    := exe_reg_csr_cmd
mem_reg_imm_z_uext := exe_reg_imm_z_uext
mem_reg_mem_wen    := exe_reg_mem_wen
```

23-5 MEM ステージ

MEMステージも他ステージと同様、パイプライン化前とほぼ変わらず、mem_のprefixを付与するだけです。

23-5-1　①メモリアクセス

リスト23.14　Core.scala

```
io.dmem.addr  := mem_reg_alu_out
io.dmem.wen   := mem_reg_mem_wen
io.dmem.wdata := mem_reg_rs2_data
```

23-5-2　② CSR

リスト23.15　Core.scala

```
val csr_rdata = csr_regfile(mem_reg_csr_addr)

val csr_wdata = MuxCase(0.U(WORD_LEN.W), Seq(
  (mem_reg_csr_cmd === CSR_W) -> mem_reg_op1_data,
  (mem_reg_csr_cmd === CSR_S) -> (csr_rdata | mem_reg_op1_data),
  (mem_reg_csr_cmd === CSR_C) -> (csr_rdata & ~mem_reg_op1_data),
  (mem_reg_csr_cmd === CSR_E) -> 11.U(WORD_LEN.W)
))

when(mem_reg_csr_cmd > 0.U){
  csr_regfile(mem_reg_csr_addr) := csr_wdata
}
```

23-5-3　③ wb_data

パイプライン化前はwb_dataはWBステージに記述していましたが、io.dmem.rdataを接続する関係上、MEMステージに移行します。

リスト23.16　Core.scala

```
val mem_wb_data = MuxCase(mem_reg_alu_out, Seq(
  (mem_reg_wb_sel === WB_MEM) -> io.dmem.rdata,
  (mem_reg_wb_sel === WB_PC)  -> (mem_reg_pc + 4.U(WORD_LEN.W)),
  (mem_reg_wb_sel === WB_CSR) -> csr_rdata
))
```

23-5-4　④ MEM/WB レジスタへの書き込み

最後にMEM/WBレジスタに各信号を接続します。

リスト23.17　Core.scala

```
wb_reg_wb_addr := mem_reg_wb_addr
wb_reg_rf_wen  := mem_reg_rf_wen
wb_reg_wb_data := mem_wb_data
```

23-6　WBステージ

WBステージも各変数にprefixとしてwb_を付与するだけです。

リスト23.18　Core.scala

```
when(wb_reg_rf_wen === REN_S) {
  regfile(wb_reg_wb_addr) := wb_reg_wb_data
}
```

　以上で、パイプラインレジスタの実装が完了しました！ しかし、実はこれだけでは正しく動作しません。パイプライン化で必要なハザード処理について、次章から見ていきましょう。

第**24**章

分岐ハザード処理

パイプライン処理にあたって、各ステージ間をパイプランレジスタによって分割するだけでは、命令間の依存関係などにより命令を正しく実行できない場合があります。

これをハザード（hazard）と呼び、具体的には次の2種類に対応する必要があります。

- 分岐（制御）ハザード
- データハザード

まずは本章で分岐ハザードを見ていきましょう。

24-1　分岐ハザードとは

分岐ハザードとは、ジャンプ命令や分岐命令を実行した場合に、前段のパイプラインステージで処理している命令が無効となることを指します。

今回作成しているパイプライン化CPUでは、EXステージで分岐条件の判定および分岐先のアドレスを計算しています。よってEXステージで初めて次に実行すべき命令のアドレスが確定します。このため、EXステージより前のIF、IDステージですでに処理している命令は間違ったアドレスの命令である可能性があります。

一番単純な対策はEXステージで次の命令が確定するまで、IF、IDステージを実行しないことですが、その場合、IF、ID、EXステージを同時に実行できなくなるため、パイプライン化のメリットを享受できません。

そこで分岐は発生しない可能性が高いという前提で、通常は後続の命令を処理し、分岐ハザードが発生する場合のみIF、IDステージでの処理内容を無効化します。このような方法を「常に分岐しないと予測する」という意味で静的分岐予測と呼びます。

具体的には分岐/ジャンプ命令をフェッチした場合でも、次サイクルで後続する**PC+4**アドレスの命令をフェッチします。これは本来の挙動と同一で、実装を変える必要もありません。

一方、EXステージで処理する分岐命令が分岐成立したとき、あるいはジャンプ命令であると

Ⅲ
パイプラインの実装

き（＝分岐発生時）には、後続命令を処理しているIF、IDステージの内容を無効化する必要があります。これら2ステージの無効化処理は2サイクル分パイプラインが停止したことと同義です。このようにパイプラインの動作が停止することをパイプラインストール（pipeline stall）または単純にストールと呼びます。また、ストールにより無効化された命令はパイプラインを流れる泡のように見えることから、バブル（BUBBLE）と呼ばれます。

図24.1　IF、IDステージの 無効化処理

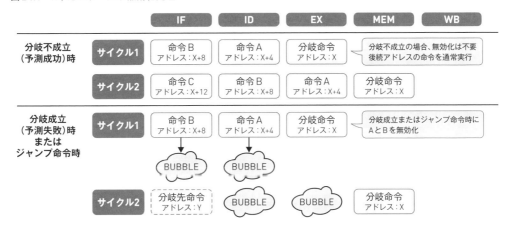

24-2　Chiselの実装

本章の実装は、本書GitHubの**chisel-template/src/main/scala/08_pipeline_brhazard/**ディレクトリに**package pipeline_brhazard**として格納しています。

24-2-1　IF ステージの無効化

まずはBUBBLEという変数をConsts.scalaで定義します。

リスト24.1　Consts.scala
```
val BUBBLE = 0x00000013.U(WORD_LEN.W)
```

"0x00000013"という命令列は**ADDI x0,x0,0**、つまり"何もしない"命令（NOP命令）を意味しています。

論理的には"何もしない命令"であれば何でもよく、**XOR x0, x0, x0**などでも問題ありません。しかし、RISC-Vではハードウェアリソース効率の観点で、ADDI命令をNOPとして採用しています。

EXステージで分岐成立、またはジャンプ命令であった場合に、id_reg_instにこのBUBBLE
を接続することで、IFステージを無効化できます。

リスト24.2　Core.scala

```
id_reg_inst := Mux((exe_br_flg || exe_jmp_flg), BUBBLE, if_inst)
```

24-2-2　IDステージの無効化

　続いて、IDステージの無効化を実装します。IDステージではIFステージから渡ってきたid_
reg_pcとid_reg_instのみが所与の信号ですが、分岐成立またはジャンプ命令時は、デコード
処理の冒頭でid_reg_instをBUBBLE化するだけで十分です。id_reg_pcに関しては、
BUBBLE（ADDI命令）の演算にPCの値は一切関係しないので、とくにストール処理を施す
必要はありません。

リスト24.3　Core.scala

```
// 分岐成立またはジャンプ命令時にBUBBLE化させるマルチプレクサを追加し、id_instに出力
val id_inst = Mux((exe_br_flg || exe_jmp_flg), BUBBLE, id_reg_inst)

// 以降のデコード処理でid_reg_instをすべてid_instに書き換え
val id_rs1_addr = id_inst(19, 15)
val id_rs2_addr = id_inst(24, 20)
val id_wb_addr  = id_inst(11, 7)
...
```

24-2-3　デバッグ用信号の追加

　デバッグ用の信号として主要なものをprintfで出力しておきます。

リスト24.4　Core.scala

```
printf(p"if_reg_pc        : 0x${Hexadecimal(if_reg_pc)}\n")
printf(p"id_reg_pc        : 0x${Hexadecimal(id_reg_pc)}\n")
printf(p"id_reg_inst      : 0x${Hexadecimal(id_reg_inst)}\n")
printf(p"id_inst          : 0x${Hexadecimal(id_inst)}\n")
printf(p"id_rs1_data      : 0x${Hexadecimal(id_rs1_data)}\n")
printf(p"id_rs2_data      : 0x${Hexadecimal(id_rs2_data)}\n")
printf(p"exe_reg_pc       : 0x${Hexadecimal(exe_reg_pc)}\n")
printf(p"exe_reg_op1_data : 0x${Hexadecimal(exe_reg_op1_data)}\n")
printf(p"exe_reg_op2_data : 0x${Hexadecimal(exe_reg_op2_data)}\n")
printf(p"exe_alu_out      : 0x${Hexadecimal(exe_alu_out)}\n")
printf(p"mem_reg_pc       : 0x${Hexadecimal(mem_reg_pc)}\n")
printf(p"mem_wb_data      : 0x${Hexadecimal(mem_wb_data)}\n")
printf(p"wb_reg_wb_data   : 0x${Hexadecimal(wb_reg_wb_data)}\n")
```

以上で分岐ハザード対応は完了です！

24-3 分岐ハザードのテスト

実際に分岐ハザードを起こしてみて、本章の実装前後でどのように処理が変わるのか確認しましょう。

24-3-1 テスト用Cプログラムの作成

テスト用Cプログラムを次のように作成します。

リスト24.5 chisel-template/src/c/br_hazard.c

```c
#include <stdio.h>

int main()
{
  asm volatile("addi a0, x0, 1");
  asm volatile("addi a1, x0, 2");
  asm volatile("jal ra, jump");

  // 実行してはいけない命令
  asm volatile("addi a0, x0, 2");
  asm volatile("addi a1, x0, 3");

  // ジャンプ先
  asm volatile("jump:");
  asm volatile("nop");
  asm volatile("nop");
  asm volatile("nop");
  asm volatile("nop");
  asm volatile("add a2, a0, a1");
  asm volatile("nop");
  asm volatile("nop");
  asm volatile("nop");
  asm volatile("nop");

  asm volatile("unimp");
  return 0;
}
```

24-3-2　hex および dump ファイルの生成

　今後、Cプログラムのコンパイル、hex化、dumpファイルの生成を繰り返し行うため、この
タイミングでMakefileで自動化しておきます。またgccコマンドでコンパイラ最適化オプショ
ン-O2を追加しています。最適化オプションがないと、ローカル変数のスタックへの退避・復
帰関連の本来不要なロードストア命令が残ったままとなり、ディスアセンブル結果の可読性が
低下するためです。

リスト24.6　/src/chisel-template/src/c/Makefile

```
# %：ワイルドカード
# $@：ターゲット名
# $<：最初の依存ファイル名
%: %.c # 左辺がターゲット名、右辺が必要な依存ファイル群
	riscv64-unknown-elf-gcc -O2 -march=rv32iv -mabi=ilp32 -c -o $@.o $<
	riscv64-unknown-elf-ld -b elf32-littleriscv $@.o -T link.ld -o $@
	riscv64-unknown-elf-objcopy -O binary $@ $@.bin
	od -An -tx1 -w1 -v $@.bin > ../hex/$@.hex
	riscv64-unknown-elf-objdump -b elf32-littleriscv -D $@ > ../dump/$@.elf.dmp
	rm -f $@.o
	rm -f $@
	rm -f $@.bin
```

　使い方としては、生成したいファイル名を引数（ターゲット名）として、makeコマンドを実
行します。

図24.2　hex/dumpファイルの作成 @Dockerコンテナ

```
$ cd /src/chisel-template/src/c
$ make br_hazard
```

　Makefileの挙動理解のために**make br_hazard**とした場合に、実際に実行されるコマンドを
書き下しておきます。

図24.3　Makefileの挙動確認

```
$ riscv64-unknown-elf-gcc -O2 -march=rv32iv -mabi=ilp32 -c -o br_hazard.o br_hazard.c
$ riscv64-unknown-elf-ld -b elf32-littleriscv br_hazard.o -T link.ld -o br_hazard
$ riscv64-unknown-elf-objcopy -O binary br_hazard br_hazard.bin
$ od -An -tx1 -w1 -v br_hazard.bin > ../hex/br_hazard.hex
$ riscv64-unknown-elf-objdump -b elf32-littleriscv -D br_hazard > ../dump/br_hazard
.elf.dmp
$ rm -f br_hazard.o
$ rm -f br_hazard
$ rm -f br_hazard.bin
```

　このコマンドにより、br_hazard.cからbr_hazard.hex、br_hazard.elf.dumpを自動生成でき

ます。hexファイルは**/src/chisel-template/src/hex/**に、dumpファイルは**/src/chisel-template/src/dump/**に出力されます。

リスト24.7　chisel-template/src/dump/br_hazard.elf.dmp

```
00000000 <main>:
   0:   00100513            li      a0,1
   4:   00200593            li      a1,2
   8:   00c000ef            jal     ra,14 <jump>  # ジャンプ命令
   c:   00200513            li      a0,2 # 実行してはいけない命令
  10:   00300593            li      a1,3 # 実行してはいけない命令

00000014 <jump>:
  14:   00000013            nop
  18:   00000013            nop
  1c:   00000013            nop
  20:   00000013            nop
  24:   00b50633            add     a2,a0,a1
  28:   00000013            nop
  2c:   00000013            nop
  30:   00000013            nop
  34:   00000013            nop
  38:   c0001073            unimp
```

アドレス8のジャンプ命令がEXステージで処理されているサイクルで、IF、IDステージをBUBBLE化しなかった場合、アドレスcおよび10のADDI（LI）命令が実行されて、a0、a1の値が上書きされてしまいます。そのため、EXステージでジャンプ命令が処理されるサイクルで、IFステージのアドレス10、IDステージのアドレスcの命令をBUBBLE化する分岐ハザード対応が必要です。

ちなみに間に挿入されているnop命令はアドレス0、4、c、10のADDI（LI）命令をパイプラインの最後まで流すためのものです。

24-3-3　分岐ハザード対応前CPUでのテスト

まずは分岐ハザード対応前のCPU、`package pipeline`でテストしてみましょう。
Memory.scalaでロードするhexファイル名を変更します。

リスト24.8　07_pipeline/Memory.scala

```
loadMemoryFromFile(mem, "src/hex/br_hazard.hex")
```

FetchTest.scalaをpackage名のみpipelineへ変更したテストファイルを作成したうえで、sbtテストコマンドを実行します。

リスト24.9　chisel-template/src/test/scala/PipelineTest.scala

```
package pipeline
...
```

図24.4　sbtテストコマンド＠Dockerコンテナ

```
$ cd /src/chisel-template
$ sbt "testOnly pipeline.HexTest"
```

テスト結果は次のようになります。

図24.5　テスト結果

```
...
# 実行してはいけないアドレスcの命令もそのまま実行
---------
exe_reg_pc       : 0x0000000c
exe_reg_op1_data : 0x00000000
exe_reg_op2_data : 0x00000002
exe_alu_out      : 0x00000002
---------

# 実行してはいけないアドレス10の命令もそのまま実行
---------
exe_reg_pc       : 0x00000010
exe_reg_op1_data : 0x00000000
exe_reg_op2_data : 0x00000003
exe_alu_out      : 0x00000003
---------
...
# ジャンプ先の[add a2,a0,a1]のオペランドが2と3に上書きされてしまっている
---------
exe_reg_pc       : 0x00000024
exe_reg_op1_data : 0x00000002
exe_reg_op2_data : 0x00000003
exe_alu_out      : 0x00000005
```

以上のとおり、実行するべきではないジャンプ命令直後の2命令がそのまま実行されてしまっています。

24-3-4　分岐ハザード対応後 CPU でのテスト

続いて、今回新しく実装した**package pipeline_brhazard**のCPUでテストしてみましょう。まずMemory.scalaでロードするhexファイル名を変更します。

リスト24.10　08_pipeline_brhazard/Memory.scala

```
loadMemoryFromFile(mem, "src/hex/br_hazard.hex")
```

　FetchTest.scalaをpackage名のみpipeline_brhazardへ変更したテストファイルを作成した
うえで、sbtテストコマンドを実行します。

リスト24.11　chisel-template/src/test/scala/PipelineBrHazardTest.scala

```
package pipeline_brhazard
...
```

図24.6　sbtテストコマンド@Dockerコンテナ

```
$ cd /src/chisel-template
$ sbt "testOnly pipeline_brhazard.HexTest"
```

テスト結果は次のようになります。

図24.7　テスト結果

```
...
# 分岐ハザード発生時にIF、IDステージをBUBBLE化
----------
if_reg_pc       : 0x00000010
id_reg_po       : 0x0000000c
id_inst         : 0x00000013 # IDステージの命令をBUBBLE化
exe_reg_pc      : 0x00000008 # JAL命令@EX -> 分岐ハザード発生
----------
if_reg_pc       : 0x00000014 # ジャンプ先アドレス
id_reg_pc       : 0x00000010
id_reg_inst     : 0x00000013 # 前サイクル@IFでBUBBLE信号を入力
exe_reg_pc      : 0x0000000c
----------
...
# a0、a1の値も正しい
----------
exe_reg_pc      : 0x00000024 # add a2,a0,a1
exe_reg_op1_data : 0x00000001 # a0=1 (≠2)
exe_reg_op2_data : 0x00000002 # a1=2 (≠3)
exe_alu_out     : 0x00000003
```

　以上のとおり、EXステージでジャンプ命令を処理するタイミングで、IF、IDステージを
BUBBLE化し、意図した処理を実行できていることがわかります。

 Column

静的分岐予測と動的分岐予測

　本書では分岐予測の方法として、分岐命令をフェッチした場合、次サイクルで後続する命令をフェッチするようにしています。これは「分岐が成立しない」と常に予測していることに等しく、このように予測結果が固定化されたものを静的分岐予測と呼びます。

　一方、予測結果を固定せず、コード実行時の分岐履歴を元に都度予測結果を変更する方法を動的分岐予測と呼びます。動的分岐予測の一例として、2bit カウンタと分岐履歴テーブルが挙げられます。

　2bit カウンタとは、次の 4 状態を持つ状態機械です。

表1　2bit カウンタ

値	状態
00	強い分岐不成立の予測
01	弱い分岐不成立の予測
10	弱い分岐成立の予測
11	強い分岐成立の予測

2bit カウンタは分岐の成立、不成立に応じて、次のように状態遷移します。

図24.8　2bit カウンタの状態遷移図

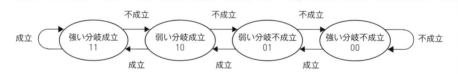

　図 24.8 のとおり、初期値を 00（強い分岐不成立）とした場合、一度分岐成立して 01 へ遷移したとしても、再度分岐不成立となると 00 に戻ります。つまり、2 回連続で分岐成立（予測失敗）して初めて分岐成立へと予測が反転します。

　似たようなしくみとして 1bit カウンタも存在します。1bit カウンタでは次表のとおり、分岐が成立すると 1、不成立だと 0 に状態遷移します。

表2　1bit カウンタ

値	状態
0	分岐不成立の予測
1	分岐成立の予測

　しかし、たとえば 100 回の分岐のうち、99 回は分岐不成立、途中で 1 回だけ分岐成立となるプログラムの場合、1bit カウンタだと分岐成立時に予測 bit が反転し、結果として 2 回予測に失敗することになります。

　一方、2bit カウンタであれば、途中の 1 回の予測失敗では予測 bit が反転しないため、予測失敗は 1 回のみに抑えられます。多くのプログラムの分岐は成立または不成立のどちらか一方に偏ることが多いため、2bit カウンタは分岐予測精度を向上できます。

図24.9　1bit カウンタと 2bit カウンタの違い

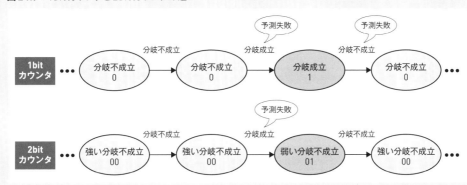

　2bit カウンタは分岐履歴テーブル（Branch History Table）という小容量のメモリに格納して活用します。分岐履歴テーブルは分岐命令アドレスの下位数bit（次例では8bit）をインデックスとして、その命令に対応する2bitカウンタを格納します。そして、実行する命令アドレスに対応する2bitカウンタ値を取得して、分岐予測します。

表3　分岐履歴テーブル

インデックス	2bit カウンタ
14	00
2c	11
40	10

　しかし、今回のパイプライン実装では分岐の成立可否、分岐先のアドレスがともに EX ステージで判明します。そのため、たとえ IF ステージ時点での分岐予測の精度を高めたとしても、分岐先アドレスの算出を待つ必要があるので、処理の高速化にはつながりません。予測精度を高めるとともに、分岐先アドレスの計算も早期に行う必要があります。

　そこで分岐予測に加えて、分岐先アドレス予測という技術も存在しており、Branch Target Buffer と呼ばれるキャッシュに分岐履歴やジャンプ先アドレスなどを記憶します。本書ではこれらの実装方法に深入りしませんが、分岐ハザード処理には効率化の余地がまだまだあることをぜひ知っておいてください。

第25章
データハザード処理

続いて、もう1つのハザードであるデータハザードについて見ていきましょう。

25-1　データハザードとは

データハザードとは、パイプライン上で並列処理されている命令間でデータ依存がある場合、依存先の命令処理が終わるまで、処理を止める（ストールする）必要がある状況を指します。

具体的には、次の2つ条件がともに成立する場合に発生します。

- IDステージで読み取るレジスタ番号rs1_addr/rs2_addrが、EX/MEM/WBステージにおける命令のwb_addrに一致
- EX/MEM/WBステージにおける命令がレジスタ書き込み命令（rf_wen === REN_S）

図 25.1　データハザードが発生するケース

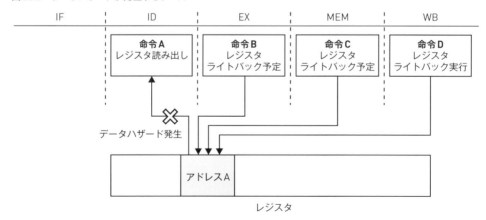

データハザードが発生した場合は基本的にはストールさせる必要がありますが、条件によっては以下の2つの方法でストールを回避できます。

- ハードウェア上でフォワーディング（バイパシング）
- ソフトウェア（コンパイラ）上でデータハザードを起きないように命令順序を調整

コンパイラによる最適化は本書の範疇外となるので、今回はハードウェア上でのフォワーディングを実装していきましょう。

本章の実装は、本書GitHubの chisel-template/src/main/scala/09_pipeline_data hazard/ ディレクトリに package pipeline_datahazard として格納しています。まずは可能なケースでフォワーディングを実装したうえで、それ以外の場面ではストールさせるよう実装していきます。

25-2　フォワーディングの Chisel 実装

説明に際してregfileで定義した32本のレジスタを汎用レジスタとして、パイプラインレジスタと呼称を区別します。フォワーディングとは、データ依存先の命令がすでにライトバック用データを計算済みである場合、汎用レジスタから入力するのではなく、ライトバック用データを直接読み込むようにする方法です。

通常であれば先行命令による汎用レジスタへのライトバックデータを利用する場合、該当データのライトバックを待つ必要があります。しかし、ライトバックデータ自体はライトバック前のMEMステージですでに算出済みであり、MEMステージ内のmem_wb_data、あるいはMEM/WBレジスタ内のwb_reg_wb_dataに格納されています。そこで汎用レジスタデータを読み出す代わりに、それらの信号からデータを読み出すことでストールすることなく、正しいデータにアクセスできます。

図25.2　フォワーディングパターン

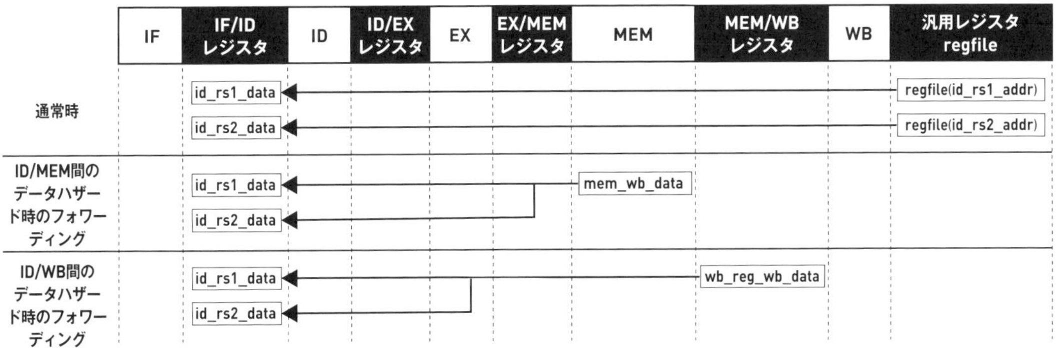

これを Chisel で実装すると次のようになります。

リスト25.1　Core.scala > IDステージ

```scala
val mem_wb_data = Wire(UInt(WORD_LEN.W))

val id_rs1_data = MuxCase(regfile(id_rs1_addr), Seq(
  (id_rs1_addr === 0.U) -> 0.U(WORD_LEN.W),

  // MEMからフォワーディング
  ((id_rs1_addr === mem_reg_wb_addr) && (mem_reg_rf_wen === REN_S)) -> mem_wb_data,

  // WBからフォワーディング
  ((id_rs1_addr === wb_reg_wb_addr ) && (wb_reg_rf_wen  === REN_S)) -> wb_reg_wb_data
))

// rs2もrs1と同様
val id_rs2_data = MuxCase(regfile(id_rs2_addr),  Seq(
  (id_rs2_addr === 0.U) -> 0.U(WORD_LEN.W),
  ((id_rs2_addr === mem_reg_wb_addr) && (mem_reg_rf_wen === REN_S)) -> mem_wb_data,
  ((id_rs2_addr === wb_reg_wb_addr ) && (wb_reg_rf_wen  === REN_S)) -> wb_reg_wb_data
))
```

25-3　ストールのChisel実装

　ID/MEM、ID/WB間とのデータハザードはフォワーディングにより、ストールを回避できました。しかし、ID/EX間でデータハザードが発生した場合、EXステージではライトバックデータの計算がまだ終わっていないため、フォワーディングできません。そのため、IFとIDの両ステージの処理を1サイクルだけストールさせる必要があります。1サイクルのストール後は、データ依存先の命令がMEMステージでライトバックデータmem_wb_dataを算出するので、フォワーディングが可能となります。

　具体的なストール処理としては、次のとおりです。

- IFステージが次サイクルも同じ命令を再処理できるように、PCをカウントアップさせずに現PCを維持する
- IDステージが次サイクルも同じ命令を再処理できるように、IF/IDレジスタに前サイクルと同じ値を入力する
- IDステージで処理中の命令は実行不要のため、BUBBLE化する

図25.3 ID/EX間のデータハザードによるストール処理

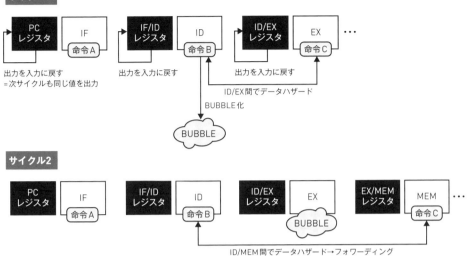

まずはストール発生有無を識別するstall_flg信号をIDステージに追加したうえで、前述の3つのストール処理を実装していきましょう。

25-3-1 stall_flg 信号の追加 @ID ステージ

IDステージでストール有無を管理するstall_flg信号を追加します。stall_flg信号はid_rs1_addrおよびid_rs2_addrを利用して計算します。しかし、これらの信号はストールした（**stall_flg===true.B**）際にBUBBLE化、つまりともにレジスタ番号0に変更する必要があり（後述）、このまま利用すると循環参照が発生してしまいます。そこで_bのsuffixを付けた別信号を用意します。

リスト25.2 Core.scala

```
val stall_flg = Wire(Bool()) // IFステージで事前定義
...
val id_rs1_addr_b = id_reg_inst(19, 15)
val id_rs2_addr_b = id_reg_inst(24, 20)

val id_rs1_data_hazard = (exe_reg_rf_wen === REN_S) && (id_rs1_addr_b =/= 0.U) &&
(id_rs1_addr_b === exe_reg_wb_addr)

val id_rs2_data_hazard = (exe_reg_rf_wen === REN_S) && (id_rs2_addr_b =/= 0.U) &&
(id_rs2_addr_b === exe_reg_wb_addr)

stall_flg := (id_rs1_data_hazard || id_rs2_data_hazard)
```

このstall_flg信号を用いて、各ステージでストール処理を実装していきます。

25-3-2　ストール処理 @IF ステージ

まずはストール時にPCをカウントアップさせずに、現PCを維持させます。

リスト25.3　Core.scala > IF ステージ

```
val if_pc_next = MuxCase(if_pc_plus4, Seq(
  // 優先順位重要！　ジャンプ成立とストールが同時発生した場合、ジャンプ処理を優先
  exe_br_flg          -> exe_br_target,
  exe_jmp_flg         -> exe_alu_out,
  (if_inst === ECALL) -> csr_regfile(0x305),
  stall_flg           -> if_reg_pc // 追加
))
```

続いて、IF/IDレジスタに前サイクルと同じ値を入力し、次サイクルのIDステージで同じ命令を再処理できるようにします。

リスト25.4　Core.scala > IF/ID レジスタ

```
id_reg_pc   := Mux(stall_flg, id_reg_pc, if_reg_pc)
id_reg_inst := MuxCase(if_inst, Seq(
  // 優先順位重要！　ジャンプ成立とストールが同時発生した場合、ジャンプ処理を優先
  (exe_br_flg || exe_jmp_flg) -> BUBBLE,
  stall_flg -> id_reg_inst
))
```

ただし、ジャンプ成立とストールが同時発生するケースに注意してください。JALやJALR命令はレジスタライトバックするため、exe_jmp_flgとstall_flgがともに1となるケースが起こり得ます。その場合、ストール処理よりもジャンプ処理を優先させ、MuxCaseの条件式はジャンプ命令を先に記述します。もし優先順位を逆転させてしまうと、IFステージでPCに設定すべき分岐先アドレス情報が失われ、次サイクルのIF、IDステージで誤った命令を再処理させてしまいます。

25-3-3　BUBBLE 化 @ID ステージ

最後にIDステージの命令をBUBBLE化します。

リスト25.5　Core.scala

```
// 分岐ジャンプ命令に加えて、ストール時にもBUBBLE化
val id_inst = Mux((exe_br_flg || exe_jmp_flg || stall_flg), BUBBLE, id_reg_inst)

// 以降、前回と同様のデコード処理が続く
val id_rs1_addr = id_inst(19, 15)
```

```
val id_rs2_addr = id_inst(24, 20)
val id_wb_addr  = id_inst(11, 7)
...
```

25-3-4　デバッグ用信号の追加

デバッグ用の信号として、今回新しく追加したstall_flgを追加します。

リスト25.6　Core.scala
```
printf(p"stall_flg : $stall_flg\n")
```

以上で、データハザード処理のChisel実装は完了です！

25-4　データハザードのテスト

それでは、実際にデータハザードの起きるプログラムを使って、次の2つのパターンをテストしてみましょう。

①ID/WB間のデータハザード＝フォワーディング
②［ID/EX間のデータハザード＝ストール］→［ID/MEM間のデータハザード＝フォワーディング］

25-4-1　① ID/WB 間のデータハザードをフォワーディングするパターン

ID/WB間のデータハザードをフォワーディングするパターンのテスト用Cプログラムを次のように作成します。

リスト25.7 chisel-template/src/c/hazard_wb.c
```
#include <stdio.h>

int main()
{
  asm volatile("addi a0, x0, 1");
  asm volatile("nop");
  asm volatile("nop");
  asm volatile("add a1, a0, a0"); # 3つ前のADDI命令とID/WB間のデータハザードが発生
  asm volatile("nop");
  asm volatile("nop");
  asm volatile("nop");
  asm volatile("unimp");
  return 0;
}
```

図25.4　hex/dumpファイルの生成＠Dockerコンテナ

```
$ cd /src/chisel-template/src/c
$ make hazard_wb
```

生成されるdumpファイルは次のようになります。

リスト25.8　chisel-template/src/dump/hazard_wb.elf.dmp

```
00000000 <main>:
   0:   00100513            li      a0,1
   4:   00000013            nop
   8:   00000013            nop
   c:   00a505b3            add     a1,a0,a0
  10:   00000013            nop
  14:   00000013            nop
  18:   00000013            nop
  1c:   c0001073            unimp
```

ID/WB間のデータハザードは次のようになっています。

図25.5　ID/WB間のデータハザード

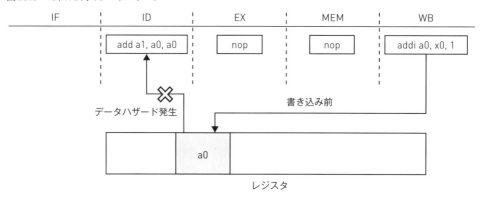

データハザード対応前CPUでのテスト

データハザード対応前のCPUとして**package pipline_brhazard**を利用します。
まずMemory.scalaでロードするhexファイル名を変更します。

リスト25.9　08_pipeline_brhazard/Memory.scala

```
loadMemoryFromFile(mem, "src/hex/hazard_wb.hex")
```

続いてsbtテストコマンドを実行します。

図25.6　sbtテストコマンド＠Dockerコンテナ

```
$ cd /src/chisel-template
$ sbt "testOnly pipeline_brhazard.HexTest"
```

テスト結果は次のとおりです。

図25.7　テスト結果

```
id_reg_pc     : 0x0000000c # add a1,a0,a0
id_rs1_data   : 0x00000000 # a0=0（≠1）でNG
id_rs2_data   : 0x00000000 # a0=0（≠1）でNG
wb_reg_wb_data : 0x00000001 # フォワーディング可能なデータソース
```

　以上のとおり、データハザード発生により、先行命令のレジスタライトバックが終わる前にIDステージでレジスタをアクセスしているため、a0 = 0と誤ったデータを読み出してしまっています。しかし、wb_reg_wb_dataにフォワーディング可能なデータが出力されていることは確認できます。これをid_rs1_data、id_rs2_dataにフォワーディングできればよいはずです。

データハザード対応後CPUでのテスト

　続いて、本章で実装した**package pipeline_datahazard**のCPUでテストしてみましょう。まずMemory.scalaでロードするhexファイル名を変更します。

リスト25.10　09_pipeline_datahazard/Memory.scala

```
loadMemoryFromFile(mem, "src/hex/hazard_wb.hex")
```

　FetchTest.scalaをpackage名のみpipeline_datahazardへ変更したテストファイルを作成したうえで、sbtテストコマンドを実行します。

リスト25.11　chisel-template/src/test/scala/PipelineDataHazardTest.scala

```
package pipeline_datahazard
...
```

図25.8　sbtテストコマンド@Dockerコンテナ

```
$ cd /src/chisel-template
$ sbt "testOnly pipeline_datahazard.HexTest"
```

テスト結果は次のようになります。

図25.9　テスト結果

```
id_reg_pc     : 0x0000000c # add a1,a0,a0
id_rs1_data   : 0x00000001 # wb_reg_wb_dataをフォワーディング
id_rs2_data   : 0x00000001 # wb_reg_wb_dataをフォワーディング
wb_reg_wb_data : 0x00000001 # フォワーディング元
```

　以上のとおり、正しくwb_reg_wb_dataからフォワーディングされていることが確認できました。

25-4-2 ② ID/EX 間のデータハザードによるストール → ID/MEM 間でフォワーディングするパターン

ID/EX 間のデータハザードによるストール → ID/MEM 間でフォワーディングするパターンのテスト用 C プログラムを次のように作成します。

リスト 25.12　chisel-template/src/c/hazard_ex.c

```c
#include <stdio.h>

int main()
{
 asm volatile("addi a0, x0, 1");
 asm volatile("add a1, a0, a0");
 asm volatile("nop");
 asm volatile("nop");
 asm volatile("nop");
 asm volatile("unimp");
 return 0;
}
```

図 25.10　hex/dump ファイルの生成 @Docker コンテナ

```
$ cd /src/chisel-template/src/c
$ make hazard_ex
```

次のような dump ファイルが生成されます。

リスト 25.13　chisel-template/src/dump/hazard_ex.elf.dmp

```
00000000 <main>:
    0:    00100513    li      a0,1
    4:    00a505b3    add     a1,a0,a0
    8:    00000013    nop
    c:    00000013    nop
   10:    00000013    nop
   14:    c0001073    unimp
```

ID/EX 間のデータハザードを図で示すと次のようになります。

Ⅲ パイプラインの実装

図25.11　ID/E,X間のデータハザード

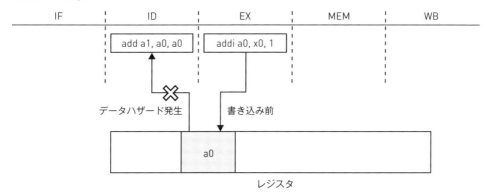

データハザード対応前CPUでのテスト

データハザード対応前のCPUとして**package pipline_brhazard**を利用します。

リスト25.14　08_pipeline_brhazard/Memory.scala

```
loadMemoryFromFile(mem, "src/hex/hazard_ex.hex")
```

図25.12　sbtテストコマンド@Dockerコンテナ

```
$ cd /src/chisel-template
$ sbt "testOnly pipeline_brhazard.HexTest"
```

テスト結果は次のようになります。

図25.13　テスト結果

```
id_reg_pc   : 0x00000004 # add a1,a0,a0
id_rs1_data : 0x00000000 # a0=0（≠1）でNG
id_rs2_data : 0x00000000 # a0=0（≠1）でNG
```

データ依存するEXステージの命令ではまだレジスタライトバックが完了していないため、IDステージで読み込まれているレジスタデータはa0 = 0と誤った値になっていることがわかります。

データハザード対応後CPUでのテスト

続いて、本章で実装した**package pipeline_datahazard**のCPUでテストしてみましょう。

リスト25.15　Memory.scala

```
loadMemoryFromFile(mem, "src/hex/hazard_ex.hex")
```

図25.14　sbtテストコマンド@Dockerコンテナ

```
$ cd /src/chisel-template
$ sbt "testOnly pipeline_datahazard.HexTest"
```

テスト結果は次のようになります。

図25.15　テスト結果

```
# ID/EX間でデータハザード
if_reg_pc    : 0x00000008
id_reg_pc    : 0x00000004 # add a1,a0,a0
stall_flg    : 1          # ID/EX間でデータハザード→stall_flgが1に
id_inst      : 0x00000013 # IDステージをBUBBLE化
exe_reg_pc   : 0x00000000 # addi a0, x0, 1

# ID/MEM間でデータハザード
if_reg_pc    : 0x00000008 # ストールにより前サイクルと同一
id_reg_pc    : 0x00000004 # ストールにより前サイクルと同一
id_rs1_data  : 0x00000001 # ID/MEM間でデータハザード→mem_wb_dataをフォワーディング
id_rs2_data  : 0x00000001 # ID/MEM間でデータハザード→mem_wb_dataをフォワーディング
mem_reg_pc   : 0x00000000 # addi a0, x0, 1
mem_wb_data  : 0x00000001 # フォワーディング元
```

ID/EX間でデータハザードが発生した際に、IF/IDステージのストール、およびIDステージのBUBBLE化が行われています。また、直後のサイクルでID/MEM間でデータハザードが起きた際は、mem_wb_dataのフォワーディングに成功しています。

25-4-3　riscv-testsテスト

パイプライン処理が一通り実装できたので、最後にriscv-testsが問題なく通るかもテストしておきます。

PC信号はEX/MEMレジスタまでしか接続していませんが、riscv-testsのpass判断のタイミングとしては問題ないので、mem_reg_pcでexit信号を判断します。

リスト25.16　Core.scala

```
io.exit := (mem_reg_pc === 0x44.U(WORD_LEN.W))
```

図25.16　riscv-tests一括テストコマンド@Dockerコンテナ

```
$ cd /src/chisel-template/src/shell
$ ./riscv_tests.sh pipeline_datahazard 09_pipeline_datahazard
```

テスト結果は省略しますが、本章のパイプライン実装はriscv-testsの各命令テストを問題なくパスします。以上で、パイプライン化の実装は完了です！

第 IV 部

ベクトル拡張
命令の実装

第26章

ベクトル命令とは

第Ⅳ部ではRISC-Vの特徴の1つでもあるベクトル拡張命令Vを実装していきます。

図26.1　第Ⅳ部の立ち位置

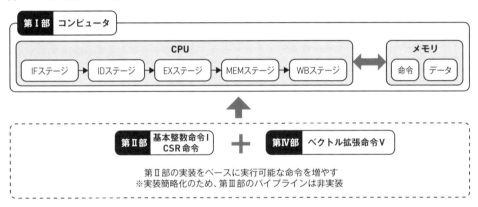

まずは本章でベクトル命令の内容とその意義、そしてRISC-Vのベクトル命令の特徴について見ていきましょう。

26-1　SIMDとは

ベクトル命令は並列処理の一種で、マイケル・J・フリンによる並列処理アーキテクチャの分類に従うと、SIMDに該当します。

表26.1　フリンの分類

分類	並列命令数	並列データ数
SISD（Single Instruction / Single Data）	1	1
SIMD（Single Instruction / Multi Data）	1	複数
MISD（Multi Instruction / Single Data）	複数	1
MIMD（Multi Instruction / Multi Data）	複数	複数

図26.2　フリンの分類イメージ

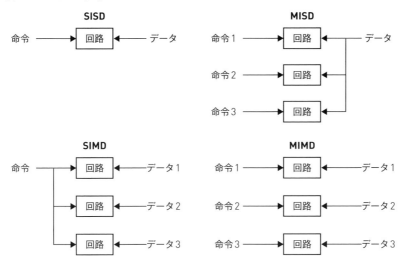

本書で実装してきた自作CPUアーキテクチャはSISD（単一命令単一データ）に分類されます。単一のプロセッサを用いて、単一の命令ストリームを実行し、一度に1つだけのデータを操作します。パイプライン処理も一種の並列処理ではありますが、正確には同一処理が同時に進んでいるわけではありません。EXステージの演算回路は1サイクルで1命令しか処理しないように、各ステージ回路はあくまで1つの命令のみ処理するため、分類上はSISDになります。

それに対して、SIMDは複数のデータに対して、1つの命令処理を同時に実行します。たとえば、要素数nのベクトルa、bの各要素を加算するコードは、スカラ（SISD）演算、ベクトル（SIMD）演算それぞれで次のようなイメージとなります。

リスト26.1　スカラ演算

```
for(i=0; i<n; ++i)
{
    // 1要素ずつの演算をループでn回繰り返す
    c[i] = a[i] + b[i];
}
```

リスト26.2　ベクトル演算

```
// VL=[1命令で演算できる要素数]
for(i=0; i<n; i+=VL)
{
    // VL個同時に加算（n/VLの剰余はいったん無視）
    c[i:i+VL-1] = a[i:i+VL-1] + b[i:i+VL-1];
}
```

スカラプロセッサのイメージは次のとおりです。

図26.3　スカラプロセッサのイメージ

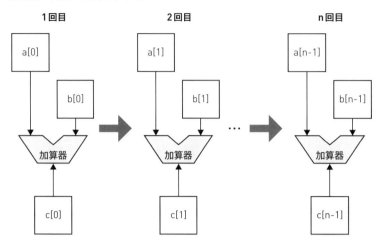

ベクトルプロセッサでは次のようなイメージになります。

図26.4　ベクトルプロセッサのイメージ

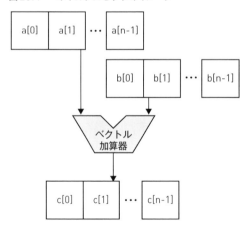

　このようにベクトルアーキテクチャはSIMDの一種として、データの並列性に対して性能向上が可能です。

　こうしたベクトル演算はさまざまな分野で求められており、近年注目を集めている機械学習でも同様です。たとえば、機械学習の一手法であるディープラーニングでは、ベクトルを用いた次のような計算を行います。

リスト26.3　ディープラーニングでのベクトル計算例
```
/* u：出力ベクトル（N×1）
   W：重み行列（N×M）
   h：入力ベクトル（M×1）
   b：バイアスベクトル（N×1）*/
u = Wh + b
```

こちらのコードの詳細な説明は省略しますが、さまざまな産業で活躍するベクトル演算の性能向上は、大きなインパクトをもたらします。

26-2　既存のベクトルアーキテクチャ

さて、ベクトルアーキテクチャの開発はこれまでも多々進められており、既存の主要なものとして次の2つが挙げられます。

- マルチメディア拡張命令
- GPU

マルチメディア拡張命令とは、Intelが開発したCPUのSIMD拡張命令（以降、SIMD命令）です[1]。具体的には、1996年に公開されたMMX（Multimedia Extension）に始まり、SSE（Streaming SIMD Extensions）、AVX（Advanced Vector Extensions）とSIMD命令の開発が続けられています。マルチメディアという名前は、画像、音声、動画などに多用されることから命名されています。

　一方、GPUはGraphics Processing Unitの略で、もともとは主に3次元画像処理に特化したプロセッサでした。その後、GPUの技術革新が進み、汎用的な処理にも対応したGPGPU（General Purpose GPU）へと進化します。GPUはCPUよりも多く搭載したコアを活用して、高速なベクトル演算を実現します。

　ただし、GPU単体では動作せず、CPUとGPUを組み合わせて活用します。このように異種のプロセッサを組み合わせたものをヘテロジニアスコンピューティングと呼びます（反対に同種のコアのみを利用するものをホモジニアスコンピューティングと呼びます）。一方、SIMD命令はあくまでCPUの拡張命令セットであるため、CPU単体でスカラ、ベクトル演算の両方を実行できます。

26-3　RISC-Vのベクトル命令とSIMD命令の相違点

RISC-Vでもベクトル演算命令を拡張命令セットV（Vector）として規定しています。以降、

---

[1]　CPU の SIMD 命令としては、ほかに Arm の NEON などがありますが、ここでは Intel に絞って SIMD 命令と呼んでいます。

これを「RISC-V Vector」からRVV命令と呼びます[2]。

RISC-Vアーキテクトの一人であるデイビット・パターソンは、RISC-VのVはBerkeley RISCの5番目のプロジェクトに加えて、ベクトルという意味も込めていると言っています。このようにRISC-Vはベクトルアーキテクチャとしての可能性が大いに期待されています。

RVV命令はIntel CPUのSIMD命令と立ち位置は似ています。ただし、ベクトルレジスタ長がSIMD命令は固定、RVV命令は可変という大きな違いがあります。

ベクトルレジスタはベクトル演算専用のレジスタで、1回のベクトル演算で計算できる量はこのベクトルレジスタ長で制限されます。本書で実装してきたSISD命令ではレジスタ長が32bitなので、オペランド長が32bitに制限されていたことと同様です。

26-3-1 SIMD命令のベクトルレジスタ長

SIMD命令では命令ごとにベクトルレジスタ長が特定の値に固定されています。たとえばメモリロード命令は利用するベクトルレジスタ長に応じて、次のように別々の命令が定義されています。

表26.2 単精度浮動小数点数のSIMDロード命令例

ISA	ベクトルレジスタ幅	オペコード	アセンブリ言語	内容
SSE	128bit	0F28	VMOVAPS xmm1, [メモリアドレス]	メモリからxmm1へロード
AVX	256bit	VEX.256.0F.WIG 28	VMOVAPS ymm1, [メモリアドレス]	メモリからymm1へロード
AVX512	512bit	EVEX.512.0F.W0 28	VMOVAPS zmm1, [メモリアドレス]	メモリからzmm1へロード

オペコードに登場するVEXおよびEVEXはオペコード用prefixであり、．でつながれた一連の情報を持っています（詳細は省略）。RISCと異なり、可変長命令CISCであるIntel ISAはこうしたprefixなどで命令拡張を繰り返し行っています。また、xmmは128bit、ymmは256bit、zmmは512bitのベクトルレジスタを意味しています。

このようにSIMD命令の発展により、ベクトルレジスタ幅も128bit、256bit、512bitと拡張されるたびに新たな命令を定義する必要があり、SIMD命令セットはどんどん複雑になっていきました。当然、利用できるベクトルレジスタ幅はハードウェアによって異なるため、ターゲットハードウェアが変われば、ソフトウェアも書きなおす必要が出てきます。

---

[2] 執筆時点ではRISC-VのV拡張はver.0.9で仕様策定が進められている最中です。

26-3-2 RVV 命令のベクトルレジスタ長

一方、RVV命令はベクトルレジスタ長を命令にエンコーディングしません。そのため、SIMD命令では利用するベクトルレジスタ長によって異なる命令を発行しますが、RVV命令ではレジスタ長に関わらず、共通のベクトル命令を発行できます。これにより、ISAを簡潔に維持できるとともに、ハードウェアに依存しないプログラムを記述できます。

さらに、ベクトルレジスタ長をプログラムから分離できるということは、リスト26.2で登場した1演算で計算できる要素数（VL）もプログラム上から分離できることを意味します。具体的にはハードウェア上で**1演算で計算できる要素数VL＝ベクトルレジスタ長（VLEN）/ベクトルの1要素長（SEW）**として計算されます。たとえば、VLEN = 128bitの場合、SEW = 32bitなら1回の演算で4要素計算できます。

図26.5 VLの算出イメージ

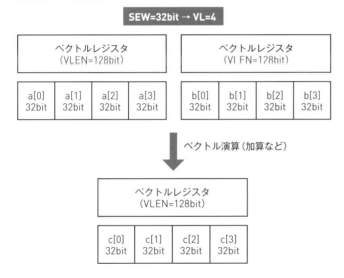

VLENをプログラム上で指定するSIMD命令の場合、当然VLもプログラマが計算したうえで、ループ処理をハードコーディングする必要があります。一方、RVV命令ではSEWさえプログラム上で記述すれば、あとはハードウェアに一任できます。

表26.3 SIMD命令とRVV命令

ISA	VLEN	SEW	VL
RVV命令	ハードウェア固定値	ソフトウェア指定	ハードウェアが自動算出
SIMD命令	ソフトウェア指定	ソフトウェア指定	ソフトウェア指定

利用するハードウェアリソースもソフトウェア上で管理するSIMD命令は、プログラムと個

別ハードウェアとの結びつきが強くなり、コンパイラによる普遍的な最適化が困難になります。そのため、SIMD命令用の組み込み関数（intrinsic）を用いて、対象ハードウェアごとにプログラムを記述することも少なくありません。組み込み関数ではVLEN、SEWの情報を直接エンコードした関数を使います。たとえば、_mm512_add_pd(x,y)という組み込み関数はVLEN = 512bitのベクトルレジスタを使って、SEW = 64bit（double型）として、xとyをベクトル加算する命令を意味します。

　一方、RVV命令はハードウェアとソフトウェアが疎結合なため、ハードウェアに依存しない普遍的なコンパイル技術を確立しやすいです。すでにRISC-Vのベクトル命令用のコンパイラもSifive社の提案に基づき、GNUコンパイラ（GCC）に実装されていることに加えて、自動ベクトル化技術も開発が進められています。

　このようにRISC-Vは先行するSIMD命令の課題を踏まえて、ベクトルアーキテクチャを取り入れていることがわかります。

　以降、第Ⅳ部では次の4種類の基本的なベクトル命令をChiselで実装していきます。

- **VSETVLI**：ベクトルCSR設定命令
- **VLE32.V**や**VLE64.V**：ベクトルロード命令
- **VADD.VV**：ベクトル同士の加算命令
- **VSE32.V**や**VSE64.V**：ベクトルストア命令

これらの命令を実装できるようになれば、第Ⅱ部で扱った各種スカラ演算命令をベクトル化したものは同様に実装できるようになるはずです。

\Column

スーパーコンピュータ「富岳」

　日本のスーパーコンピュータである富岳では、CPUに「A64FX」が搭載されています。これは富士通がArmと共同開発した独自のCPUで、Armがサーバ用途に開発した「Armv8.2-A SVE 512bit」を命令セットとして採用しています。富岳はSVE（Scalable Vector Extension）というベクトル拡張命令を活用することで、TOP500、Green500などの複数の性能テストで世界1位を勝ち取りました。GPUなどのアクセラレータを大量につなげるスーパーコンピュータが人気の中、CPUのみで世界1位を獲得した富岳は、RISC-Vを始めとするCPU業界にさらなる可能性を感じさせてくれます。

26-4　第IV部で完成するChiselコード

　第IV部で実装するCore.scalaとMemory.scalaの完成コード全体をあらかじめ記載しておきます。今回はTop.scalaに変更点はありません。コード全体を見渡したくなった際はこちらを参照してください。

リスト26.4　chisel-template/src/main/scala/13_vse/Core.scala

```scala
package vse

import chisel3._
import chisel3.util._
import common.Instructions._
import common.Consts._

class Core extends Module {
  val io = IO(
    new Bundle {
      val imem = Flipped(new ImemPortIo())
      val dmem = Flipped(new DmemPortIo())
      val pc = Output(UInt(WORD_LEN.W))
      val gp = Output(UInt(WORD_LEN.W))
      val exit = Output(Bool())
    }
  )

  val regfile = Mem(32, UInt(WORD_LEN.W))
  val vec_regfile = Mem(32, UInt(VLEN.W))
  val csr_regfile = Mem(4096, UInt(WORD_LEN.W))


  //********************************
  // Instruction Fetch (IF) Stage

  val pc_reg = RegInit(START_ADDR)
  io.imem.addr := pc_reg
  val inst = io.imem.inst
  val pc_plus4 = pc_reg + 4.U(WORD_LEN.W)
  val br_target = Wire(UInt(WORD_LEN.W))
  val br_flg = Wire(Bool())
  val jmp_flg = (inst === JAL || inst === JALR)
  val alu_out = Wire(UInt(WORD_LEN.W))

  val pc_next = MuxCase(pc_plus4, Seq(
    br_flg  -> br_target,
    jmp_flg -> alu_out,
    (inst === ECALL) -> csr_regfile(0x305) // go to trap_vector
```

```scala
  ))
  pc_reg := pc_next


  //*********************************
  // Instruction Decode (ID) Stage

  val rs1_addr = inst(19, 15)
  val rs2_addr = inst(24, 20)
  val wb_addr  = inst(11, 7)
  val rs1_data = Mux((rs1_addr =/= 0.U(WORD_LEN.U)), regfile(rs1_addr), 0.U(WORD_L
EN.W))
  val rs2_data = Mux((rs2_addr =/= 0.U(WORD_LEN.U)), regfile(rs2_addr), 0.U(WORD_L
EN.W))

  val imm_i = inst(31, 20)
  val imm_i_sext = Cat(Fill(20, imm_i(11)), imm_i)
  val imm_s = Cat(inst(31, 25), inst(11, 7))
  val imm_s_sext = Cat(Fill(20, imm_s(11)), imm_s)
  val imm_b = Cat(inst(31), inst(7), inst(30, 25), inst(11, 8))
  val imm_b_sext = Cat(Fill(19, imm_b(11)), imm_b, 0.U(1.U))
  val imm_j = Cat(inst(31), inst(19, 12), inst(20), inst(30, 21))
  val imm_j_sext = Cat(Fill(11, imm_j(19)), imm_j, 0.U(1.U))
  val imm_u = inst(31,12)
  val imm_u_shifted = Cat(imm_u, Fill(12, 0.U))
  val imm_z = inst(19,15)
  val imm_z_uext = Cat(Fill(27, 0.U), imm_z)

  val csignals = ListLookup(inst,
             List(ALU_X        , OP1_RS1, OP2_RS2, MEN_X, REN_X, WB_X    , CSR_X),
    Array(
      LW      -> List(ALU_ADD  , OP1_RS1, OP2_IMI, MEN_X, REN_S, WB_MEM  , CSR_X),
      SW      -> List(ALU_ADD  , OP1_RS1, OP2_IMS, MEN_S, REN_X, WB_X    , CSR_X),
      ADD     -> List(ALU_ADD  , OP1_RS1, OP2_RS2, MEN_X, REN_S, WB_ALU  , CSR_X),
      ADDI    -> List(ALU_ADD  , OP1_RS1, OP2_IMI, MEN_X, REN_S, WB_ALU  , CSR_X),
      SUB     -> List(ALU_SUB  , OP1_RS1, OP2_RS2, MEN_X, REN_S, WB_ALU  , CSR_X),
      AND     -> List(ALU_AND  , OP1_RS1, OP2_RS2, MEN_X, REN_S, WB_ALU  , CSR_X),
      OR      -> List(ALU_OR   , OP1_RS1, OP2_RS2, MEN_X, REN_S, WB_ALU  , CSR_X),
      XOR     -> List(ALU_XOR  , OP1_RS1, OP2_RS2, MEN_X, REN_S, WB_ALU  , CSR_X),
      ANDI    -> List(ALU_AND  , OP1_RS1, OP2_IMI, MEN_X, REN_S, WB_ALU  , CSR_X),
      ORI     -> List(ALU_OR   , OP1_RS1, OP2_IMI, MEN_X, REN_S, WB_ALU  , CSR_X),
      XORI    -> List(ALU_XOR  , OP1_RS1, OP2_IMI, MEN_X, REN_S, WB_ALU  , CSR_X),
      SLL     -> List(ALU_SLL  , OP1_RS1, OP2_RS2, MEN_X, REN_S, WB_ALU  , CSR_X),
      SRL     -> List(ALU_SRL  , OP1_RS1, OP2_RS2, MEN_X, REN_S, WB_ALU  , CSR_X),
      SRA     -> List(ALU_SRA  , OP1_RS1, OP2_RS2, MEN_X, REN_S, WB_ALU  , CSR_X),
      SLLI    -> List(ALU_SLL  , OP1_RS1, OP2_IMI, MEN_X, REN_S, WB_ALU  , CSR_X),
      SRLI    -> List(ALU_SRL  , OP1_RS1, OP2_IMI, MEN_X, REN_S, WB_ALU  , CSR_X),
      SRAI    -> List(ALU_SRA  , OP1_RS1, OP2_IMI, MEN_X, REN_S, WB_ALU  , CSR_X),
```

リスト 26.4　chisel-template/src/main/scala/13_vse/Core.scala

```
    SLT     -> List(ALU_SLT   , OP1_RS1, OP2_RS2, MEN_X, REN_S, WB_ALU   , CSR_X),
    SLTU    -> List(ALU_SLTU  , OP1_RS1, OP2_RS2, MEN_X, REN_S, WB_ALU   , CSR_X),
    SLTI    -> List(ALU_SLT   , OP1_RS1, OP2_IMI, MEN_X, REN_S, WB_ALU   , CSR_X),
    SLTIU   -> List(ALU_SLTU  , OP1_RS1, OP2_IMI, MEN_X, REN_S, WB_ALU   , CSR_X),
    BEQ     -> List(BR_BEQ    , OP1_RS1, OP2_RS2, MEN_X, REN_X, WB_X     , CSR_X),
    BNE     -> List(BR_BNE    , OP1_RS1, OP2_RS2, MEN_X, REN_X, WB_X     , CSR_X),
    BGE     -> List(BR_BGE    , OP1_RS1, OP2_RS2, MEN_X, REN_X, WB_X     , CSR_X),
    BGEU    -> List(BR_BGEU   , OP1_RS1, OP2_RS2, MEN_X, REN_X, WB_X     , CSR_X),
    BLT     -> List(BR_BLT    , OP1_RS1, OP2_RS2, MEN_X, REN_X, WB_X     , CSR_X),
    BLTU    -> List(BR_BLTU   , OP1_RS1, OP2_RS2, MEN_X, REN_X, WB_X     , CSR_X),
    JAL     -> List(ALU_ADD   , OP1_PC , OP2_IMJ, MEN_X, REN_S, WB_PC    , CSR_X),
    JALR    -> List(ALU_JALR  , OP1_RS1, OP2_IMI, MEN_X, REN_S, WB_PC    , CSR_X),
    LUI     -> List(ALU_ADD   , OP1_X  , OP2_IMU, MEN_X, REN_S, WB_ALU   , CSR_X),
    AUIPC   -> List(ALU_ADD   , OP1_PC , OP2_IMU, MEN_X, REN_S, WB_ALU   , CSR_X),
    CSRRW   -> List(ALU_COPY1 , OP1_RS1, OP2_X  , MEN_X, REN_S, WB_CSR   , CSR_W),
    CSRRWI  -> List(ALU_COPY1 , OP1_IMZ, OP2_X  , MEN_X, REN_S, WB_CSR   , CSR_W),
    CSRRS   -> List(ALU_COPY1 , OP1_RS1, OP2_X  , MEN_X, REN_S, WB_CSR   , CSR_S),
    CSRRSI  -> List(ALU_COPY1 , OP1_IMZ, OP2_X  , MEN_X, REN_S, WB_CSR   , CSR_S),
    CSRRC   -> List(ALU_COPY1 , OP1_RS1, OP2_X  , MEN_X, REN_S, WB_CSR   , CSR_C),
    CSRRCI  -> List(ALU_COPY1 , OP1_IMZ, OP2_X  , MEN_X, REN_S, WB_CSR   , CSR_C),
    ECALL   -> List(ALU_X     , OP1_X  , OP2_X  , MEN_X, REN_X, WB_X     , CSR_E),
    VSETVLI -> List(ALU_X     , OP1_X  , OP2_X  , MEN_X, REN_S, WB_VL    , CSR_V),
    VLE     -> List(ALU_COPY1 , OP1_RS1, OP2_X  , MEN_X, REN_V, WB_MEM_V, CSR_X),
    VADDVV  -> List(ALU_VADDVV, OP1_X  , OP2_X  , MEN_X, REN_V, WB_ALU_V, CSR_X),
    VSE     -> List(ALU_COPY1 , OP1_RS1, OP2_X  , MEN_V, REN_X, WB_X     , CSR_X),
  )
)
  val exe_fun :: op1_sel :: op2_sel :: mem_wen :: rf_wen :: wb_sel :: csr_cmd :: N
il = csignals

  val op1_data = MuxCase(0.U(WORD_LEN.W), Seq(
    (op1_sel === OP1_RS1) -> rs1_data,
    (op1_sel === OP1_PC)  -> pc_reg,
    (op1_sel === OP1_IMZ) -> imm_z_uext
  ))

  val op2_data = MuxCase(0.U(WORD_LEN.W), Seq(
    (op2_sel === OP2_RS2) -> rs2_data,
    (op2_sel === OP2_IMI) -> imm_i_sext,
    (op2_sel === OP2_IMS) -> imm_s_sext,
    (op2_sel === OP2_IMJ) -> imm_j_sext,
    (op2_sel === OP2_IMU) -> imm_u_shifted
  ))

  val vs1_data = Cat(Seq.tabulate(8)(n => vec_regfile(rs1_addr + n.U)).reverse)
  val vs2_data = Cat(Seq.tabulate(8)(n => vec_regfile(rs2_addr + n.U)).reverse)
  val vs3_data = Cat(Seq.tabulate(8)(n => vec_regfile(wb_addr  + n.U)).reverse)
```

```scala
//*********************************
// Execute (EX) Stage

alu_out := MuxCase(0.U(WORD_LEN.W), Seq(
  (exe_fun === ALU_ADD)   -> (op1_data + op2_data),
  (exe_fun === ALU_SUB)   -> (op1_data - op2_data),
  (exe_fun === ALU_AND)   -> (op1_data & op2_data),
  (exe_fun === ALU_OR)    -> (op1_data | op2_data),
  (exe_fun === ALU_XOR)   -> (op1_data ^ op2_data),
  (exe_fun === ALU_SLL)   -> (op1_data << op2_data(4, 0))(31, 0),
  (exe_fun === ALU_SRL)   -> (op1_data >> op2_data(4, 0)).asUInt(),
  (exe_fun === ALU_SRA)   -> (op1_data.asSInt() >> op2_data(4, 0)).asUInt(),
  (exe_fun === ALU_SLT)   -> (op1_data.asSInt() < op2_data.asSInt()).asUInt(),
  (exe_fun === ALU_SLTU)  -> (op1_data < op2_data).asUInt(),
  (exe_fun === ALU_JALR)  -> ((op1_data + op2_data) & ~1.U(WORD_LEN.W)),
  (exe_fun === ALU_COPY1) -> op1_data
))


// branch
br_target := pc_reg + imm_b_sext
br_flg := MuxCase(false.B, Seq(
  (exe_fun === BR_BEQ)  ->  (op1_data === op2_data),
  (exe_fun === BR_BNE)  -> !(op1_data === op2_data),
  (exe_fun === BR_BLT)  ->  (op1_data.asSInt() < op2_data.asSInt()),
  (exe_fun === BR_BGE)  -> !(op1_data.asSInt() < op2_data.asSInt()),
  (exe_fun === BR_BLTU) ->  (op1_data < op2_data),
  (exe_fun === BR_BGEU) -> !(op1_data < op2_data)
))


// vector
val csr_vsew = csr_regfile(VTYPE_ADDR)(4,2)
val csr_sew  = (1.U(1.W) << (csr_vsew + 3.U(3.W))).asUInt()
val vaddvv   = WireDefault(0.U((VLEN*8).W))

for(vsew <- 0 to 7){
  var sew = 1 << (vsew + 3)
  var num = VLEN*8 / sew // vsew32ならnum=4*8, vsew16ならnum=8*8
  when(csr_sew === sew.U){
    vaddvv := Cat(Seq.tabulate(num)(
      n => (vs1_data(sew * (n+1) - 1, sew * n) + vs2_data(sew * (n+1) - 1, sew * n))
    ).reverse)
  }
}

val v_alu_out = MuxCase(0.U((VLEN*8).W), Seq(
  (exe_fun === ALU_VADDVV) -> vaddvv
))
```

リスト 26.4　chisel-template/src/main/scala/13_vse/Core.scala

```
//********************************
// Memory Access Stage

io.dmem.addr    := alu_out
io.dmem.wen     := mem_wen
io.dmem.wdata   := rs2_data
io.dmem.vwdata  := vs3_data

val csr_vl   = csr_regfile(VL_ADDR)
val data_len = csr_sew * csr_vl
io.dmem.data_len := data_len

// CSR
val csr_addr = Mux(csr_cmd === CSR_E, 0x342.U(CSR_ADDR_LEN.W), inst(31,20))
val csr_rdata = csr_regfile(csr_addr)

val csr_wdata = MuxCase(0.U(WORD_LEN.W), Seq(
  (csr_cmd === CSR_W) -> op1_data,
  (csr_cmd === CSR_S) -> (csr_rdata | op1_data),
  (csr_cmd === CSR_C) -> (csr_rdata & ~op1_data),
  (csr_cmd === CSR_E) -> 11.U(WORD_LEN.W) // ECALLのライトバックデータは"8 + prv m
ode(=3:machine mode)"で固定
))

when(csr_cmd > 0.U){
  csr_regfile(csr_addr) := csr_wdata
}

// VSETVLI
val vtype = imm_i_sext
val vsew  = vtype(4,2)
val vlmul = vtype(1,0)
val vlmax = ((VLEN.U << vlmul) >> (vsew + 3.U(3.W))).asUInt()
val avl   = rs1_data

val vl = MuxCase(0.U(WORD_LEN.W), Seq(
  (avl <= vlmax) -> avl,
  (avl > vlmax)  -> vlmax
))

when(csr_cmd === CSR_V){
  csr_regfile(VL_ADDR)    := vl
  csr_regfile(VTYPE_ADDR) := vtype
}
```

リスト 26.4　chisel-template/src/main/scala/13_vse/Core.scala

```scala
//********************************
// Writeback (WB) Stage

val wb_data = MuxCase(alu_out, Seq(
  (wb_sel === WB_MEM) -> io.dmem.rdata,
  (wb_sel === WB_PC ) -> pc_plus4,
  (wb_sel === WB_CSR) -> csr_rdata,
  (wb_sel === WB_VL ) -> vl
))
val v_wb_data = Mux(wb_sel === WB_MEM_V, io.dmem.vrdata, v_alu_out)

when(rf_wen === REN_S) {
  regfile(wb_addr) := wb_data
}.elsewhen(rf_wen === REN_V) {
  val last_reg_id = data_len / VLEN.U

  for(reg_id <- 0 to 7){
    when(reg_id.U < last_reg_id){
      vec_regfile(wb_addr + reg_id.U) := v_wb_data(VLEN*(reg_id+1)-1, VLEN*reg_id)
    }.elsewhen(reg_id.U === last_reg_id){
      val remainder              = data_len % VLEN.U
      val tail_width             = VLEN.U - remainder
      val org_reg_data           = vec_regfile(wb_addr + reg_id.U)
      val tail_reg_data          = ((org_reg_data >> remainder) << remainder)(VLEN-1, 0)
      val effective_v_wb_data    = ((v_wb_data(VLEN*(reg_id+1)-1, VLEN*reg_id) << tail_width)(VLEN-1, 0) >> tail_width).asUInt()
      val undisturbed_v_wb_data  = tail_reg_data | effective_v_wb_data
      vec_regfile(wb_addr + reg_id.U) := undisturbed_v_wb_data
    }
  }
}


//********************************
// IO & Debug
io.gp := regfile(3)
io.pc := pc_reg
io.exit := (inst === UNIMP)
printf(p"io.pc         : 0x${Hexadecimal(pc_reg)}\n")
printf(p"inst          : 0x${Hexadecimal(inst)}\n")
printf(p"rs1_addr      : $rs1_addr\n")
printf(p"rs2_addr      : $rs2_addr\n")
printf(p"wb_addr       : $wb_addr\n")
printf(p"rs1_data      : 0x${Hexadecimal(rs1_data)}=${rs1_data}\n")
printf(p"rs2_data      : 0x${Hexadecimal(rs2_data)}=${rs2_data}\n")
printf(p"wb_data       : 0x${Hexadecimal(wb_data)}\n")
printf(p"vs1_data      : 0x${Hexadecimal(vs1_data)}\n")
```

リスト 26.4　chisel-template/src/main/scala/13_vse/Core.scala

```
    printf(p"vs2_data         : 0x${Hexadecimal(vs2_data)}\n")
    printf(p"dmem.rdata        : 0x${Hexadecimal(io.dmem.rdata)}\n")
    printf(p"dmem.vrdata       : 0x${Hexadecimal(io.dmem.vrdata)}\n")
    printf(p"vec_regfile(1.U) : 0x${Hexadecimal(vec_regfile(1.U))}\n")
    printf(p"vec_regfile(2.U) : 0x${Hexadecimal(vec_regfile(2.U))}\n")
    printf(p"vec_regfile(3.U) : 0x${Hexadecimal(vec_regfile(3.U))}\n")
    printf(p"vec_regfile(4.U) : 0x${Hexadecimal(vec_regfile(4.U))}\n")
    printf(p"vec_regfile(5.U) : 0x${Hexadecimal(vec_regfile(5.U))}\n")
    printf(p"vec_regfile(6.U) : 0x${Hexadecimal(vec_regfile(6.U))}\n")
    printf(p"vec_regfile(7.U) : 0x${Hexadecimal(vec_regfile(7.U))}\n")
    printf(p"vec_regfile(8.U) : 0x${Hexadecimal(vec_regfile(8.U))}\n")
    printf(p"vec_regfile(9.U) : 0x${Hexadecimal(vec_regfile(9.U))}\n")
    printf("---------\n")
}
```

リスト 26.5　chisel-template/src/main/scala/13_vse/Memory.scala

```
package vse

import chisel3._
import chisel3.util._
import common.Consts._
import chisel3.util.experimental.loadMemoryFromFile

class ImemPortIo extends Bundle {
  val addr = Input(UInt(WORD_LEN.W))
  val inst = Output(UInt(WORD_LEN.W))
}

class DmemPortIo extends Bundle {
  val addr     = Input(UInt(WORD_LEN.W))
  val rdata    = Output(UInt(WORD_LEN.W))
  val wen      = Input(UInt(MEN_LEN.W))
  val wdata    = Input(UInt(WORD_LEN.W))
  val vrdata   = Output(UInt((VLEN*8).W))
  val vwdata   = Input(UInt((VLEN*8).W))
  val data_len = Input(UInt(WORD_LEN.W))
}

class Memory extends Module {
  val io = IO(new Bundle {
    val imem = new ImemPortIo()
    val dmem = new DmemPortIo()
  })

  val mem = Mem(16384, UInt(8.W))
  loadMemoryFromFile(mem, "src/hex/vse32_m2.hex")
  io.imem.inst := Cat(
    mem(io.imem.addr + 3.U(WORD_LEN.W)),
```

```
      mem(io.imem.addr + 2.U(WORD_LEN.W)),
      mem(io.imem.addr + 1.U(WORD_LEN.W)),
      mem(io.imem.addr)
  )

  def readData(len: Int) = Cat(Seq.tabulate(len / 8)(n => mem(io.dmem.addr + n.U(W
ORD_LEN.W))).reverse)
  io.dmem.rdata  := readData(WORD_LEN)
  io.dmem.vrdata := readData(VLEN*8)

  switch(io.dmem.wen){
    is(MEN_S){
      mem(io.dmem.addr)      := io.dmem.wdata(7,0)
      mem(io.dmem.addr + 1.U) := io.dmem.wdata(15,8)
      mem(io.dmem.addr + 2.U) := io.dmem.wdata(23,16)
      mem(io.dmem.addr + 3.U) := io.dmem.wdata(31,24)
    }
    is(MEN_V){
      val data_len_byte = io.dmem.data_len / 8.U
      for(i <- 0 to VLEN - 1){ // 最大〔VLEN*8〕bit = VLEN byte
        when(i.U < data_len_byte){
          mem(io.dmem.addr + i.U) := io.dmem.vwdata(8*(i+1)-1, 8*i)
        }
      }
    }
  }
}
```

第27章

VSETVLI命令の実装

　本章ではベクトル命令を発行する際に事前に必要となる設定命令、VSETVLI命令を実装していきましょう。

27-1　RISC-VのVSETVLI命令定義

　VSETVLI命令とは、ベクトル命令を処理する前に必要なCSR（Control and Status Register）設定命令です[1]。

　具体的には、1回で計算できる要素数（VL）やベクトルの1要素長（SEW）などの情報をCSRに記録します。これらは後続するベクトル命令で必要な情報です。RVV命令では7本のベクトル用CSRが新規追加されますが、本書では次の2つを実装していきます。

表27.1　ベクトルCSR

アドレス	名前	意味
0xC20	VL	Vector Length：1回で計算する要素数
0xC21	VTYPE	Vector Data Type Register：SEWを含む各種演算情報

　さて、VSETVLI命令形式は次のとおりです。

リスト27.1　VSETVLI命令のアセンブリ表現

```
vsetvli rd, rs1, vtypei
```

VSETVLI命令のbit配置（I形式）は次のようになります。

表27.2　VSETVLI命令のbit配置（I形式）

31 〜 20	19 〜 15	14 〜 12	11 〜 7	6 〜 0
imm_i[11:0]	rs1	111	rd	1010111

[1]　ベクトル設定命令にはオペランドに即値を利用する VSETVLI とレジスタを利用する VSETVL があります。どちらの命令も演算内容自体は同じなので、本書では扱いやすい VSETVLI のみを実装します。

rs1レジスタで計算したいベクトル要素数（AVL：Application Vector Length）を指定します。AVLはリスト26.1でいう配列の要素数nに相当します。

vtypeiはI形式即値imm_iで指定し、符号拡張したimm_iでVTYPE情報を表現します。

rdには実際に1命令で実行されるベクトル要素数（VL）をライトバックします。VLに関しては前章で説明したとおり、**1演算で計算できる要素数VL＝ベクトルレジスタ長（VLEN）/ベクトルの1要素長（SEW）**として、ハードウェア側で計算します。VLENはハードウェア固定値（本書では128bit）、SEWはVTYPEで指定します。

これらの処理に加えて、VL（Vector Length）およびVTYPE（Vector Data Type Register）をCSRに書き込みます。以降でVTYPEについて追加で説明していきます。

27-2　VTYPE

VTYPEは次の情報を表現します[*2]。

表27.3　VTYPE

Bits	意味
XLEN-1	vill（設定値が不適切な場合に1が立ちます）
XLEN-2:8	予約領域（値は0）
7	vma（Vector mask agnostic）
6	vta（Vector tail agnostic）
5	vlmul[2]
4:2	vsew[2:0]
1:0	vlmul[1:0]

本書で実装している32bitアーキテクチャではXLEN = 32となります。

27-2-1　SEW と LMUL

VTYPEで重要な要素は次の2つです。

* **SEW（Standard Element Width）**：ベクトルの1要素のbit数。VTYPEのvsewで指定
* **LMUL（Length Multiplier）**：利用するベクトルレジスタの本数。VTYPEのvlmulで指定。LMULを変更することで擬似的にVLENの増減が可能

具体的には次のように情報を指定します。

[*2]　VTYPEのbit配置が仕様書v0.9からv1.0へのアップグレードで変更予定です。具体的にはVTYPE[5:3]がvsew[2:0]、VTYPE[2:0]がvlmul[2:0]へ変わります。執筆時点では新しい仕様書に対応したGCCコンパイラがリリースされていないため、v0.9仕様のまま実装しています。いずれにせよ本筋には影響しないのでご安心ください。

表27.4 SEW

vsew（bit）	vsew（符号なし10進数）	SEW	アセンブリ表現
000	0	8bit = 2^3	e8
001	1	16bit = 2^4	e16
010	2	32bit = 2^5	e32
011	3	64bit = 2^6	e64
100	4	128bit = 2^7	e128
101	5	256bit = 2^8	e256
110	6	512bit = 2^9	e512
111	7	1024bit = 2^{10}	e1024

表27.5 LMUL

vlmul（bit）	vlmul（符号あり10進数）	LMUL	アセンブリ表現
000	0	1本 = 2^0	m1
001	1	2本 = 2^1	m2
010	2	4本 = 2^2	m4
011	3	8本 = 2^3	m8
101	-3	1/8本 = 2^{-3}	mf8
110	-2	1/4本 = 2^{-2}	mf4
111	-1	1/2本 = 2^{-1}	mf2

SEWとLMULの意味を理解するために、ベクトルレジスタ長 = 128bitの場合の具体例を挙げます。

表27.6 VSETVLI命令例

命令	AVL（a0）	SEW	LMUL	VLMAX	VL（t0）
vsetvli t0, a0, e32, m1	8	32bit	1	128/32 = 4	4
vsetvli t0, a0, e16, m1	8	16bit	1	128/16 = 8	8
vsetvli t0, a0, e32, m1	2	32bit	1	128/32 = 4	2
vsetvli t0, a0, e32, m2	8	32bit	2	(128 × 2)/32 = 8	8
vsetvli t0, a0, e32, mf2	8	32bit	1/2	(128 × 1/2)/32 = 2	2

VSETVLIで実際に計算する要素数VLの計算方法を説明します。まず、1回の演算で計算できる最大の要素数VLMAXは次のように計算できます。

リスト27.2 VLMAXの計算方法

```
VLMAX = VLEN × LMUL / SEW
```

VLMAXの計算イメージは次のとおりです。

図 27.1　VLMAXの計算イメージ

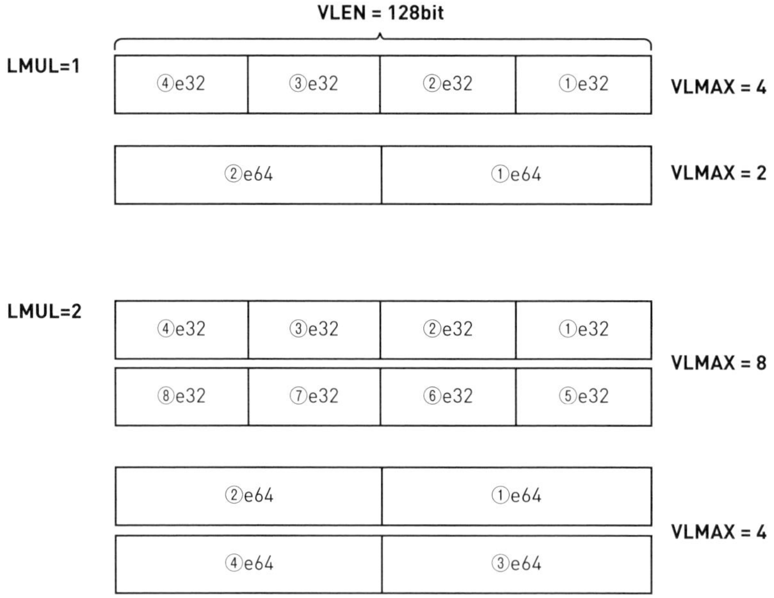

計算したい要素数AVLに応じて、次のようにVLを定めます。

表 27.7　VLの計算方法

AVL	VL
VLMAX 未満	AVL
VLMAX 以上〜 VLMAX × 2 未満	(AVL/2) 〜 VLMAX の範囲内で任意に設計可
VLMAX × 2 以上	VLMAX

VLMAX より大きく、VLMAX × 2未満の場合、ベクトル演算を2回繰り返すことになりますが、それぞれで何要素計算するのかはハードウェアの設計次第です。具体的には`AVL / 2 ≤ VL ≤ VLMAX`の範囲内で自由にVLを設定でき、次のいずれの配分でも問題ありません。

表 27.8　VLの取り得る値

1回目	2回目
VLMAX	AVL - VLMAX
AVL/2	AVL/2
1	AVL-1

想定するアプリケーションに応じて、可能な限り前倒しで計算したほうがよいのか、メモリ転送量がボトルネックにならないようにサイクルごとに均等に按分したほうがよいのかなどを

検討します。本書では前者を採用し、可能であれば常にVLMAX個を演算対象にする形で実装します。

27-2-2　vill、vta、vma

その他のVTYPE要素として、vill、vta、vmaの3つがあります。本書では実装を省略しますが、その内容に関して、本項で簡単にまとめておきます。

villは不適切な値が設定された命令の場合に1が立ちます。

vta（Vector Tail Agnostic）はtail要素を、vma（Vector Mask Agnostic）はマスキングによりinactiveとなった要素をどのように取り扱うのかを規定しています。

tail要素はベクトルレジスタのうち、VL範囲よりも後ろの要素（計算不要の要素）を指します。

図27.2　tail要素例

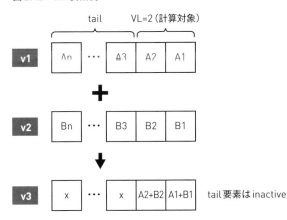

一方マスキングに関しては、ベクトル命令ではマスクレジスタを利用して、要素ごとに演算の実行可否を制御できます。マスクが1ならば実行（active）、0ならば非実行（inactive）といった具合です。ちなみにRVV命令ではベクトルレジスタを32本追加し、それぞれv0〜v31と呼び、マスクレジスタは通常v0を利用します。

図27.3　ベクトルマスク例

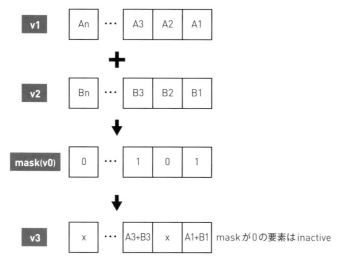

これらの要素に関して、それぞれvta、vmaが0ならばundisturbed（変更なし）、1ならばagnostic（変更なし or すべてを1に上書き。いずれを選択するかはハードウェア設計次第）という挙動をするように設定します。具体的にはvtaおよびvmaは次のように指定します。

表27.9　vta

vta	アセンブリ表現	意味
0	tu	Tail undisturbed
1	ta	Tail agnostic

表27.10　vma

vma	アセンブリ表現	意味
0	mu	Mask undisturbed
1	ma	Mask agnostic

vta、vmaを明示したVSETVLI命令は次のようになります。

リスト27.3　vta,vmaを明示したVSETVLI命令

```
vsetvli rd, rs1, e32, m2, ta, ma
```

VSETVLI命令でvta、vmaを指定しなかった場合、tu、muが暗黙的に設定されます[*1]。本書ではtail要素はすべてundisturbedとして実装、マスキングは非実装とします。

[*1]　仕様書v1.0ではvta、vmaを指定しないVSETVLI命令は非推奨とされる予定です。

27-3 Chiselの実装

今回の実装ファイルは`package vsetvli`として、GitHub上の`chisel-template/src/main/scala/10_vsetvli/`ディレクトリに格納しています。

前提として、本書の実装ではベクトルレジスタ長VLENを128bitとします。

リスト27.4 common/Consts.scala
```
val VLEN = 128
```

また、実装の簡略化のためにSEWはe8 〜 e64、LMULはm1 〜 m8に限定します。加えて前章でチャレンジしたパイプライン処理はいったん忘れて、第Ⅱ部の`package ctest`をベースにベクトル命令を追加していきます。

27-3-1 命令bitパターンの定義

表27.2「VSETVLI命令のbit配置（I形式）」の配置に従って、Instructions.scalaにVSETVLI命令のBitPatを定義します。

リスト27.5 chisel-template/src/common/Instructions.scala
```
val VSETVLI = BitPat("b?????????????????111?????1010111")
```

27-3-2 デコード信号の生成 @ID ステージ

IDステージでVSETVLI命令用のデコード信号csignalsを定義します。

リスト27.6 Core.scala
```
val csignals = ListLookup(inst,
              List(ALU_X, OP1_RS1, OP2_RS2, MEN_X, REN_X, WB_X , CSR_X),
  Array(
    ...
    VSETVLI -> List(ALU_X, OP1_X  , OP2_X  , MEN_X, REN_S, WB_VL, CSR_V)
  )
)
```

VSETVLI命令はALUを利用しないのでALU_Xとします。またレジスタライトバックデータをVLとするためにWB_VL、ベクトルCSR書き込みを制御するためにCSR_Vを追加しています。

27-3-3　ベクトル CSR への書き込み @MEM ステージ

VSETVLI の演算を CSR 命令と同様に MEM ステージに記述します。

VLMAX の計算

VLMAX の計算は次のようになります。

リスト 27.7　Core.scala

```
val vtype = imm_i_sext
val vsew = vtype(4,2)
val vlmul = vtype(1,0)
val vlmax = ((VLEN.U << vlmul) >> (vsew + 3.U(3.W))).asUInt()
```

vlmul は本来は vtype の 5bit 目も含まれますが、本書では m1 ～ m8（LMUL = 0 ～ 3 本）のみを対象とするため、vtype の下位 2bit のみを抽出しています。

表 27.4「SEW」、表 27.5「LMUL」を見てみると、SEW = $2^{(vsew+3)}$、LMUL = 2^{vlmul} で計算できることがわかります。VLMAX = VLEN × LMUL / SEW = VLEN × (2^{vlmul}) / ($2^{(vsew+3)}$)なので、Chisel ではシフト演算を利用して、vlmax を計算しています。

また、「13.2.3 シフト演算結果の接続 @EX ステージ」で述べたとおり、>> は Bits 型を返すため、asUInt() で UInt 型へ変換しています。

VL の計算

表 27.7「VL の計算方法」で前述した方法で VL を計算していきます。AVL が VLMAX ～ VLMAX × 2 の範囲内の場合は、VL を AVL/2 ～ VLMAX の範囲内で任意に設定可能ですが、本書では常に VL を最大化できるよう VL = VLMAX とします。

リスト 27.8　Core.scala

```
val avl = rs1_data
val vl = MuxCase(0.U(WORD_LEN.W), Seq(
  (avl <= vlmax) -> avl,
  (avl > vlmax)  -> vlmax
))
```

ベクトル CSR 書き込み

表 27.1「ベクトル CSR」で触れた 2 つのベクトル CSR、VL と VTYPE に値を書き込みます。

リスト27.9　Consts.scala

```
val VL_ADDR    = 0xC20
val VTYPE_ADDR = 0xC21
```

リスト27.10　Core.scala

```
when(csr_cmd === CSR_V){
  csr_regfile(VL_ADDR)    := vl
  csr_regfile(VTYPE_ADDR) := vtype
}
```

27-3-4　VL のレジスタライトバック @WB ステージ

最後に計算したVLをレジスタにライトバックします。

リスト27.11　Core.scala

```
val wb_data = MuxCase(alu_out, Seq(
  ...
  (wb_sel === WB_VL) -> vl
))
```

以上でVSETVLI命令のChisel実装は完了です！

27-4　テストの実行

今回はSEWとLMULによる挙動の違いを確認するため、次の3パターンをテスト対象とします。

表27.11　テストパターン

テスト	SEW	LMUL
テスト1	e32	m1
テスト2	e64	m1
テスト3	e32	m2

27-4-1　e32/m1 テスト

まずはSEW = e32、LMUL = m1を指定するVSETVLI命令をテストしていきましょう。

テスト用Cプログラムの作成

次のようにテスト用Cプログラムの作成を行います。

リスト27.12　chisel-template/src/c/vsetvli.c

```c
#include <stdio.h>

int main()
{
  unsigned int size = 5; // 計算したい要素数
  unsigned int vl;

  // 計算したい要素数sizeが0になるまでループを回す
  while (size > 0)
  {
    // 実際に計算される要素数を変数vlに格納
    asm volatile("vsetvli %0, %1, e32, m1"
                 : "=r"(vl)
                 : "r"(size));

    size -= vl;

    // ここに何かしらのベクトル演算が入る
  }

  asm volatile("unimp");
  return 0;
}
```

今回はインラインアセンブラで、GCCの拡張アセンブラ構文を利用しています。拡張アセンブラ構文を使えば、Cプログラム上で定義した変数をインラインアセンブラで利用できます。

リスト27.13　GCC拡張アセンブラ構文

```
asm ("アセンブリ言語" : 出力オペランド : 入力オペランド);
```

各オペランドは**"制約文字"(変数名)** という形式で記述します。制約文字の"r"はレジスタの自動割当、"="は出力オペランドであることを意味しています。たとえば、出力オペランドの**"=r"(vl)** は、変数vlに割り当てた書き込み用レジスタ、入力オペランドの**"r"(size)** は、変数sizeに割り当てた読み出し用レジスタを意味します。

またアセンブリ言語内の%0、%1はそれぞれ出力オペランド、入力オペランドで割り当てたレジスタが代入されます。つまり、今回のインラインアセンブラでは、変数sizeが格納されたレジスタをrs1としてVSETVLI命令を実行し、その結果に相当するrdレジスタの値が変数vlに書き込まれることになります。

hexおよびdumpファイルの作成

hexとdumpファイルの作成を次のように行います。

図27.4　hexおよびdumpファイルの作成＠Dockerコンテナ

```
$ cd /src/chisel-template/src/c
$ make vsetvli
```

dumpファイルは次のようになります。

リスト27.14　chisel-template/src/dump/vsetvli.elf.dmp

```
00000000 <main>:
   0:   00500793        li       a5,5
   4:   0087f757        vsetvli  a4,a5,e32,m1,tu,mu,d1
   8:   40e787b3        sub      a5,a5,a4
   c:   fe079ce3        bnez     a5,4 <main+0x4>
  10:   c0001073        unimp
```

　アドレス0のli命令は**unsigned int size = 5**に相当し、レジスタa5に変数sizeが割り当てられています。またアドレス4のvsetvli命令を見ると、変数vlはレジスタa4にセットされていることがわかります。

Memory.scalaでのhex指定

Memory.scalaでhexを指定します。

リスト27.15　Memory.scala

```
loadMemoryFromFile(mem, "src/hex/vsetvli.hex")
```

テストコマンドの実行

　FetchTest.scalaをpackage名のみvsetvliへ変更したテストファイルを作成したうえで、sbtテストコマンドを実行します。

リスト27.16　chisel-template/src/test/scala/VsetvliTest.scala

```
package vsetvli
...
```

図27.5　sbtテストコマンド＠Dockerコンテナ

```
$ cd /src/chisel-template
$ sbt "testOnly vsetvli.HexTest"
```

テスト結果は次のようになります。

図27.6　テスト結果

```
# 1回目のVSETVLI
---------
io.pc      : 0x000000004
inst       : 0x00087f757
rs1_addr   : 15          # a5
wb_addr    : 14          # a4
rs1_data   : 0x000000005 # AVL=5
wb_data    : 0x000000004 # VL=4
---------

# 1回目のSUB：残りの要計算要素数sizeを算出
---------
io.pc      : 0x000000008
inst       : 0x040e787b3
rs1_addr   : 15
rs2_addr   : 14
wb_addr    : 15
rs1_data   : 0x000000005
rs2_data   : 0x000000004
wb_data    : 0x000000001 # AVL-VL = 5-4 = 1
---------

# 1回目のBNEZ：残りの要計算要素数size≠0なので、4番地に戻る
---------
io.pc      : 0x00000000c
inst       : 0x0fe079ce3
rs1_addr   : 15
rs2_addr   : 0
wb_addr    : 25
rs1_data   : 0x000000001 # 残りの要計算要素数
---------

# 2回目のVSETVLI
---------
io.pc      : 0x000000004
inst       : 0x00087f757
rs1_addr   : 15
wb_addr    : 14
rs1_data   : 0x000000001 # AVL=1
wb_data    : 0x000000001 # VL=1
---------

# 2回目のSUB：残りの要計算要素数sizeが0に
---------
io.pc      : 0x000000008
inst       : 0x040e787b3
rs1_addr   : 15
```

図27.6 テスト結果

```
rs2_addr    : 14
wb_addr     : 15
rs1_data    : 0x000000001
rs2_data    : 0x000000001
wb_data     : 0x000000000 # AVL-VL = 1-1 = 0
---------

# 2回目のBNEZ：残りの要計算要素数size = 0 なので、ジャンプしない→UNIMP命令へ
---------
io.pc       : 0x00000000c
inst        : 0x0fe079ce3
rs1_addr    : 15
rs2_addr    :  0
wb_addr     : 25
rs1_data    : 0x000000000 # 残りの要計算要素数
```

　以上で、与えられたAVLによって、VLが計算され、AVLが0になるまで、ループするしくみが完成しました。

27-4-2　e64/m1 テスト

　続いて、SEWをe64（64bit）に変更したVSETVLI命令をテストしていきましょう。

リスト27.17 chisel-template/src/c/vsetvli_e64.c

```
...
asm volatile("vsetvli %0, %1, e64, m1"
             : "=r"(vl)
             : "r"(size));
...
```

　hexとdumpファイルの作成を次のように行います。

図27.7 hexおよびdumpファイルの作成＠Dockerコンテナ

```
$ cd /src/chisel-template/src/c
$ make vsetvli_e64
```

リスト27.18 Memory.scala

```
loadMemoryFromFile(mem, "src/hex/vsetvli_e64.hex")
```

　VLEN = 128bitに対して、e64は2つ入ります。そのため、size = 5のベクトルを処理する場合、ループは2個→2個→1個と3回繰り返されます。

図27.8　テスト結果

```
# 1回目のVSETLI
---------

io.pc      : 0x000000004
rs1_data   : 0x000000005 # AVL=5
wb_data    : 0x000000002 # VL=2
---------

...
# 2回目のVSETLI
---------

io.pc      : 0x000000004
rs1_data   : 0x000000003 # AVL=3
wb_data    : 0x000000002 # VL=2
---------

...
# 3回目のVSETLI
---------

io.pc      : 0x000000004
rs1_data   : 0x000000001 # AVL=1
wb_data    : 0x000000001 # VL=1
---------

...
UNIMP命令へ
```

27-4-3　e32/m2 テスト

最後に、VSETVLI命令のLMULをm2（レジスタ2本を1グループ）に変更してみましょう。

リスト27.19　chisel-template/src/c/vsetvli_m2.c

```
...
unsigned int size = 10;
...
asm volatile("vsetvli %0, %1, e32, m2"
             : "=r"(vl)
             : "r"(size));
...
```

リスト27.20　Memory.scala

```
loadMemoryFromFile(mem, "src/hex/vsetvli_m2.hex")
```

hexとdumpファイルの作成を次のように行います。

図27.9　hexおよびdumpファイルの作成＠Dockerコンテナ

```
$ cd /src/chisel-template/src/c
$ make vsetvli_m2
```

VLEN = 128bit、m2だと1回の演算で128*2 = 256bitを処理できます。e32だとVLMAX = 8要素となります。

今回はベクトルサイズを10に変更したので、ループは8個→2個と2回繰り返されます。

図27.10　テスト結果

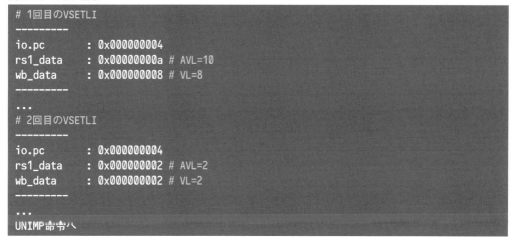

```
# 1回目のVSETLI
---------
io.pc       : 0x000000004
rs1_data    : 0x00000000a # AVL=10
wb_data     : 0x000000008 # VL=8

...
# 2回目のVSETLI
---------
io.pc       : 0x000000004
rs1_data    : 0x000000002 # AVL=2
wb_data     : 0x000000002 # VL=2
---------
...
UNIMP命令へ
```

以上で、SEWやLMULに応じたVSETVLI命令の処理を一通り確認できました。

第28章

ベクトルロード命令の実装

　続いて、メモリデータをベクトルレジスタへ読み込むベクトルロード命令を実装していきます。ベクトルロード命令にはメモリアクセスの方法によって、次の3種類があります。

- **unit-stride**：ベースアドレスから連続したデータにアクセス
- **strided**：ベースアドレスから一定の間隔でアドレスを増加させながらアクセス
- **indexed**：ベースアドレスに対して、要素ごとに指定したオフセットを加えたアドレスにアクセス

図で示すと次のようになります。

図28.1　ベクトルロード命令の種類

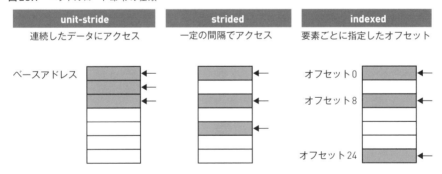

　stridedアクセスはたとえば行指向でメモリに保存された2次元配列データに対して、列指向でアクセスしたい場合に利用されます。

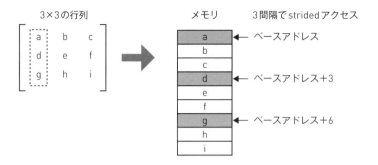

図 28.2　strided アクセスの利用例

行指向でメモリに保存された行列データに対して、列データを取得

一方、indexed アクセスはこうした規則的なアクセスではなく、任意のデータにアクセスしたい場合に利用されます。

本書では最もシンプルな unit-stride アクセスのみを実装していきます。

28-1　unit-stride 形式のベクトルロード命令定義

RISC-V では unit-stride 形式のベクトルロード命令（以降、VLE 命令）として、SEW 別に次の命令を定義しています[*1]。

表 28.1　VLE 命令

命令	SEW
VLE8.V	8bit
VLE16.V	16bit
VLE32.V	32bit
VLE64.V	64bit

VLE 命令のアセンブリ表現は次のようになります。

リスト 28.1　VLE 命令のアセンブリ表現

```
vle8.v  vd, (rs1)
vle16.v vd, (rs1)
vle32.v vd, (rs1)
vle64.v vd, (rs1)
```

VLE 命令ではベクトルレジスタ vd に、rs1 に格納されたメモリアドレスのデータをロードします。

[*1]　SEW128bit 以上の VLE 命令は Reserved として仕様定義されているので、本書では省略しています。

28-1-1 SEW と EEW

VSETVLI命令でSEWを設定しているにも関わらず、なぜVLE命令でVLE32.V、VLE64.V のようにSEWをエンコードしているのでしょうか？ 実はSEWの異なるオペランドを取るベクトル命令があるためです。

たとえば、VWADD.WV命令では、SEW = 32bitと定義された状態において、vs1に要素幅32bitのベクトルデータ、vs2に要素幅64bitのベクトルデータをオペランドに取ります。もし、ベクトルCSRのVTYPEのみでSEW管理をする場合、vs1用データのロード前とvs2用データのロード前に2回のVSETVLI命令を発行する必要があります。一方、ロード命令にSEWをエンコードした場合、VSETVLI命令を毎回実行する必要はなく、効率的な命令発行が可能となります。

リスト28.2 VLE命令にSEWをエンコードする意味

```
// SEWをエンコードしない場合（SEWをエンコードしないベクトルロード命令をvl.vと仮定）
vsetvli rd, rs1, e64, m1
vl.v v2, (rs1) // SEW=64bit
vsetvli rd, rs1, e32, m1
vl.v v1, (rs1) // SEW=32bit
vwadd.wv v4, v2, v1

// SEWをエンコードする場合
vsetvli rd, rs1, e32, m1
vle32.v v1, (rs1) // SEW=32bit
vle64.v v2, (rs1) // SEW=64bit
vwadd.wv v4,v2,v1
```

このようにVLE命令で指定するSEWは、EEW（Effective Element Width：実際の要素幅）と呼ばれます。VSETVLI命令では指定したSEWによって、VLENに応じたVLが決まります。しかし、VLE命令においてはすでに決まっているVLに対して、EEWを乗じることで、ロードするデータ幅を決定します。

たとえば、VSETVLI命令でVL = 2となっている状態において、VLE命令はEEWによって、次のような違いが生じます。

図28.3　VL=2におけるVLE命令の違い

VLE8.V	8bit	8bit	計16bitをロード
VLE16.V	16bit	16bit	計32bitをロード
VLE32.V	32bit	32bit	計64bitをロード
VLE64.V	64bit	64bit	計128bitをロード

　仮にVLEN = 128bit、SEW = 32bit、LMUL = 1、VL = 4の状態でVLE64.V命令を実行した場合、VLは変わらないので、ロードデータ幅は64×4 = 256bitとなり、2本のベクトルレジスタへロードされることになります。つまり、実質的なLMULは2となり、これをEMUL（Effective LMUL）と呼びます。

　しかし、本書ではVWADD.WV命令のような異なるSEWのオペランドを取る命令は取り扱わないので、常にSEW = EEW、LMUL = EMULが成立します。そこで本書では実装簡略化のため、VLE命令にエンコードされたEEWは利用せず、常にVSETVLI命令で定義したSEWを参照します。そのため、EEWやEMULといった複雑な概念はいったん忘れていただいて構いませんが、VLE命令にSEWがエンコードされている背景だけご理解ください。

28-1-2　bit配置

VLE命令のbit配置は次のとおりです。

表28.2　VLE命令のbit配置（I形式）

31～29	28	27～26	25	24～20	19～15	14～12	11～7	6～0
nf	mew	mop	vm	lumop	rs1	width	vd	0000111

　20bit目以上の各値、およびwidthはそれぞれ特定の演算情報をエンコードしたものですが、本書ではvm、widthのみを紹介します。それ以外のデータは本書の範囲を超えるため、その説明を省略させていただき、すべて0を立てておきます。

データ幅を表すwidth

widthはロードするベクトルデータの要素bit幅（EEW）を表現します。

表28.3　VLE命令のwidth

width	SEW
000	8bit
101	16bit
110	32bit
111	64bit

ただし前述のとおり、本書の範囲内ではEEWは利用しないので、widthは実質的に意味を持ちません。

マスク利用有無を表すvm

25bit目のvmはベクトルマスクの利用有無を表します。ベクトルマスクはVSETVLI命令の説明でも登場しましたが、マスクレジスタを利用して、要素ごとに演算の実行可否を制御するものです。本書では常に1を立て、unmasked（マスクを使用しない）を指定します。

28-2　Chiselの実装

今回の実装ファイルはpackage vleとして、GitHub上のchisel-template/src/main/scala/11_vle/ディレクトリに格納しています。

28-2-1　命令bitパターンの定義

表28.2「VLE命令のbit配置（I形式）」に従って、Instructions.scalaにVLE命令のBitPatを定義します。

リスト28.3　chisel-template/src/common/Instructions.scala

```
val VLE = BitPat("b000000100000?????????????00000111")
```

20 ～ 31bit目の演算情報エンコード部分は固定値でvmのみ1を立てます。また、12 ～ 14bit目のwidthはすべてのEEWに対応できるようにdon't careの?としています。

28-2-2　DmemPortIo の拡張

データメモリとのインターフェースにベクトルデータロード用ポートを追加します。ポートのbit幅は、LMUL ＝ 8本にまで対応するため、VLEN×8bitを確保しています。

リスト28.4 Memory.scala

```
class DmemPortIo extends Bundle {
  ...
  val vrdata = Output(UInt((VLEN*8).W))
}
```

このように一度で大きなベクトルデータを転送するアーキテクチャは、強力なベクトル演算能力を獲得できる一方、大きなメモリバンド幅が必要となります。本例で言うと、スカラプロセッサ32bitのメモリバンド幅に対して、ベクトルプロセッサでは128×8 = 1024bitと32倍に拡張しています。CPU設計者は演算能力とメモリバンド幅のトレードオフを常に意識することが求められます。

28-2-3 ベクトルレジスタの追加

VLEN = 128bit幅のレジスタを32本追加します。

リスト28.5 Core.scala

```
val vec_regfile = Mem(32, UInt(VLEN.W))
```

28-2-4 デコード信号の生成 @ID ステージ

デコード信号の生成を次のように行います。

リスト28.6 Core.scala

```
val csignals = ListLookup(inst,
        List(ALU_X    , OP1_RS1, OP2_RS2, MEN_X, REN_X, WB_X    , CSR_X),
  Array(
    ...
    VLE -> List(ALU_COPY1, OP1_RS1, OP2_X  , MEN_X, REN_V, WB_MEM_V, CSR_X)
  )
)
```

メモリからロードしたベクトルデータをベクトルレジスタへライトバックするので、rf_wen信号としてREN_Vを、wb_sel信号としてWB_MEM_Vを新規追加しています。

28-2-5 ベクトルロードデータのレジスタライトバック @WB ステージ

メモリからロードするデータはVLEN×8bitですが、実際にレジスタへ書き込むデータ幅はSEW×VLです。VL範囲を超えるtail要素はundisturbed（変更なし）とするために、少し複雑な処理が入ります。

リスト28.7　Core.scala

```
val v_wb_data = io.dmem.vrdata

when(rf_wen === REN_S) {
  regfile(wb_addr) := wb_data
}.elsewhen(rf_wen === REN_V) {
  /* VLE命令にエンコードされたEEWではなく、CSRのSEWを利用
     ∵本書の範囲内では常にSEW=EEWなので、実装簡略化 */
  val csr_vl   = csr_regfile(VL_ADDR)
  val csr_vsew = csr_regfile(VTYPE_ADDR)(4,2)
  val csr_sew  = (1.U(1.W) << (csr_vsew + 3.U(3.W))).asUInt()
  val data_len = csr_sew * csr_vl

  /* 利用するベクトルレジスタに0～7までid付与
     e.g.)ライトバックデータ幅が288bitなら、last_reg_id=2.U */
  val last_reg_id = data_len / VLEN.U

  for(reg_id <- 0 to 7){ // reg_id=0～7まで8回ループ
    when(reg_id.U < last_reg_id){ // ベクトルレジスタの全bitが書き込み対象
      vec_regfile(wb_addr + reg_id.U) := v_wb_data(VLEN*(reg_id+1)-1, VLEN*reg_id)
    }.elsewhen(reg_id.U === last_reg_id){ // tail要素をundisturbed処理
      // e.g.)ライトバックデータ幅が288bitなら、remainder=32bit
      val remainder    = data_len % VLEN.U
      val tail_width   = VLEN.U - remainder
      val org_reg_data = vec_regfile(wb_addr + reg_id.U)

      /* remainder部分を0に
         [tail][xx...x]→論理右シフト→[00...0][tail]→左シフト→[tail][00...0] */
      val tail_reg_data = ((org_reg_data >> remainder) << remainder)(VLEN-1, 0)

      /* tail部分を0に
         [xx...x][remainder]→左シフト→[remainder][00...0]→論理右シフト→[00...0][remainder]
         ">>"はBits型を返すため、asUInt()でUInt型へ変換 */
      val effective_v_wb_data = ((v_wb_data(VLEN*(reg_id+1)-1, VLEN*reg_id) << tail_width)(VLEN-1, 0) >> tail_width).asUInt()

      /* [  tail][00......0]
         OR
         [00...0][remainder]
       = [  tail][remainder] */
      val undisturbed_v_wb_data = tail_reg_data | effective_v_wb_data

      vec_regfile(wb_addr + reg_id.U) := undisturbed_v_wb_data
    }
  }
}
```

undisturbed処理を図で示すと次のようになります。

図28.4 undisturbed処理

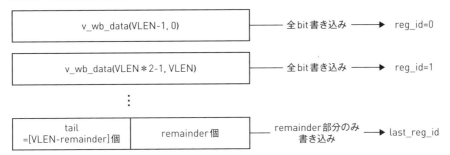

本章の冒頭で述べたとおり、実装簡略化のため、ベクトルレジスタへのライトバック時に書き込むデータ幅data_lenを求める部分において、VLE命令にエンコードされたEEWではなく、ベクトルCSRのSEWを参照しています。

28-2-6 メモリからベクトルデータの読み出し @Memory クラス

最後に、メモリ側でベクトルデータの読み出しを実装します。スカラロードとの違いは読み出しbit幅で、WORD_LENからVLEN×8に拡張する必要があります。VLEN×8bitの読み出しをハードコーディングするのは大変なので、readDataというオリジナルメソッドを定義します。

リスト28.8 Memory.scala

```
def readData(len: Int) = Cat(Seq.tabulate(len / 8)(n => mem(io.dmem.addr + n.U(WOR
D_LEN.W))).reverse)
io.dmem.rdata  := readData(WORD_LEN)
io.dmem.vrdata := readData(VLEN*8)

/*
e.g.) readData(32)は次のように展開

Cat(Seq.tabulate(4)(n => mem(io.dmem.addr + n.U(WORD_LEN.W))).reverse)
↓
Cat(List(
  mem(io.dmem.addr + 0.U(WORD_LEN.W)),
  mem(io.dmem.addr + 1.U(WORD_LEN.W)),
  mem(io.dmem.addr + 2.U(WORD_LEN.W)),
  mem(io.dmem.addr + 3.U(WORD_LEN.W))
).reverse)
↓
Cat(List(
  mem(io.dmem.addr + 3.U(WORD_LEN.W)),
  mem(io.dmem.addr + 2.U(WORD_LEN.W)),
```

```
   mem(io.dmem.addr + 1.U(WORD_LEN.W)),
   mem(io.dmem.addr + 0.U(WORD_LEN.W))
))
*/
```

readDataは、引数で与えられたInt bit分だけ、io.dmem.addrを起点にメモリデータを読み出し、UInt型で返します。「3.3.3 コレクション：Seq」で紹介したtabulate、reverseメソッド、および「3.4.11 bit操作」のCatオブジェクトを活用しています。

このようにreadDataを使うことで、スカラロード、ベクトルロードの両方を簡潔に記述できます。ChiselでScalaのメソッドを活用できるメリットを実感できます。

28-2-7　デバッグ用信号の追加

最後にデバッグ用の信号を追加します。vec_regfileのデータは次章以降で必要となるものも含めて、9本目まで出力しています。

リスト28.9　Core.scala

```
printf(p"dmem.vrdata        : 0x${Hexadecimal(io.dmem.vrdata)}\n")
printf(p"vec_regfile(1.U) : 0x${Hexadecimal(vec_regfile(1.U))}\n")
printf(p"vec_regfile(2.U) : 0x${Hexadecimal(vec_regfile(2.U))}\n")
printf(p"vec_regfile(3.U) : 0x${Hexadecimal(vec_regfile(3.U))}\n")
printf(p"vec_regfile(4.U) : 0x${Hexadecimal(vec_regfile(4.U))}\n")
printf(p"vec_regfile(5.U) : 0x${Hexadecimal(vec_regfile(5.U))}\n")
printf(p"vec_regfile(6.U) : 0x${Hexadecimal(vec_regfile(6.U))}\n")
printf(p"vec_regfile(7.U) : 0x${Hexadecimal(vec_regfile(7.U))}\n")
printf(p"vec_regfile(8.U) : 0x${Hexadecimal(vec_regfile(8.U))}\n")
printf(p"vec_regfile(9.U) : 0x${Hexadecimal(vec_regfile(9.U))}\n")
```

以上でVLE命令のChisel実装は完了です！

28-3　テストの実行

VSEVLI命令同様、SEWとLMULの組み合わせに応じて3パターンをテスト対象とします。

28-3-1　e32/m1 テスト

まずはSEW = e32、LMUL = m1とするVLE32.V命令をテストしてみましょう。

テスト用Cプログラムの作成

前回記述したvsetvli.cに追記する形でvle32.cを作成します。

リスト28.10　chisel-template/src/c/vle32.c

```c
#include <stdio.h>

int main()
{
  unsigned int size = 5; // 計算したい要素数

  unsigned int x[] = {
      0x11111111,
      0x22222222,
      0x33333333,
      0x44444444,
      0x55555555};
  unsigned int *xp = x;

  unsigned int vl;

  while (size > 0)
  {
    // 実際に計算される要素数vlを格納
    asm volatile("vsetvli %0, %1, e32, m1"
                 : "=r"(vl)
                 : "r"(size));

    // 計算したい要素数sizeをデクリメント
    size -= vl;

    // ベクトルロード命令
    asm volatile("vle32.v v1,(%0)" ::"r"(xp));

    /* ポインタのインクリメント。ポインタの指す型のサイズが1単位に相当。
       今回は[int型サイズ × vl]分。 */
    xp += vl;
  }

  asm volatile("unimp");
  return 0;
}
```

　Cの配列に対するポインタの取り扱いに関して補足しておきます。unsigned int *xp = x;で定義されるポインタxpはxの冒頭アドレスを指します。このポインタに対して、たとえばxp += 1;とポインタをインクリメントした場合、xpの値は配列 xの1要素サイズ分、増加します。

リスト28.11　Cの配列に対するポインタの挙動

```c
printf("%p\n", xp);   // 0x7fff5ca92620
printf("%p\n", xp+1); // 0x7fff5ca92624 (4byte=32bit分インクリメント)
```

つまり、**xp+1**は配列 xの2要素目のアドレスを指していることになります。本例では1回の演算でvl個処理されるので、**xp+vl** としてポインタを進めています。

hexおよびdumpファイルの作成

hexとdumpファイルの作成を次のように行います。

図28.5　hexおよびdumpファイルの作成@Dockerコンテナ

```
$ cd /src/chisel-template/src/c
$ make vle32
```

リスト28.12　chisel-template/src/dump/vle32.elf.dmp（抜粋）

```
34:    00500713        li      a4,5
38:    008777d7        vsetvli a5,a4,e32,m1,tu,mu,d1
3c:    40f70733        sub     a4,a4,a5
40:    0206e087        vle32.v v1,(a3)
44:    00279793        slli    a5,a5,0x2
48:    00f686b3        add     a3,a3,a5
4c:    fe0716e3        bnez    a4,38 <main+0x38>
50:    c0001073        unimp
```

作成したhexファイルをメモリでロードしておきます。

リスト28.13　Memory.scala

```
loadMemoryFromFile(mem, "src/hex/vle32.hex")
```

テストの実行

FetchTest.scalaをpackage名のみvleへ変更したテストファイルを作成したうえで、sbtテストコマンドを実行します。

リスト28.14　chisel-template/src/test/scala/VleTest.scala

```
package vle
...
```

図28.6　sbtテストコマンド@Dockerコンテナ

```
$ cd /src/chisel-template
$ sbt "testOnly vle.HexTest"
```

テスト結果は次のようになります。

図28.7　テスト結果

```
# 1回目のxベクトルロード(vle32.v v1,(a3))
---------
io.pc          : 0x00000040
inst           : 0x0206e087
rs1_addr       :     13 # a3
wb_addr        :      1 # v1
dmem.vrdata    : 0x333333332222222211111111000080670201011300000513c0001073fe071
6e300f686b3002797930206e08740f70733008777d70050071300c1069300f12e2300c1282300b1262
300e12c2300d12a23fe0101130107a7830047a6030007a58300c7a7030087a68306000793555555554
4444444433333333322222222211111111
vec_regfile(1.U) : 0x00000000 00000000 00000000 00000000
---------
io.pc          : 0x00000044
vec_regfile(1.U) : 0x44444444 33333333 22222222 11111111 # v1にxの最初の4要素をロード
---------
...
# 2回目のxベクトルロード
---------
io.pc          : 0x00000040
inst           : 0x0206e087
dmem.vrdata    : 0x00000000000000005555555544444444333333332222222211111111000080
670201011300000513c0001073fe0716e300f686b3002797930206e08740f70733008777d700500710
300c1069300f12e2300c1282300b1262300e12c2300d12a23fe0101130107a7830047a6030007a5830
0c7a7030087a68306000793555555555
vec_regfile(1.U) : 0x44444444 33333333 22222222 11111111
---------
io.pc          : 0x00000044
vec_regfile(1.U) : 0x44444444 33333333 22222222 55555555 # 下位32bitのみ上書き。それ
以上の桁はundisturbed
```

SEW = 32bitのベクトル要素5個に対して、1回の演算で計算できる最大要素数VLMAXは**128/32=4**なので、ループは4個→1個と2回繰り返されます。

dmem.vrdataは**VLEN×8=1024**bit、つまり128byte幅なので、16進数で256桁が出力されています。そのうち、ベクトルレジスタには1回目のループで4要素 = 128bit、2回目のループで1要素 = 32bitがロードされています。

また、2回目のロード時にtail部分がundisturbedとして、値が変わっていないことも確認できます。

以上のとおり、SEW = e32、LMUL = m1でのVLE32.V命令が意図した形で動いていることがわかります。

28-3-2　e64/m1 テスト

続いてSEW = e64、LMUL = 1のテストを実行します。本書ではEEWではなく、ベクトル

CSRのSEWを参照しているので、VLE32.VもVLE64.Vも動作は変わらないのですが、体裁を整えるためにVLE64.Vを利用しています。

テスト用Cプログラムの作成

テスト用Cプログラムの作成を行います。

リスト28.15　chisel-template/src/c/vle64.c

```
...
unsigned long long x[] = {
  0x1111111111111111,
  0x2222222222222222,
  0x3333333333333333,
  0x4444444444444444,
  0x5555555555555555};
unsigned long long *xp = x;
...
while (size > 0)
{
  asm volatile("vsetvli %0, %1, e64, m1"
               : "=r"(vl)
               : "r"(size));
  size -= vl;

  asm volatile("vle64.v v1,(%0)" ::"r"(xp));
  xp += vl;
}
...
```

「21.2 コンパイル」で前述したとおり、コンパイラのオプションで-mabi=ilp32というABI設定をしているので、64bitはlong long型となります。

hexとdumpファイルの作成を次のように行　います。

hexおよびdumpファイルの作成

図28.8　hexおよびdumpファイルの作成 @Dockerコンテナ

```
$ cd /src/chisel-template/src/c
$ make vle32
```

リスト28.16　chisel-template/src/dump/vle64.elf.dmp（抜粋）

```
5c:   00500713      li      a4,5
60:   00c777d7      vsetvli a5,a4,e64,m1,tu,mu,d1
64:   40f70733      sub     a4,a4,a5
68:   0206f087      vle64.v v1,(a3)
6c:   00379793      slli    a5,a5,0x3
```

```
70:    00f686b3        add     a3,a3,a5
74:    fe0716e3        bnez    a4,60 <main+0x60>
78:    c0001073        unimp
```

リスト28.16   chisel-template/src/dump/vle64.elf.dmp（抜粋）

作成したhexファイルをメモリでロードしておきます。

リスト28.17　Memory.scala

```
loadMemoryFromFile(mem, "src/hex/vle64.hex")
```

次のようにテストを実行します。

テストの実行

図28.9　sbtテストコマンド@Dockerコンテナ

```
$ cd /src/chisel-template
$ sbt "testOnly vle.HexTest"
```

テスト結果は次のようになります。

図28.10　テスト結果

```
# 1回目のxベクトルロード(vle64.v v1,(a3))
---------
io.pc            : 0x00000068
inst             : 0x0206f087
rs1_addr         :   13 # a3
wb_addr          :    1 # v1
dmem.vrdata      : 0x02f1262302c1202300b12e2300a12c2301012a23011128230061262301c12
42302e1242302d12223fd0101130247a7830187a6030147a5830107a50300c7a8030087a8830047a30
30007ae030207a70301c7a683088007935555555555555555544444444444444443333333333333332
2222222222222221111111111111111
vec_regfile(1.U) : 0x00000000 00000000 00000000 00000000
---------
io.pc            : 0x0000006c
vec_regfile(1.U) : 0x22222222 22222222 11111111 11111111 # v1にxの最初の2要素をロード
---------
...
# 2回目のxベクトルロード
---------
io.pc            : 0x00000068
inst             : 0x0206f087
rs1_addr         :   13
wb_addr          :    1
dmem.vrdata      : 0x40f7073300c777d7005007130081069302f1262302c1202300b12e2300a12
c2301012a23011128230061262301c1242302e1242302d12223fd0101130247a7830187a6030147a58
30107a50300c7a8030087a8830047a3030007ae030207a70301c7a6830880079355555555555555554
4444444444444443333333333333333
```

253

図28.10　テスト結果

```
vec_regfile(1.U) : 0x22222222 22222222 11111111 11111111
----------
io.pc            : 0x0000006c
vec_regfile(1.U) : 0x44444444 44444444 33333333 33333333 # v1にxの3～4つ目の2要素を
ロード
----------
...
# 3回目のxベクトルロード
----------
io.pc            : 0x00000068
inst             : 0x0206f087
rs1_addr         :  13
wb_addr          :  1
dmem.vrdata      : 0xfe0716e300f686b3003797930206f08740f7073300c777d70050071300810
69302f1262302c1202300b12e2300a12c2301012a23011128230061262301c1242302e1242302d1222
3fd0101130247a7830187a6030147a5830107a50300c7a8030087a8830047a3030007ae030207a7030
1c7a683088007935555555555555555555
vec_regfile(1.U) : 0x44444444 44444444 33333333 33333333
----------
io.pc            : 0x0000006c
vec_regfile(1.U) : 0x44444444 44444444 55555555 55555555 # 下位64bit（1要素）のみ上
書き。それ以上の桁はundisturbed
```

SEW = 64bitのベクトル要素5個に対して、1回の演算で計算できる最大要素数VLMAXは
128/64=2なので、ループは2個→2個→1個と3回繰り返されます。3回目のVLE64.V命令で
は最後の要素1個を下位64bitにロードしており、上位64bitはundisturbedとして値は変わっ
ていないことが確認できます。

以上のとおり、SEW = 64bit、LMUL = m1でのVLE64.V命令が意図した形で動いているこ
とがわかります。

28-3-3　e32/m2 テスト

最後にSEW = e32、LMUL = m2でテストを実行してみましょう。

LMULが2以上の場合は複数のレジスタにまたがってライトバックするため、若干の注意が
必要です。具体的にはレジスタ2本を1グループに設定するため、オペランドのベクトルレジス
タは1つおきに指定する必要があります。たとえばv2へのロード命令はv2、v3の2本、v4への
ロード命令はv4、v5の2本を利用します。

リスト28.18　chisel-template/src/c/vle32_m2.c

```
...
unsigned int size = 10;

unsigned int x[] = {
```

```
      0x11111111,
      0x22222222,
      0x33333333,
      0x44444444,
      0x55555555,
      0x66666666,
      0x77777777,
      0x88888888,
      0x99999999,
      0xaaaaaaaa};
unsigned int *xp = x;
...
while (size > 0)
{
  asm volatile("vsetvli %0, %1, e32, m2"
              : "=r"(vl)
              : "r"(size));

  ...
  asm volatile("vle32.v v2,(%0)" ::"r"(xp));
  ...
}
...
```

リスト28.19 vle32_m2.c chisel-template/src/dump/vle32_m2.elf.dmp（抜粋）

```
5c:  00a00713        li      a4,10
60:  009777d7        vsetvli a5,a4,e32,m2,tu,mu,d1
64:  40f70733        sub     a4,a4,a5
68:  0206e107        vle32.v v2,(a3)
6c:  00279793        slli    a5,a5,0x2
70:  00f686b3        add     a3,a3,a5
74:  fe0716e3        bnez    a4,60 <main+0x60>
78:  c0001073        unimp
```

リスト28.20 Memory.scala

```
loadMemoryFromFile(mem, "src/hex/vle32_m2.hex")
```

テスト結果は次のようになります。

図28.11 テスト結果

```
# 1回目のXベクトルロード(vle32.v  v2,(a3))
----------
io.pc          : 0x00000068
inst           : 0x0206e107
rs1_addr       :   13 # a3
wb_addr        :    2 # v2
dmem.vrdata    : 0x02f1262302c1202300b12e2300a12c2301012a23011128230061262301c12
42302e1242302d12223fd0101130247a7830187a6030147a5830107a50300c7a8030087a8830047a30
```

図28.11　テスト結果

```
30007ae030207a70301c7a68308800793aaaaaaaa999999998888888877777777666666665555555554
4444444333333332222222211111111
vec_regfile(2.U) : 0x 00000000 00000000 00000000 00000000
vec_regfile(3.U) : 0x 00000000 00000000 00000000 00000000
---------
io.pc            : 0x0000006c
vec_regfile(2.U) : 0x 44444444 33333333 22222222 11111111 # Xの最初の4要素（128bit）
をv2にロード
vec_regfile(3.U) : 0x 88888888 77777777 66666666 55555555 # Xの次の4要素（128bit）を
v3にロード
---------
...
# 2回目のXベクトルロード
---------
io.pc            : 0x00000068
inst             : 0x0206e107
dmem.vrdata      : 0xfe0716e300f686b3002797930206e10740f70733009777d700a0071300810
69302f1262302c1202300b12e2300a12c2301012a230111282300612623001c1242302e1242302d1222
3fd0101130247a7830187a6030147a5830107a50300c7a8030087a8830047a3030007ae030207a7030
1c7a68308800793aaaaaaaa99999999
vec_regfile(2.U) : 0x 44444444 33333333 22222222 11111111
vec_regfile(3.U) : 0x 88888888 77777777 66666666 55555555
---------
io.pc            : 0x0000006c
vec_regfile(2.U) : 0x 44444444 33333333 aaaaaaaa 99999999 # 下2要素（64bit）をロード。
それ以外のbitはundisturbed
vec_regfile(3.U) : 0x 88888888 77777777 66666666 55555555
```

SEW = 32bitのベクトル要素10個に対して、1回の演算で計算できる最大要素数VLMAXは**128×2/32=8**なので、ループは8個→2個と2回繰り返されます。

1回目のVLE32.V命令ではv2とv3の2つのベクトルレジスタに対して、256bitのデータがロードされています。2回目のVLE32.V命令では最後の要素2個をv2の下位64bitにロードしており、v2の上位64bitおよびv3の全bitはundisturbedとして値は変わっていないことが確認できます。

以上のとおり、SEW = e32、LMUL = m2でのVLE32.V命令も意図した形で動いていることがわかります。

第29章
ベクトル加算命令
VADD.VVの実装

　続いて、ベクトル加算命令を実装していきます。ベクトル同士の加算はリスト26.3でも前述したとおり、ディープラーニングでも多用される計算です。

29-1　RISC-VのVADD.VV命令定義

　VADD.VV命令のアセンブリ表現は次のようになります。

リスト29.1　VADD.VV命令のアセンブリ表現
```
vadd.vv vd,vs2,vs1
```

　VADD.VV命令のbit配置（R形式）は次のとおりです。

表29.1　VADD.VV命令のbit配置（R形式）

31 ～ 26	25	24 ～ 20	19 ～ 15	14 ～ 12	11 ～ 7	6 ～ 0
000000	vm	vs2	vs1	000	vd	1010111

　ベクトル用レジスタvdにvs1とvs2の加算結果をライトバックします。suffixの.vvはソースオペランドがともにベクトルであることを意味しています。またVLE命令と同様、命令の25bit目はマスク有無を指定しており、1を立てることでマスクを不使用としています。
　SEWによるベクトル加算の違いは次のとおりです。

図29.1　SEWによるVADD.VV命令の違い

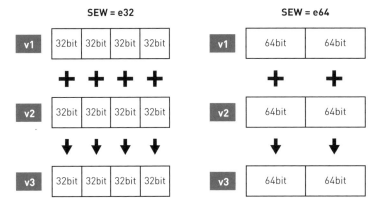

29-2　Chiselの実装

今回の実装ファイルはpackage vaddとして、GitHub上のchisel-template/src/main/scala/12_vadd/ディレクトリに格納しています。

29-2-1　命令 bit パターンの定義

表29.1「VADD.VV命令のbit配置（R形式）」の配置に従って、Instructions.scalaにベクトルロード命令のBitPatを定義します。

リスト29.2　chisel-template/src/common/Instructions.scala

```
val VADDVV = BitPat("b0000001??????????000?????1010111")
```

29-2-2　ベクトルレジスタの読み出し @ID ステージ

ベクトルレジスタの読み出しは次のように行います。

リスト29.3　Core.scala

```
val vs1_data = Cat(Seq.tabulate(8)(n => vec_regfile(rs1_addr + n.U)).reverse)
val vs2_data = Cat(Seq.tabulate(8)(n => vec_regfile(rs2_addr + n.U)).reverse)

/*
Cat(Seq.tabulate(8)(n => vec_regfile(rs1_addr + n.U)).reverse)
= Cat(List(
    vec_regfile(rs1_addr + 0.U),
    vec_regfile(rs1_addr + 1.U),
    vec_regfile(rs1_addr + 2.U),
```

```
      vec_regfile(rs1_addr + 3.U),
      vec_regfile(rs1_addr + 4.U),
      vec_regfile(rs1_addr + 5.U),
      vec_regfile(rs1_addr + 6.U),
      vec_regfile(rs1_addr + 7.U)
    ).reverse)
  = Cat(List(
      vec_regfile(rs1_addr + 7.U),
      vec_regfile(rs1_addr + 6.U),
      vec_regfile(rs1_addr + 5.U),
      vec_regfile(rs1_addr + 4.U),
      vec_regfile(rs1_addr + 3.U),
      vec_regfile(rs1_addr + 2.U),
      vec_regfile(rs1_addr + 1.U),
      vec_regfile(rs1_addr + 0.U)
    ))
  */
```

LMUL = 8に対応するために、tabulate、reverseメソッドを利用して、rs1_addr ～ rs1_addr + 7.Uの8本のレジスタデータを一括取得しています。

29-2-3　デコード信号の生成 @ID ステージ

デコード信号の生成は次のようになります。

リスト 29.4　Core.scala

```
  val csignals = ListLookup(inst,
                List(ALU_X      , OP1_RS1, OP2_RS2, MEN_X, REN_X, WB_X     , CSR_X),
      Array(
        ...
        VADDVV  -> List(ALU_VADDVV, OP1_X  , OP2_X  , MEN_X, REN_V, WB_ALU_V, CSR_X)
      )
  )
```

ベクトル加算用のALUとしてALU_VADDVV、ベクトル演算結果のライトバックのためにWB_ALU_Vをそれぞれ新規追加しています。

29-2-4　ベクトル加算器の追加 @EX ステージ

ベクトル加算器の追加は次のように行います。

リスト29.5　Core.scala

```
// WBステージからEXステージへ移動
val csr_vsew = csr_regfile(VTYPE_ADDR)(4,2)
val csr_sew  = (1.U << (csr_vsew + 3.U)).asUInt()

// ベクトル加算
val vaddvv = WireDefault(0.U((VLEN*8).W))
for(vsew <- 0 to 7){
  var sew = 1 << (vsew + 3)
  var num = VLEN*8 / sew // sew=32ならnum=32、sew=16ならnum=64
  when(csr_sew === sew.U){
    // 加算回路の生成
    vaddvv := Cat(Seq.tabulate(num)(
      n => (vs1_data(sew * (n+1) - 1, sew * n) + vs2_data(sew * (n+1) - 1, sew * n))
    ).reverse)
  }
}

// ベクトルALUの出力信号を選択するマルチプレクサ
val v_alu_out = MuxCase(0.U((VLEN*8).W), Seq(
  (exe_fun === ALU_VADDVV) -> vaddvv
))
```

SEW信号の定義

リスト29.5の冒頭ではベクトル加算でSEWを利用するため、VLE命令の実装時にWBステージで生成した信号csr_vsewおよびcsr_sewをEXステージへ移動しています。

SEWごとの加算回路

　ベクトル加算部分は、加算対象となる要素幅SEWが8 ～ 1024bit（vsewは0 ～ 7）と可変なため、SEWごとに別の加算回路を実装する必要があります[1]。そのため、vsewを0から7までforループを回し、for式の中で加算回路を生成しています。

---

[1]　ベクトルロード命令時に説明したとおり、本書の範囲では SEW ＝ 64bit までしか扱いません。しかし、VADD.VV 命令に関しては Chisel コードがほとんど変わらないので、SEW は 1024bit まで対応する形で実装しています。

図29.2　ベクトル加算器の回路イメージ

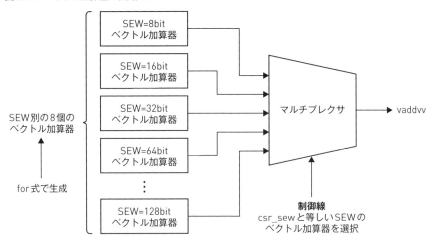

for式の中ではまずvsewを 2^{vsew+3} という計算式でsewに変換します。べき乗を表現するために、左シフト演算 **1 << (vsew + 3)** を利用しています。

続いて、計算要素数をnumに出力します。tail要素のundisturbed処理はレジスタライトバック時に実行するため、加算回路ではtail要素を気にせずに、SEW単位で **VLEN×8**bit幅のデータすべてを加算します。そのため、計算要素数は **VLEN×8/SEW** で算出できます。

そしてsewとnumを使って、SEW別のベクトル加算回路を生成します。たとえばsew = 16、num = 64の場合は次のように展開されます。

リスト29.6　SEW別のベクトル加算回路

```
// sew=16、num=64の例
Cat(Seq.tabulate(64)(n => (vs1_data(16 * (n+1) - 1, 16 * n) + vs2_data(16 * (n+1)
- 1, 16 * n))).reverse)

//↓展開

Cat(List(
  (vs1_data(  15,    0) + vs2_data(  15,    0)),
  (vs1_data(  31,   16) + vs2_data(  31,   16)),
  (vs1_data(  47,   32) + vs2_data(  47,   32)),
  ...
  (vs1_data(1023, 1008) + vs2_data(1023, 1008))
).reverse)

//↓展開

Cat(List(
  (vs1_data(1023, 1008) + vs2_data(1023, 1008)),
```

```
      ...
    (vs1_data( 47,  32) + vs2_data( 47,  32)),
    (vs1_data( 31,  16) + vs2_data( 31,  16)),
    (vs1_data( 15,   0) + vs2_data( 15,   0))
  ))
```

このような加算器がforループでSEWごとに8個生成されており、whenオブジェクトで vaddvv信号に接続する加算器を1つ選択する形となっています。

▌ v_alu_out用のマルチプレクサ

最後にベクトルALUの出力信号v_alu_out用にマルチプレクサを生成しています。本書で はVADD.VV命令のみ実装するため、v_alu_outは不要ですが、ほかのベクトル演算命令を追 加する場合を見据えてマルチプレクサを導入しています。

29-2-5　加算結果のレジスタライトバック @WB ステージ

wb_sel信号に基づいて、v_wb_dataへの接続信号にv_alu_outを追加します。

リスト 29.7　Core.scala
```
val v_wb_data = Mux(wb_sel === WB_MEM_V, io.dmem.vrdata, v_alu_out)
```

29-2-6　デバッグ用信号の追加

最後にデバッグ用の信号を追加します。

リスト 29.8　Core.scala
```
printf(p"v_alu_out : 0x${Hexadecimal(v_alu_out)}\n")
```

以上でVADD.VV命令のChisel実装は完了です！

29-3　テストの実行

VSEVLI命令同様、SEWとLMULの組み合わせに応じて3パターンをテスト対象とします。

29-3-1　e32/m1 テスト

まずはSEW = e32、LMUL = m1のテストを実行します。

テスト用Cプログラムの作成

前回記述したvle32.cに追記する形でvadd.cを作成します。

リスト29.9 chisel-template/src/c/vadd.c

```c
#include <stdio.h>

int main()
{
  unsigned int size = 5; // 計算したい要素数

  unsigned int x[] = {
    0x11111111,
    0x22222222,
    0x33333333,
    0x44444444,
    0x55555555};
  unsigned int *xp = x;

  unsigned int y[] = {
    0xbbbbbbbb,
    0xcccccccc,
    0xdddddddd,
    0xeeeeeeee,
    0xffffffff};
  unsigned int *yp = y;

  unsigned int vl;

  while (size > 0)
  {
    asm volatile("vsetvli %0, %1, e32, m1"
                 : "=r"(vl)
                 : "r"(size));
    size -= vl;

    asm volatile("vle32.v v1,(%0)" ::"r"(xp));
    xp += vl;

    asm volatile("vle32.v v2,(%0)" ::"r"(yp));
    yp += vl;

    asm volatile("vadd.vv v3,v2,v1");
  }

  asm volatile("unimp");
  return 0;
}
```

hexおよびdumpファイルの作成

hexとdumpファイルの作成を次のように行います。

図29.3　hexおよびdumpファイルの作成＠Dockerコンテナ

```
$ cd /src/chisel-template/src/c
$ make vadd
```

リスト29.10　chisel-template/src/dump/vadd.elf.dmp

```
60:    00500713        li      a4,5
64:    008777d7        vsetvli a5,a4,e32,m1,tu,mu,d1
68:    40f70733        sub     a4,a4,a5
6c:    0206e087        vle32.v v1,(a3)
70:    00279793        slli    a5,a5,0x2
74:    00f686b3        add     a3,a3,a5
78:    02066107        vle32.v v2,(a2)
7c:    00f60633        add     a2,a2,a5
80:    022081d7        vadd.vv v3,v2,v1
84:    fe0710e3        bnez    a4,64 <main+0x64>
88:    c0001073        unimp
```

作成したhexファイルをメモリでロードしておきます。

リスト29.11　Memory.scala

```
loadMemoryFromFile(mem, "src/hex/vadd.hex")
```

テストの実行

FetchTest.scalaをpackage名のみvaddへ変更したテストファイルを作成したうえで、sbtテストコマンドを実行します。

リスト29.12　chisel-template/src/test/scala/VaddTest.scala

```
package vadd
...
```

図29.4　sbtテストコマンド＠Dockerコンテナ

```
$ cd /src/chisel-template
$ sbt "testOnly vadd.HexTest"
```

テスト結果は次のようになります。

図29.5 テスト結果

```
# 1回目のVADD.VV命令（vadd.vv v3,v2,v1）
----------
io.pc             : 0x00000080
inst              : 0x022081d7
rs1_addr          :    1 # v1
rs2_addr          :    2 # v2
wb_addr           :    3 # v3
v_alu_out         : 0x0000000000000000000000000000000000000000000000000000000000
00000000000000000000000000000000000000000000000000000000000000000000000000000000
0000000000000000000000000000000000000eeeeeeeeddddddddccccccccbbbbbbbb3
33333321111111110eeeeeeeeecccccccc
vec_regfile(1.U) : 0x 44444444 33333333 22222222 11111111
vec_regfile(2.U) : 0x eeeeeeee dddddddd cccccccc bbbbbbbb
vec_regfile(3.U) : 0x 00000000 00000000 00000000 00000000
----------
io.pc       : 0x00000084
vec_regfile(1.U) : 0x 44444444 33333333 22222222 11111111
vec_regfile(2.U) : 0x eeeeeeee dddddddd cccccccc bbbbbbbb
vec_regfile(3.U) : 0x 33333332 11111110 eeeeeeee cccccccc # VADD結果をv3にライトバッ
ク（上位2要素の加算結果はオーバーフロー）
----------
...
# 2回目のVADD.VV命令
----------
io.pc             : 0x00000080
inst              : 0x022081d7
v_alu_out         : 0x0000000000000000000000000000000000000000000000000000000000
00000000000000000000000000000000000000000000000000000000000000000000000000000000
00000000000000003333333211111110eeeeeeeeecccccccc22222220eeeeeeedbbbbbbbaccccccccb3
33333321111111110eeeeeeeee55555554
vec_regfile(1.U) : 0x 44444444 33333333 22222222 55555555
vec_regfile(2.U) : 0x eeeeeeee dddddddd cccccccc ffffffff
vec_regfile(3.U) : 0x 33333332 11111110 eeeeeeee cccccccc
----------
io.pc       : 0x00000084
vec_regfile(1.U) : 0x 44444444 33333333 22222222 55555555
vec_regfile(2.U) : 0x eeeeeeee dddddddd cccccccc ffffffff
vec_regfile(3.U) : 0x 33333332 11111110 eeeeeeee 55555554 # VADD結果をv3の下位32bitに
ライトバック（オーバーフロー）。tail要素はundisturbed。
```

IV
ベクトル拡張命令の
実装

SEW = 32bitのベクトル要素5個に対して、1回の演算で計算できる最大要素数VLMAXは**128/32=4**なので、ループは4個→1個と2回繰り返されます。

1回目のVADD.VV命令では、v1とv2の2つのベクトルレジスタの32bit単位での加算結果がv3に書き込まれています。2回目のVADD.VV命令では、v1とv2の下位32bitのみの加算結果がv3に書き込まれています。v3の上位96bitはundisturbedとして値は変わっていないこと

が確認できます。

オーバーフローがいくつか発生してはいるものの、意図したとおりに VADD.VV 命令が動いていることがわかります。

29-3-2　e64/m1 のテスト

続いて、SEW を e64 に変更してテストしてみましょう。

リスト29.13　chisel-template/src/c/vadd_e64.c

```
...
unsigned long long x[] = {
  0x1111111111111111,
  0x2222222222222222,
  0x3333333333333333,
  0x4444444444444444,
  0x5555555555555555};
unsigned long long *xp = x;

unsigned long long y[] = {
  0xbbbbbbbbbbbbbbbb,
  0xcccccccccccccccc,
  0xdddddddddddddddd,
  0xeeeeeeeeeeeeeeee,
  0xffffffffffffffff};
unsigned long long *yp = y;
...
while (size > 0)
{
  asm volatile("vsetvli %0, %1, e64, m1"
               : "=r"(vl)
               : "r"(size));
  ...
  // vle64.vに変更
  asm volatile("vle64.v v1,(%0)" ::"r"(xp));
  ...
  asm volatile("vle64.v v2,(%0)" ::"r"(yp));
  ...
}
...
```

▎hex および dump ファイルの作成

hex と dump ファイルの作成を次のように行います。

図29.6 hex及びdumpファイルの作成@Dockerコンテナ

```
$ cd /src/chisel-template/src/c
$ make vadd_e64
```

リスト29.14 chisel-template/src/dump/vadd_e64.elf.dmp（抜粋）

```
c4:    00500713        li      a4,5
c8:    00c777d7        vsetvli a5,a4,e64,m1,tu,mu,d1
cc:    40f70733        sub     a4,a4,a5
d0:    0206f087        vle64.v v1,(a3)
d4:    00379793        slli    a5,a5,0x3
d8:    00f686b3        add     a3,a3,a5
dc:    02067107        vle64.v v2,(a2)
e0:    00f60633        add     a2,a2,a5
e4:    022081d7        vadd.vv v3,v2,v1
e8:    fe0710e3        bnez    a4,c8 <main+0xc8>
ec:    c0001073        unimp
```

作成したhexファイルをメモリでロードしておきます。

リスト29.15 Memory.scala

```
loadMemoryFromFile(mem, "src/hex/vadd_e64.hex")
```

sbtテストコマンドは次のようになります。

図29.7 sbtテストコマンド@Dockerコンテナ

```
$ cd /src/chisel-template
$ sbt "testOnly vadd.HexTest"
```

テスト結果は次のようになります。

図29.8 テスト結果

```
# 1回目のVADD.VV命
---------
io.pc           : 0x000000e4
inst            : 0x022081d7
vec_regfile(1.U) : 0x 2222222222222222 1111111111111111
vec_regfile(2.U) : 0x cccccccccccccccc bbbbbbbbbbbbbbbb
vec_regfile(3.U) : 0x 0000000000000000 0000000000000000
---------
io.pc           : 0x000000e8
vec_regfile(1.U) : 0x 2222222222222222 1111111111111111
vec_regfile(2.U) : 0x cccccccccccccccc bbbbbbbbbbbbbbbb
vec_regfile(3.U) : 0x eeeeeeeeeeeeeeee cccccccccccccccc # 64bit単位で加算
...
# 2回目のVADD.VV命令
---------
io.pc           : 0x000000e4
```

```
inst              : 0x022081d7
vec_regfile(1.U) : 0x 4444444444444444 3333333333333333
vec_regfile(2.U) : 0x eeeeeeeeeeeeeeee dddddddddddddddd
vec_regfile(3.U) : 0x eeeeeeeeeeeeeeee cccccccccccccccc
---------
io.pc             : 0x000000e8
vec_regfile(1.U) : 0x 4444444444444444 3333333333333333
vec_regfile(2.U) : 0x eeeeeeeeeeeeeeee dddddddddddddddd
vec_regfile(3.U) : 0x 3333333333333332 1111111111111110 # 64bit単位で加算
---------
...
# 3回目のVADD.VV命令
---------
io.pc             : 0x000000e4
inst              : 0x022081d7
vec_regfile(1.U) : 0x 4444444444444444 5555555555555555
vec_regfile(2.U) : 0x eeeeeeeeeeeeeeee ffffffffffffffff
vec_regfile(3.U) : 0x 3333333333333332 1111111111111110
---------
io.pc             : 0x000000e8
vec_regfile(1.U) : 0x 4444444444444444 5555555555555555
vec_regfile(2.U) : 0x eeeeeeeeeeeeeeee ffffffffffffffff
vec_regfile(3.U) : 0x 3333333333333332 5555555555555554 # 下位64bitのみ加算。上位64
bitはundisturbed。
```

　SEW = 64bit のベクトル要素5個に対して、1回の演算で計算できる最大要素数 VLMAX は
128/64=2 なので、ループは 2個→2個→1個 と3回繰り返されます。

　1回目と2回目の VADD.VV 命令では、v1 と v2 の2つのベクトルレジスタの 64bit 単位での
加算結果が v3 に書き込まれています。3回目の VADD.VV 命令では、v1 と v2 の下位 64bit のみ
の加算結果が v3 に書き込まれています。v3 の上位 64bit は undisturbed として値は変わってい
ないことが確認できます。

　以上のとおり、SEW = e64、LMUL = m1 の VADD.VV 命令も意図したとおりに動作してい
ることがわかります。

29-3-3　e32/m2 のテスト

　最後に LMUL を m2（レジスタ2本を1グループ）に変更してテストしてみましょう。

▌テスト用Cプログラムの作成

　テスト用Cプログラムの作成を次のように行います。

リスト29.16　chisel-template/src/c/vadd_m2.c

```c
...
unsigned int size = 10; // 計算したい要素数
unsigned int x[] = {
  0x11111111,
  0x22222222,
  0x33333333,
  0x44444444,
  0x55555555,
  0x66666666,
  0x77777777,
  0x88888888,
  0x99999999,
  0xaaaaaaaa};
unsigned int *xp = x;

unsigned int y[] = {
  0xbbbbbbbb,
  0xcccccccc,
  0xdddddddd,
  0xeeeeeeee,
  0xffffffff,
  0x11111111,
  0x22222222,
  0x33333333,
  0x44444444,
  0x55555555};
unsigned int *yp = y;
...
while (size > 0)
{
  asm volatile("vsetvli %0, %1, e32, m2"
               : "=r"(vl)
               : "r"(size));

  ...
  asm volatile("vle32.v v2,(%0)" ::"r"(xp));
  ...
  asm volatile("vle32.v v4,(%0)" ::"r"(yp));
  ...
  asm volatile("vadd.vv v6,v4,v2"); // LMUL=m2のため、ベクトルレジスタは2本ずつ利用
  ...
}
...
```

hex および dump ファイルの作成

hex と dump ファイルの作成を次のように行います。

図 29.9　hex および dump ファイルの作成 @Docker コンテナ

```
$ cd /src/chisel-template/src/c
$ make vadd_m2
```

リスト 29.17　chisel-template/src/dump/vadd_m2.elf.dmp（抜粋）

```
c4:    00a00713            li        a4,10
c8:    009777d7            vsetvli   a5,a4,e32,m2,tu,mu,d1
cc:    40f70733            sub       a4,a4,a5
d0:    0206f107            vle64.v   v2,(a3)
d4:    00279793            slli      a5,a5,0x2
d8:    00f686b3            add       a3,a3,a5
dc:    02067207            vle64.v   v4,(a2)
e0:    00f60633            add       a2,a2,a5
e4:    02410357            vadd.vv   v6,v4,v2
e8:    fe0710e3            bnez      a4,c8 <main+0xc8>
ec:    c0001073            unimp
```

作成した hex ファイルをメモリでロードしておきます。

リスト 29.18　Memory.scala

```
loadMemoryFromFile(mem, "src/hex/vadd_m2.hex")
```

テストの実行

sbt テストコマンドは次のようになります。

図 29.10　sbt テストコマンド @Docker コンテナ

```
$ cd /src/chisel-template
$ sbt "testOnly vadd.HexTest"
```

テスト結果は次のようになります。

図 29.11　テスト結果

```
# 1回目のVADD.VV命令
---------
io.pc           : 0x000000e4
inst            : 0x02410357
vec_regfile(2.U) : 0x 44444444 33333333 22222222 11111111  # xの最初の4要素
vec_regfile(3.U) : 0x 88888888 77777777 66666666 55555555  # xの次の4要素
vec_regfile(4.U) : 0x eeeeeeee dddddddd cccccccc bbbbbbbb  # yの最初の4要素
vec_regfile(5.U) : 0x 33333333 22222222 11111111 ffffffff  # yの次の4要素
---------
io.pc           : 0x000000e8
```

図29.11 テスト結果

```
vec_regfile(6.U) : 0x 33333332 11111110 eeeeeeee cccccccc # 最初の4要素同士のVADD.VV結果
vec_regfile(7.U) : 0x bbbbbbbb 99999999 77777777 55555554 # 次の4要素同士のVADD.VV結果
----------
...
# 2回目のVADD.VV命令
----------
io.pc            : 0x000000e4
inst             : 0x02410357
vec_regfile(2.U) : 0x 44444444 33333333 aaaaaaaa 99999999 # xの最後の2要素が下位64
bitに格納
vec_regfile(3.U) : 0x 88888888 77777777 66666666 55555555
vec_regfile(4.U) : 0x eeeeeeee dddddddd 55555555 44444444 # yの最後の2要素が下位64
bitに格納
vec_regfile(5.U) : 0x 33333333 22222222 11111111 ffffffff
----------
io.pc            : 0x000000e8
vec_regfile(6.U) : 0x 33333332 11111110 ffffffff dddddddd # 最後の2要素同士のVADD.VV
結果が下位64bitに格納。上位64bitはundisturbed。
vec_regfile(7.U) : 0x bbbbbbbb 99999999 77777777 55555554 # 全bitがundisturbed
```

SEW = 32bit のベクトル要素 10 個に対して、1回の演算で計算できる最大要素数 VLMAX は **128×2/32=8** なので、ループは8個→2個と2回繰り返されます。

1回目の VADD.VV 命令では、最初の8要素同士のベクトル加算結果が v6 と v7 に書き込まれています。2回目の VADD.VV 命令では、最後の2要素同士のベクトル加算結果が v6 に書き込まれています。v6 の上位 64bit および v7 の全 bit は undisturbed として値は変わっていないことが確認できます。

このように SEW = e32、LMUL = m2 での VADD.VV 命令も意図したとおりに動作していることがわかります。以上で VADD.VV 命令の実装は完了です！

IV
実装
ベクトル拡張命令の

第30章

ベクトルストア命令の実装

　実装する最後のベクトル命令として、ベクトルレジスタのデータをメモリへ書き込むベクトルストア命令を実装しましょう。ベクトルロード命令と同様、ベクトルストア命令はメモリアクセスの方法によって、unit-stride、strided、indexedの3種類がありますが、今回は最もシンプルなunit-stride形式のみを実装します。

30-1　unit-stride形式のベクトルストア命令定義

　RISC-Vではunit-stride形式のベクトルストア命令（以降、VSE命令）として、SEW（EEW）別に次の命令を定義しています。

表30.1　VLE命令

命令	SEW
VSE8.V	8bit
VSE16.V	16bit
VSE32.V	32bit
VSE64.V	64bit

　VSE命令のアセンブリ表現は次のようになります。

リスト30.1　VSE命令のアセンブリ表現

```
vse8.v  vs3, (rs1)
vse16.v vs3, (rs1)
vse32.v vs3, (rs1)
vse64.v vs3, (rs1)
```

　VSE命令ではベクトルレジスタvs3のデータを、rs1に格納されたメモリアドレスへ書き込みます。EEWにより書き込むデータ幅が変わり、**ベクトルCSRのVL×VSE命令にエンコードされたEEW**で計算されます。ただし、VLE命令同様、本書の範囲内ではEEWは使用せず、ベクトルCSRのSEWで代替する点にご注意ください。

また、VSE命令のbit配置は次のとおりです。

表30.2　VSE命令のbit配置（I形式）

31〜29	28	27〜26	25	24〜20	19〜15	14〜12	11〜7	6〜0
nf	mew	mop	vm	sumop	rs1	width	vs3	0100111

20〜31bit目の各種演算情報はVLE命令とほぼ同じで、本書では25bit目のvmのみ1を立て、ベクトルマスクを不使用とします。

12〜14桁目のwidthもVLE命令と同様、ストア用ベクトルデータのEEWをエンコードし、32bitなら110、64bitなら111を指定します。ただし、本書の範囲内ではEEWは使用しないので、widthは実質的に意味を持ちません。

30-2　Chiselの実装

今回の実装ファイルはpackage vseとして、GitHub上のchisel-template/src/main/scala/13_vse/ディレクトリに格納しています。

30-2-1　命令bitパターンの定義

表30.2「VSE命令のbit配置（I形式）」に従って、Instructions.scalaにベクトルストア命令のBitPatを定義します。

リスト30.2　chisel-template/src/common/Instructions.scala

```
val VSE = BitPat("b000000100000?????????????0100111")
```

30-2-2　DmemPortIo の拡張

DmemPortIoクラスにベクトルストアデータ用のポートvwdataを追加します。ベクトルロード用のポートvrdataと同様、最大LMUL＝8本まで対応するためにVLEN×8bit幅としています。

また、VLEN×8bitデータのうち、実際に書き込むべき有効なデータ幅を渡すためのポートdata_lenを追加します。詳しくは後述しますが、このdata_lenを使って、メモリの書き込み処理を行います。

リスト30.3　Memory.scala

```scala
class DmemPortIo extends Bundle {
  ...
  val vwdata   = Input(UInt((VLEN*8).W))
  val data_len = Input(UInt(WORD_LEN.W))
}
```

30-2-3　デコード信号の生成、ストアデータの読み出し @ID ステージ

csignalsに関してはrs1_dataをそのままMEMステージに渡すため、ALU_COPY1を指定しています。またベクトルデータのメモリ書き込みのためにMEN_Vを新規追加しています。

リスト30.4　Core.scala

```scala
val csignals = ListLookup(inst,
           List(ALU_X    , OP1_RS1, OP2_RS2, MEN_X, REN_X, WB_X, CSR_X),
    Array(
      ...
      VSE  -> List(ALU_COPY1, OP1_RS1, OP2_X  , MEN_V, REN_X, WB_X, CSR_X)
    )
)
```

ストアデータvs3_dataの読み出しはvs1、vs2と同様です。vs3レジスタ番号はinst(11,7)となっており、wb_addrと同じbit位置になります。

リスト30.5　Core.scala

```scala
val vs3_data = Cat(Seq.tabulate(8)(n => vec_regfile(wb_addr  + n.U)).reverse)
```

30-2-4　ストアデータの接続 @MEM ステージ

メモリへの出力ポートvwdata、data_lenに信号を接続します。

リスト30.6　Core.scala

```scala
io.dmem.vwdata := vs3_data

val csr_vl   = csr_regfile(VL_ADDR)
val data_len = csr_sew * csr_vl
io.dmem.data_len := data_len
```

csr_vlとdata_lenはVLE命令のWBステージで追加した信号ですが、今回利用するためにそれらをMEMステージに移動しています（data_lenを計算するために利用しているcsr_sewは、本来はVSE命令にエンコードされたEEWを利用すべき場面ですが、本書ではベクトルCSRのSEWを参照しています）。

IV
ベクトル拡張命令の
実装

30-2-5　ベクトルデータのメモリへの書き込み @Memory クラス

ベクトルデータのメモリへの書き込みを実装します。

DmemPortIoのwen信号に関して、これまでは0.U、1.Uのみだったため、Bool型信号として扱っていましたが、今回MEN_Vを追加したことでUInt型への変更が必要です。

リスト30.7　Consts.scala

```
val MEN_LEN = 2
val MEN_X   = 0.U(MEN_LEN.W)
val MEN_S   = 1.U(MEN_LEN.W) // スカラ命令用
val MEN_V   = 2.U(MEN_LEN.W) // ベクトル命令用
```

リスト30.8　Memory.scala

```
class DmemPortIo extends Bundle {
  ...
  // val wen = Input(Bool())
  val wen = Input(UInt(MEN_LEN.W))
}
```

スカラデータとベクトルデータの書き込みで処理方法が異なるため、io.dmem.wenの値によってスカラとベクトル処理を分岐させています。

リスト30.9　Memory.scala

```
switch(io.dmem.wen){
  is(MEN_S){ // スカラデータの書き込み
    mem(io.dmem.addr)        := io.dmem.wdata( 7, 0)
    mem(io.dmem.addr + 1.U) := io.dmem.wdata(15, 8)
    mem(io.dmem.addr + 2.U) := io.dmem.wdata(23,16)
    mem(io.dmem.addr + 3.U) := io.dmem.wdata(31,24)
  }
  is(MEN_V){ // ベクトルデータの書き込み
    val data_len_byte = io.dmem.data_len / 8.U
    for(i <- 0 to VLEN - 1){ // 最大[VLEN*8]bit = VLEN byte
      when(i.U < data_len_byte){
        mem(io.dmem.addr + i.U) := io.dmem.vwdata(8*(i+1)-1, 8*i)
      }
    }
  }
}
```

ベクトルレジスタへのライトバック同様、vlを超えるtail要素をundisturbedとするために、data_len範囲内のデータのみに限定してメモリに書き込んでいます。たとえば、data_len = 128bitの場合、for式は次のように展開されます。

リスト30.10　data_len = 128bit における for 式の内容

```
// val data_len_byte = 16

// 以下の16byte分の書き込みがwhenで有効に
mem(io.dmem.addr)        := io.dmem.vwdata(  7,   0)
mem(io.dmem.addr +  1.U) := io.dmem.vwdata( 15,   8)
mem(io.dmem.addr +  2.U) := io.dmem.vwdata( 23,  16)
...
mem(io.dmem.addr + 15.U) := io.dmem.vwdata(127,120)

/* 以下のtail要素の書き込みはwhenで無効に
mem(io.dmem.addr +  16.U) := io.dmem.vwdata( 135, 128)
...
mem(io.dmem.addr + 127.U) := io.dmem.vwdata(1023,1016)
*/
```

以上でVSE命令の実装は完了です！

30-3　テストの実行

VSEVLI命令同様、SEWとLMULの組み合わせに応じて3パターンをテスト対象とします。

30-3-1　e32/m1 テスト

まずはSEW = e32、LMULの = m1のテストを実行してみましょう。

テスト用Cプログラムの作成

前回記述したvadd.cに追記する形でvse32.cを作成します。

リスト30.11　chisel-template/src/c/vse32.c

```
#include <stdio.h>

int main()
{
  ...
  // 加算結果を格納する配列zを定義
  unsigned int z[size];
  unsigned int *zp = z;
  ...
  while (size > 0)
  {
    asm volatile("vsetvli %0, %1, e32, m1"
                 : "=r"(vl)
                 : "r"(size));
```

リスト 30.11　chisel-template/src/c/vse32.c

```
    size -= vl;

    asm volatile("vle32.v v1,(%0)" ::"r"(xp));
    xp += vl;

    asm volatile("vle32.v v2,(%0)" ::"r"(yp));
    yp += vl;

    asm volatile("vadd.vv v3,v2,v1");
    asm volatile("vse32.v v3,(%0)" ::"r"(zp));
    asm volatile("vle32.v v4,(%0)" ::"r"(zp)); // 検算
    zp += vl;
  }
  ...
}
```

VSE32.V 命令により、ベクトル加算結果v3を配列zに書き込みます。また、検算用としてベクトルストア命令直後にベクトルロード命令を挿入して、書き込んだデータをv4に書き戻しています。

hexおよびdumpファイルの作成

hexとdumpファイルの作成を次のように行います。

図30.1　hexファイルの作成 @Dockerコンテナ

```
$ cd /src/chisel-template/src/c
$ make vse32
```

リスト30.12　chisel-template/src/dump/vse32.elf.dmp

```
68:    0086f7d7        vsetvli a5,a3,e32,m1,tu,mu,d1
6c:    40f686b3        sub     a3,a3,a5
70:    0205e087        vle32.v v1,(a1)
74:    00279793        slli    a5,a5,0x2
78:    00f585b3        add     a1,a1,a5
7c:    02066107        vle32.v v2,(a2)
80:    00f60633        add     a2,a2,a5
84:    022081d7        vadd.vv v3,v2,v1
88:    020761a7        vse32.v v3,(a4)
8c:    02076207        vle32.v v4,(a4)
90:    00f70733        add     a4,a4,a5
94:    fc069ae3        bnez    a3,68 <main+0x68>
98:    c0001073        unimp
```

作成したhexファイルをメモリでロードしておきます。

リスト30.13　Memory.scala

```
loadMemoryFromFile(mem, "src/hex/vse32.hex")
```

テストの実行

FetchTest.scala を package 名のみ vse へ変更したテストファイルを作成したうえで、sbt テストコマンドを実行します。

リスト30.14　chisel-template/src/test/scala/VseTest.scala

```
package vse
...
```

sbt テストコマンドは次のようになります。

図30.2　sbt テストコマンド＠Docker コンテナ

```
$ cd /src/chisel-template
$ sbt "testOnly vse.HexTest"
```

図30.3　テスト結果

```
# 1回目のベクトルストア命令（vse32.v v3,(a4)）
---------
io.pc            : 0x000000088
inst             : 0x0020761a7
rs1_addr         :   14 # a4
wb_addr          :    3 # v3
vec_regfile(3.U) : 0x3333333211111110eeeeeeeecccccccc # ストアデータ
vec_regfile(4.U) : 0x00000000000000000000000000000000
---------

# 1回目の検算用ベクトルロード命令（vle32.v v4,(a4)）
---------
io.pc            : 0x00000008c
inst             : 0x002076207
---------
io.pc            : 0x000000148
vec_regfile(3.U) : 0x3333333211111110eeeeeeeecccccccc
vec_regfile(4.U) : 0x3333333211111110eeeeeeeecccccccc # 確かにストアデータと同一の値
がv4にロードされている
---------
...
# 2回目のベクトルストア命令（vse32.v v3,(a4)）
---------
io.pc            : 0x000000088
inst             : 0x0020761a7
vec_regfile(3.U) : 0x3333333211111110eeeeeeee55555554 # ストアデータ（下位32bitのみ）
vec_regfile(4.U) : 0x3333333211111110eeeeeeeecccccccc
---------

# 2回目の検算用ベクトルロード命令（vle32.v v4,(a4)）
---------
io.pc            : 0x00000008c
```

図30.3 テスト結果

```
inst            : 0x002076207
---------
io.pc           : 0x000000090
inst            : 0x000f70733
vec_regfile(3.U) : 0x3333333211111110eeeeeeee55555554
vec_regfile(4.U) : 0x3333333211111110eeeeeeee55555554  # 下位32bitのみv4にロード
```

　SEW = 32bitのベクトル要素5個に対して、1回の演算で計算できる最大要素数VLMAXは128/32=4なので、ループは4個→1個と2回繰り返されます。

　以上のとおり、SEW = e32、LMUL = m1でのVSE32.V命令が意図した形で動いていることがわかります。

30-3-2　e64/m1 テスト

　続いて、SEW = e64、LMUL = m1のテストを実行します。

テスト用Cプログラムの作成

　vadd_c64.cをベースにテスト用Cプログラムを次のように作成します。

リスト30.15　chisel-template/src/c/vse64.c

```c
#include <stdio.h>

int main()
{
  ...
  unsigned long long z[size];
  unsigned long long *zp = z;
  ...
  while (size > 0)
  {
    asm volatile("vsetvli %0, %1, e64, m1"
                 : "=r"(vl)
                 : "r"(size));

    ...
    asm volatile("vse64.v v3,(%0)" ::"r"(zp));
    asm volatile("vle64.v v4,(%0)" ::"r"(zp)); // 検算
    zp += vl;
  }
  ...
}
```

Ⅳ ベクトル拡張命令の実装

hexおよびdumpファイルの作成

hexとdumpファイルの作成を次のように行います。

図30.4　hexファイルの作成@Dockerコンテナ

```
$ cd /src/chisel-template/src/c
$ make vse64
```

リスト30.16　chisel-template/src/dump/vse64.elf.dmp(抜粋)

```
cc:    00c6f7d7              vsetvli  a5,a3,e64,m1,tu,mu,d1
d0:    40f686b3              sub      a3,a3,a5
d4:    0205f087              vle64.v  v1,(a1)
d8:    00379793              slli     a5,a5,0x3
dc:    00f585b3              add      a1,a1,a5
e0:    02067107              vle64.v  v2,(a2)
e4:    00f60633              add      a2,a2,a5
e8:    022081d7              vadd.vv  v3,v2,v1
ec:    020771a7              vse64.v  v3,(a4)
f0:    02077207              vle64.v  v4,(a4)
f4:    00f70733              add      a4,a4,a5
f8:    fc069ae3              bnez     a3,cc <main+0xcc>
fc:    c0001073              unimp
```

作成したhexファイルをメモリでロードしておきます。

リスト30.17　Memory.scala

```
loadMemoryFromFile(mem, "src/hex/vse64.hex")
```

テストの実行

sbtテストコマンドを次のように実行します。

図30.5　sbtテストコマンド@Dockerコンテナ

```
$ cd /src/chisel-template
$ sbt "testOnly vse.HexTest"
```

テスト結果は次のようになります。

図30.6　テスト結果

```
# 1回目のベクトルストア命令 (vse64.v v3,(a4))
---------
io.pc           : 0x000000ec
inst            : 0x020771a7
rs1_addr        : 14 # a4
wb_addr         :  3 # v3
vec_regfile(3.U) : 0x eeeeeeeeeeeeeeee cccccccccccccccc # ストアデータ (2要素)
vec_regfile(4.U) : 0x 0000000000000000 0000000000000000
```

IV

ベクトル拡張命令の
実装

図30.6　テスト結果

```
---------
# 1回目の検算用ベクトルロード命令（vle64.v v4,(a4)）
---------
io.pc            : 0x000000f0
inst             : 0x02077207
---------
io.pc            : 0x000000f4
vec_regfile(3.U) : 0x eeeeeeeeeeeeeeee cccccccccccccccc
vec_regfile(4.U) : 0x eeeeeeeeeeeeeeee cccccccccccccccc # ストアデータと同一の値がv4
にロード
---------
...
# 2回目のベクトルストア命令（vse64.v v3,(a4)）
---------
io.pc            : 0x000000ec
inst             : 0x020771a7
vec_regfile(3.U) : 0x 3333333333333332 1111111111111110 # ストアデータ（2要素）
vec_regfile(4.U) : 0x eeeeeeeeeeeeeeee cccccccccccccccc
=========
# 2回目の検算用ベクトルロード命令（vle64.v v4,(a4)）
---------
io.pc            : 0x000000f0
inst             : 0x02077207
---------
io.pc            : 0x000000f4
vec_regfile(3.U) : 0x 3333333333333332 1111111111111110
vec_regfile(4.U) : 0x 3333333333333332 1111111111111110 # ストアデータと同一の値がv4
にロード
---------
...
# 3回目のベクトルストア命令（vse64.v v3,(a4)）
---------
io.pc            : 0x000000ec
inst             : 0x020771a7
vec_regfile(3.U) : 0x 3333333333333332 5555555555555554 # ストアデータ（下位32bit
、1要素）
vec_regfile(4.U) : 0x 3333333333333332 1111111111111110
---------

# 3回目の検算用ベクトルロード命令（vle64.v v4,(a4)）
---------
io.pc            : 0x000000f0
inst             : 0x02077207
---------
io.pc            : 0x000000f4
vec_regfile(3.U) : 0x 3333333333333332 5555555555555554
```

図30.6　テスト結果

```
vec_regfile(4.U) : 0x 3333333333333332 5555555555555554 # ストアデータと同一の値がv4
にロード
```

SEW = 64bitのベクトル要素5個に対して、1回の演算で計算できる最大要素数VLMAXは**128/64=2**なので、ループは2個→2個→1個と3回繰り返されます。

以上のとおり、SEW = 64bit、LMUL = m1でのVSE64.V命令が意図した形で動いていることがわかります。

30-3-3　e32/m2 テスト

最後にSEW = e32、LMUL = m2のテストとして、v6、v7の2本のレジスタをストアする様子を確認しておきましょう。

▌テスト用Cプログラムの作成

vadd_m2.cに追記する形で、vse32_m2.cを作成します。

リスト30.18　chisel-template/src/c/vse32_m2.c

```c
#include <stdio.h>

int main()
{
  ...
  while (size > 0)
  {
    asm volatile("vsetvli %0, %1, e32, m2"
                  : "=r"(vl)
                  : "r"(size));

    ...
    asm volatile("vse32.v v6,(%0)" ::"r"(zp));
    asm volatile("vle32.v v8,(%0)" ::"r"(zp)); // 検算
    zp += vl;
  }
  ...
}
```

▌hexおよびdumpファイルの作成

hexとdumpファイルの作成を次のように行います。

図30.7　hexファイルの作成 @Dockerコンテナ

```
$ cd /src/chisel-template/src/c
$ make vse32_m2
```

リスト30.19　chisel-template/src/dump/vse32_m2.elf.dmp（抜粋）

```
cc:     0096f7d7        vsetvli a5,a3,e32,m2,tu,mu,d1
d0:     40f686b3        sub     a3,a3,a5
d4:     0205e107        vle32.v v2,(a1)
d8:     00279793        slli    a5,a5,0x2
dc:     00f585b3        add     a1,a1,a5
e0:     02066207        vle32.v v4,(a2)
e4:     00f60633        add     a2,a2,a5
e8:     02410357        vadd.vv v6,v4,v2
ec:     02076327        vse32.v v6,(a4)
f0:     02076407        vle32.v v8,(a4)
f4:     00f70733        add     a4,a4,a5
f8:     fc069ae3        bnez    a3,cc <main+0xcc>
fc:     c0001073        unimp
```

作成したhexファイルをメモリでロードしておきます。

リスト30.20　Memory.scala

```
loadMemoryFromFile(mem, "src/hex/vse32_m2.hex")
```

テストの実行

sbtテストコマンドを次のように実行します。

図30.8　sbtテストコマンド@Dockerコンテナ

```
$ cd /src/chisel-template
$ sbt "testOnly vse.HexTest"
```

テスト結果は次のようになります。

図30.9　テスト結果

```
# 1回目のベクトルストア命令（vse32.v v6,(a4)）
---------
io.pc             : 0x000000ec
inst              : 0x02076327
rs1_addr          :    14 # a4
wb_addr           :     6 # v6
vec_regfile(6.U) : 0x 33333332 11111110 eeeeeeee cccccccc # ストアデータ下位128bit
vec_regfile(7.U) : 0x bbbbbbbb 99999999 77777777 55555554 # ストアデータ上位128bit
vec_regfile(8.U) : 0x 00000000 00000000 00000000 00000000
vec_regfile(9.U) : 0x 00000000 00000000 00000000 00000000
---------

# 1回目の検算用ベクトルロード命令（vle32.v v8,(a4)）
---------
io.pc             : 0x000000f0
```

図30.9　テスト結果

```
inst           : 0x02076407
----------
io.pc          : 0x000000f4
vec_regfile(5.U) : 0x 33333333 22222222 11111111 ffffffff
vec_regfile(6.U) : 0x 33333332 11111110 eeeeeeee cccccccc
vec_regfile(7.U) : 0x bbbbbbbb 99999999 77777777 55555554
vec_regfile(8.U) : 0x 33333332 11111110 eeeeeeee cccccccc # ストアデータ (v6) と同一
の値がロードされている
vec_regfile(9.U) : 0x bbbbbbbb 99999999 77777777 55555554 # ストアデータ (v7) と同一
の値がロードされている
----------

...
# 2回目のベクトルストア命令 (vse32.v v6,(a4))
----------
io.pc          : 0x000000ec
inst           : 0x02076327
vec_regfile(6.U) : 0x 33333332 11111110 ffffffff dddddddd # ストアデータ下位64bit
vec_regfile(7.U) : 0x bbbbbbbb 99999999 77777777 55555554
vec_regfile(8.U) : 0x 33333332 11111110 eeeeeeee cccccccc
vec_regfile(9.U) : 0x bbbbbbbb 99999999 77777777 55555554
----------

# 2回目の検算用ベクトルロード命令 (vle32.v v8,(a4))
----------
io.pc          : 0x000000f0
inst           : 0x02076407
----------
io.pc          : 0x000000f4
vec_regfile(6.U) : 0x 33333332 11111110 ffffffff dddddddd
vec_regfile(7.U) : 0x bbbbbbbb 99999999 77777777 55555554
vec_regfile(8.U) : 0x 33333332 11111110 ffffffff dddddddd # ストアデータ (v6) と同一
の値がロード
vec_regfile(9.U) : 0x bbbbbbbb 99999999 77777777 55555554
```

SEW＝32bitのベクトル要素10個に対して、1回の演算で計算できる最大要素数VLMAXは**128×2/32=8**なので、ループは8個→2個と2回繰り返されます。

SEW＝e32、LMUL＝m2におけるVSE32.V命令も意図したとおりに動いていることがわかります。

さて、ここまででベクトル命令の設定命令、ロード・ストア命令、加算命令を実装してきました。これ以外のベクトル演算命令に関しては本書で触れられませんが、同様の方法で減算、論理演算、シフト演算など、スカラ命令で実装してきたものと同じ演算をベクトルでも実装できます。興味のある方はぜひチャレンジしてみてください！

第V部

カスタム命令の
実装

第31章

カスタム命令の意義

　RISC-Vの特徴として、自由にカスタム命令を実装できることが挙げられます。第Ⅴ部ではカスタム命令の実装にチャレンジしますが、具体的な実装説明に入る前に、そもそもなぜカスタム命令の実装が重要なのか、その背景を見ていきましょう。

図31.1　第Ⅴ部の立ち位置

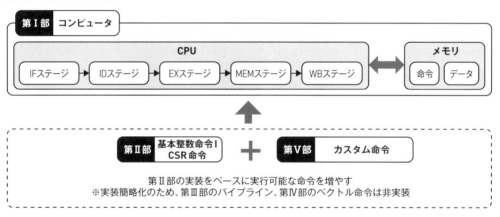

31-1　シングルコアの性能向上と限界

　本書の実装のように1つのコアを搭載したCPUをシングルコアと呼びます。CPUの歴史はこのシングルコアの性能向上から始まります。

31-1-1　ムーアの法則

　1965年にゴードン・ムーア（のちにIntel創業）は、集積回路上のトランジスタ密度が1.5年で2倍になるという“経験則”を提唱します。これを「ムーアの法則」と呼びます。実際に1980〜2000年ごろは、プロセッサ性能は年率約50%向上しており、ムーアの法則がおおよそ当ては

まっていることが確認できます。

図31.2　プロセッサの性能遷移（縦軸は1977年に公開されたコンピュータ「VAX11/780」を1としたSPECベンチマーク相対結果）[1]

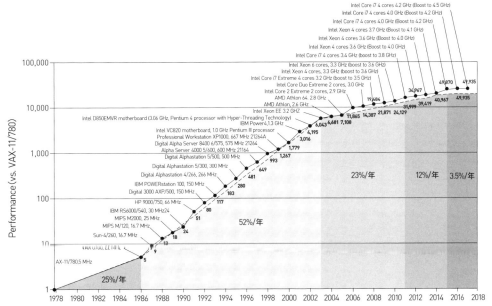

Reprinted from Computer Architecture 6th Edition A Quantitative Approach, John Hennessy David Patterson, 1.1 Introduction, Page 3, ©Elsevier Inc. (2019), with permission from Elsevier

31-1-2　デナード則

　さらに、1974年にIBMのロバート・デナードは、トランジスタ数が増加しても、シリコン面積が一定である限り、消費電力も一定であることを示します。これをデナード則（デナードスケーリング、比例縮小則）と呼びます。たとえば、トランジスタの数を4倍に増やしても（≒性能を4倍に向上させても）、チップ面積を変えなければ（＝トランジスタ密度を4倍にすれば）、驚くことに消費電力は変わりません。これがデナード則です。

　半導体産業ではムーアの法則に近似して、トランジスタ密度が約2年で2倍となるように開発が進められました。つまり、ワットあたりの処理能力が2年あたり2倍ずつ向上することを意味します（クーメイの法則）。そのため、トランジスタ数増加による性能向上に対して、消費電力を抑えることに成功します。

31-1-3　デナード則の崩壊

　しかし、2000年代半ばからプロセッサ性能の成長率が年率20〜25％ほどに落ちてしまいます。

＊1　SPEC(Standard Performance Evaluation Corporation) はベンチマークを提供する非営利団体です。

主に次の2つの要因により、デナード則が成り立たなくなったためです。

- トランジスタの0と1の電位変化精度を維持するために、電圧を落とせなくなったこと
- MOSFETと呼ばれる素子がオフのときの漏れ電流が無視できないほど、大きくなってきたこと

　消費電力は電流と電圧に比例するため、これら2つの問題は電力効率の悪化をもたらします。それまではトランジスタ密度増加に邁進していたCPU業界ですが、ここにきてシングルコアの性能追及に限界が訪れます。

31-2　マルチコアによる並列処理の効率化と限界

　シングルコアの性能追求に限界が到来したCPU業界では、新たな方策としてマルチコア方式を採用するようになります。1つのコアを搭載したCPUをシングルコアと呼ぶのに対して、複数のコアを搭載したものはマルチコアと呼びます。

31-2-1　マルチコアへの移行

　マルチコアCPUでは、並列化可能な処理を複数のコアに分散実行させることで、スループットを高め、レイテンシを抑えられます。ベクトル命令で登場したSIMD命令も並列処理の一種ですが、SIMDはデータの並列性に対して有効です。一方、マルチコアCPUは制御ユニットや演算ユニットを有する独立したコアを複数利用することで、異なる命令の同時実行（MISD、MIMD）も可能です。

　マルチコアを活用した並列処理による効率化を進めることで、2004 ～ 2010年ごろまで、プロセッサの性能は年率約20%の上昇を維持します。現在もコア数を増加させる開発努力は続いており、たとえば一般的なデスクトップPC向けのCPUにおいても、IntelのCore i9-10900Kは10コア、AMDのRyzen 9 3950Xは16コアを搭載するまでになっています。

Column

消費電力対策

　もちろん、シングルコアCPUの消費電力を抑える対策は複数採られています。たとえば、使っていないモジュールへのクロック供給をストップするクロックゲート、電力供給自体をストップするパワーゲート、求められる仕事量に応じて、クロック周波数と電源電圧を動的に変化させるDVFS (Dynamic Voltage Frequency Scaling) といった方法があります。

31-2-2　並列処理の効率化の限界

このようにプロセッサ業界ではマルチコア化が進められますが、CPU性能成長率は2010年代前半は年率約10%、2015年以降は年率約3.5%まで落ち込みます。これは並列処理での効率化に限界があるためです。1つのタスクの中で並列処理可能な部分が全体の50%を占める場合、並列処理をどれだけ効率化しても、全体の処理時間を50%以上短縮することは不可能です。これはアムダールの法則と呼ばれ、計算機の並列度を上げた場合に、並列化できない処理（逐次処理）の割合がボトルネックになることを示した法則です。

具体的には並列化可能な処理の割合をP、並列処理の性能向上率をSとした場合、全体の性能向上率は次のように表されます。

$$\frac{1}{(1-P)+\frac{P}{S}}$$

並列処理の性能向上率を無限大にしても、全体の性能向上率は **1/(1-p)** に収束します。つまり、並列処理をどれだけ高速化しても、逐次処理部分が含まれる限り、全体の性能向上率には上限があるということです。

31-3　DSAの可能性

並列処理可能なタスクに関しては、並列化を進めることで処理速度は向上しますが、並列処理の不可能な逐次処理ではシングルコアの性能に依存してしまいます。

この状況を打破する可能性があるのが、特定領域に特化して設計されたプロセッサ、DSA（Domain Specific Architecture）です。DSAは処理内容を限定することで、並列・逐次処理をともに低消費電力で高速化する専用回路を構築できるため、アムダールの法則の突破口になり得ます。

DSAを実現できるデバイスとして、主にASICとFPGAの2つが挙げられます。2つの主な違いはその回路を書き換え可能かどうかです。

31-3-1　ASIC

ASIC（Application Specific Integrated Circuit）とは特定の用途向けに設計されたプロセッサを指します。有名なものだとGoogleが開発したTPU（Tensor Processing Unit）があり、機械学習に特化しています。とくにエッジデバイス用のEdge TPUはChiselで設計されたことでも有名です。

ASICはCPU同様、シリコンに回路を焼き付けるため、チップ製造後の回路変更はできません。

31-3-2　FPGA

　FPGA（Field Programmable Gate Array）はユーザが書き換え可能な論理回路を搭載しており、ASIC同様、特定用途に特化した回路を実装できます。またASICとは異なり、実装後の回路変更も可能になっており、柔軟性の高いハードウェアです。

　FPGAは、入力に対する出力の全パターンを記憶したLUT（LookUp Table）と呼ばれるSRAMをいくつもつなぎ合わせて、プログラマブルな回路を構築しています。書き換え可能なSRAMを使って入力に対する出力値を規定することで、任意の真理値表、つまり任意の回路を表現できます。

　FPGAにDSAを上手く実装すれば、汎用CPUよりも消費電力を抑えながら、処理性能を高められます。FPGAへのDSA実装例としては、MicrosoftのCatapultが有名です。Catapultはデータセンターに配備され、検索エンジンBingの高速化などに利用されています。

　ただしASICと比べると、FPGAはトランジスタの利用効率が悪いため、電力効率、処理性能ともに劣ってしまいます。一般的に1bitのSRAMは6つのトランジスタで構成されており、通常のCMOS回路と比べると、同じ論理回路を表現するためにFPGAは10倍程度のトランジスタが必要だと言われています。そのため、性能や消費電力の観点ではFGPAよりもASICのほうが高パフォーマンスとなります。

　また、FPGAには多量のSRAMが搭載されていることから、放射線に起因するメモリエラー（SEU：Single-Event Upsets）が生じやすいという問題もあります。

31-3-3　DSA のデメリット

　性能面で優れたDSAですが、高い製造コストという大きなデメリットを抱えています。汎用CPUは市場に出回った既製品を利用できるのに対して、DSAであるASICやFPGAは自身で回路設計する必要があるため、手間が掛かります。さらにASICは自身で設計した回路を元にプロセッサ自体を物理的に製造するという工程が追加されるため、初期開発コスト（NRE：Non-Recurring Engineering）の観点で実装容易性がかなり悪くなります。

　そのため、現在の半導体チップの製造環境においては、DSAはNREを回収できる量でチップを利用・販売できる業界に向いていると言えます。つまり、自身の対象アプリケーションのためにDSAを製造するべきかどうか、製造するならばASICとFGPAのどちらで実現するかの2つの判断が求められます。

31-4　DSAとRISC-V

　RISC-Vはこうした DSA の設計に対して、次の2つの点で大きな価値貢献をします。

- 自由なアーキテクチャ設計
- カスタム命令

31-4-1　自由なアーキテクチャ設計

　命令セットとしてオープンソースのRISC-Vを採用することで、コアの実装やその数は極めて自由にDSAを設計できます。たとえば、カスタムコアを100個並べるといったアーキテクチャでももちろん問題ありません。

　DSAはあくまでCPUやメモリなど、アーキテクチャレベルでの最適化を意味するので、そのすべてに命令セットが関わるわけではありません。しかし、CPU内部およびその構成を自由にカスタマイズできるのはRISC-Vがオープンソースの命令セットであるからにほかなりません。

31-4-2　カスタム命令

　さらにDSAの文脈においてRISC-Vが提供するもう1つの価値として、カスタム命令があります。カスタム命令とは汎用CPUで実行するには重い処理をより高速に実行するために、CPUに追加する独自の専用命令です。RISC-Vにはカスタム命令用の命令コードが多く用意されています。

　たとえば、FFT（高速フーリエ変換）の計算処理では、ある数の2進数表現bit列の順序を反転する（下位のbitから順に上位bitにマップする）ビットリバース（Bit Reverse）という操作が必要となります。この処理を32bitの値に対して行う場合、RV32Iの命令のみで実装すると30サイクル程度必要になります。一方、カスタム命令としてビットリバース命令を定義し、それを処理するハードウェアを実装すれば、1サイクルで処理可能です。この場合、入力の信号線の順序を反転して出力に接続するという非常に単純な回路のため、サイクル時間が長くなることもありません。

　別の例としては、通信処理で誤り検出／訂正符号を計算するとき、ある数の2進数表現で1となっている桁の数を数えるポピュレーションカウント（Population Count）という操作が必要となります。この処理を32bitの値に対して行う場合、RV32Iの命令のみで実装すると20サイクル程度必要となりますが、カスタム命令および専用回路を実装すれば1サイクルで処理できます。こちらもビットリバース同様、比較的単純な回路で実装できます。

　このように特定の処理に特化したカスタム命令を追加することにより、RISC-Vの標準命令で実装するよりも少ないサイクル数、短い処理時間で同様の機能を実現できる可能性を秘めています。

　ちなみに特定の用途向けに設計されたカスタム命令セットを持つプロセッサをとくにDSP（Domain Specific Processor）、またはASIP（Application Specific Instruction-set Processor）

と呼びます。有名な DSP の設計支援ツールとして Synopsys 社の ASIP Designer と Codasip 社の Codasip Studio があります。これらはもともと独自の CPU に対してカスタム命令を追加するようになっていましたが、最近では RISC-V をベースに機能提供されるなど、RISC-V の活用が進んでいます。

　また、Apple が自社設計した CPU、M1 チップの性能の高さが話題を呼んでいますが、これも大きな括りでとらえると一種の DSA と呼べます。このようにカスタムメイドの DSA は実装容易性に欠点を抱えつつも、それを凌駕する性能を獲得できる可能性を秘めていることがわかります。

　次章では RISC-V で DSA を実現する一要素となるカスタム命令の実装方法について詳しく見ていきましょう。

\Column
アクセラレータ

　カスタム命令の欠点として、あまり大規模な演算回路を組み込むのには向いていない点が挙げられます。たとえば本書で作成しているような 5 ステージパイプラインの CPU コアの場合、専用命令の演算回路は EX ステージに配置されることになります。専用命令の演算回路があまりに大きすぎると、EX ステージの回路規模が増大し、ほかのステージの処理時間よりも EX ステージの処理時間が長くなってしまいます。この場合、CPU コア全体としては EX ステージの実行時間に引っ張られて、1 サイクルの周期が長くなってしまうため、動作周波数の低下につながります。

　そこで専用命令の演算回路が大きくなるようなケースでは、CPU 内にカスタム命令を追加するのではなく、CPU 外にアクセラレータを接続する方法を採用します。

　たとえば、畳み込みニューラルネットワーク（CNN：Convolutional Neural Network）の推論処理用のアクセラレータとして、一般的に GPU が活用されています。CNN の推論処理は大量の行列演算が必要とされるので、並列処理（とくに SIMD）を得意とする GPU にオフロードすることで、より高速な処理が可能となります。このように周波数の高い CPU で逐次処理を行いつつ、周波数は相対的に低いがコア数の多い GPU で並列処理を実行させることで、互いの長所を生かしたヘテロジニアスコンピューティングを構成できます。

　一方、マイコンなどの小規模な組み込み向け SoC（System On a Chip：1 個のチップ上にすべての必要な機能を実装した半導体製品）の場合、CNN の推論処理を行いたいものの、サイズの制限上、GPU を外部接続できないケースがあります。こうした場合は CPU コアに加えて、CNN 用アクセラレータを SoC 内に搭載する方法が採られます。　例として、Canaan 社の K210 には RV64GC の CPU コアに加えて CNN アクセラレータや FFT アクセラレータが搭載されており、1 チップの MCU（Microcontroller Unit）ながら最大 0.5[TOPS] のニューラルネットワーク（NN）演算が可能となっています。また、Arm 社は自社の組み込み向けコア Cortex-M シリーズと組み合わせて使用する NN 推論アクセラレータ Ethos-U シリーズを提供しています。

　さて RISC-V とアクセラレータの関係として、1 つはアクセラレータ自体を RISC-V ベースで設計することが挙げられます。あるいはアクセラレータを制御するためのコプロセッサを RISC-V ベースで設計して、アクセラレータ制御用のカスタム命令を追加するといった方法もあります。

　このように外部のアクセラレータとカスタム命令のどちらを用いるかは、パフォーマンスと回路規模のトレードオフの関係があり、システムに応じて選ぶこととなります。一般的には前述のビットリバースやポピュレーションカウントのように、ハードウェアで実現するのは簡単である（回路規模が小さい）が、汎用命令のみだと複数サイクル必要な処理の実装としてカスタム命令を使うことが多くなっています。

　本書ではアクセラレータの設計には触れませんが、興味のある方は本書で学んだ CPU 設計やカスタム命令を活用して、特定ドメインに対するアクセラレータをぜひ実装してみてください。

第32章

ポピュレーションカウント命令の実装

　それでは具体的に特定の処理に特化したカスタム命令を実装してみましょう。今回は例として、前章でも触れたポピュレーションカウント命令を取り上げます。

32-1　ポピュレーションカウント命令とは

　ポピュレーションカウント命令とは、オペランドのbit列の中で1となっているbit数を数える命令です。

表32.1　ポピュレーションカウント命令の演算例

対象データ	処理結果
1111	4
1110	3
0101	2
0100	1
0000	0

　ポピュレーションカウント命令の代表的な利用例として、データの送受信における誤り検出が挙げられます。たとえば、次のようにデータを送るとします。

① 「ポピュレーションカウント値が奇数になるように送信データの末尾にパリティbitを付与する」というルールを送受信間で規定しておく
② 送信側は、送信したいデータ"1110"の末尾にパリティbitとして、0を追加する
③ 送信側は"11100"を送信する

　これに対して、たとえば受信側が"10100"を受け取った場合、そのポピュレーションカウント値は2と偶数になるため、誤りがあることを検出できます。ただし、奇数個のbit反転に対しては誤り検出が可能である一方、偶数個のbit反転は検出できない点には注意が必要です（そうした問題は別のエラー検出アルゴリズムで解決できます）。

表32.2 送信データ"11100"に対する受信側の誤り検出パターン

受信データ	元データとの相違bit数	ポピュレーションカウント値	誤り検出
10100	1	2	可
10000	2	1	不可
00000	3	0	可
00010	4	1	不可

32-2 カスタム命令を実装しない場合のポピュレーションカウントプログラム

ポピュレーションカウントの計算アルゴリズムは何種類かありますが、標準的なCプログラムは次のとおりです。

リスト32.1 chisel-template/src/c/pcnt_normal.c

```
int popcount(unsigned int x)
{
  int c = 0;
  for (; x != 0; x >>= 1) // xが0でない限り、xを1桁右シフトし、ループを回す
  {
    if (x & 1) // xの最下位1bitが1の場合にtrue
    {
      c++;
    }
  }
  return c;
}
```

このCプログラムをコンパイルして、dumpファイルを生成してみます。

図32.1 コンパイル及びdumpファイルの生成

```
$ cd /src/chisel-template/src/c
$ make pcnt_normal
```

図32.2 chisel-template/src/dump/pcnt_normal.elf.dmp

```
00000000 <popcount>:
   0:   00050793   mv     a5,a0
   4:   00000513   li     a0,0
   8:   00078c63   beqz   a5,20 <popcount+0x20>
   c:   0017f713   andi   a4,a5,1
  10:   0017d793   srli   a5,a5,0x1
  14:   00e50533   add    a0,a0,a4
  18:   fe079ae3   bnez   a5,c <popcount+0xc>
  1c:   00008067   ret
```

基本命令でポピュレーションカウントを計算する場合、分岐、シフト、AND、ADD命令を駆

使しながら、forループを1bitずつ回す必要があります。しかし、ポピュレーションカウント用のカスタム命令を実装すれば、同じ演算を1つの命令で実行できるようになります。

本章では次の工程でポピュレーションカウント命令を自作CPUに実装します。

①カスタム命令用のコンパイラ（アセンブラ）実装
②Chisel実装
③ChiselTestで実行して、結果が意図したとおりかどうかを確認

それでは1つずつ順番に確認していきましょう。

32-3　①カスタム命令用のコンパイラ（アセンブラ）実装

まずは今回実装するカスタム命令のニーモニック（ADD/SUBなどオペコードに対応するアセンブリ表現）をPCNT（Population CouNT）として、オペランドを次のように定義します。

リスト32.2　PCNT命令のアセンブリ定義

```
pcnt rd, rs
```

PCNT命令ではrsデータのポピュレーションカウント出力をrdに格納するようにします。

本書ではPCNT命令はベクトル命令と同様、Cプログラムの中にインラインアセンブラとして埋め込みます。そのため、アセンブリ言語を機械語に翻訳するアセンブラ部分を追加実装する必要があります。

32-3-1　GNU Assembler の概要

GCCのアセンブラはGNU Assembler（通称GAS）と呼ばれており、Dockerコンテナの`/opt/riscv/riscv-gnu-toolchain/riscv-binutils/gas/`にソースコードが格納されています。

結論から述べると、GASのカスタム命令対応はriscv_opcodesという配列に対して、カスタム命令の情報を定義した構造体を追加するだけです。その理由を知りたい方向けに、細かいソースコードの読み合わせは省略しますが、概要を理解できる程度にGASの処理の流れを追っていきましょう（興味のない方は、本項は読み飛ばしていただいて構いません）。

md_assemble

GASは`gas/as.c`でmain関数が定義され、ソースファイル読み込み用のプログラムとして`gas/read.c`が別途記述されています。read.cではmd_assemble関数が1つの命令行を引数に取って呼び出されます。

リスト32.3　riscv-binutils/gas/read.c

```
# define assemble_one(line) md_assemble(line)
assemble_one (s); /* Assemble 1 instruction.  */
```

RISC-V用のmd_assemble関数は**gas/config/tc-riscv.c**で定義されています。prefixの tcは"target cpu"の略で、CPUアーキテクチャ固有の関数がtc-[CPU名].cというファイル名で それぞれ定義されています。

リスト32.4　riscv-binutils/gas/config/tc-riscv.c

```
void
md_assemble (char *str)
{
  ...
  const char *error = riscv_ip (str, &insn, &imm_expr, &imm_reloc, op_hash);
  ...
}
```

md_assemble関数ではさらにriscv_ip関数が呼び出されます。この関数で具体的なアセンブ リ処理が定義されています。

op_hash

riscv_ip関数の具体的な内容を見る前に、riscv_ip関数の最後の引数であるop_hashについ て確認しておきます。op_hashは、初期化処理で実行されるmd_begin関数で次のように定義さ れています。

リスト32.5　riscv-binutils/gas/config/tc-riscv.c

```
void
md_begin (void)
{
  ...
  op_hash = init_opcode_hash (riscv_opcodes, FALSE);
  ...
}
```

op_hashにはriscv_opcodesという変数をハッシュ化したものが格納されます。

riscv_opcodes

riscv_opcodesは**riscv-binutils/opcodes/riscv-opc.c**で定義されています。

リスト32.6　riscv-binutils/opcodes/riscv-opc.c

```
const struct riscv_opcode riscv_opcodes[] =
{
```

```
/* name, xlen, isa, operands, match, mask, match_func, pinfo. */
{"unimp", 0, INSN_CLASS_C, "", 0, 0xffffU, match_opcode, INSN_ALIAS},
{"unimp", 0, INSN_CLASS_I, "", MATCH_CSRRW | (CSR_CYCLE << OP_SH_CSR), 0xffffffffU,
match_opcode, 0}
...
}
```

riscv_opcodeの構造体定義は次のとおりです。

リスト32.7　riscv-binutils/include/opcode/riscv.h

```
struct riscv_opcode
{
  /* The name of the instruction.  */
  const char *name;

  /* The requirement of xlen for the instruction, 0 if no requirement.  */
  unsigned xlen_requirement;

  /* Class to which this instruction belongs.  Used to decide whether or
     not this instruction is legal in the current -march context.  */
  enum riscv_insn_class insn_class;

  /* A string describing the arguments for this instruction.  */
  const char *args;

  /* The basic opcode for the instruction.  When assembling, this
     opcode is modified by the arguments to produce the actual opcode
     that is used.  If pinfo is INSN_MACRO, then this is 0.  */
  insn_t match;

  /* If pinfo is not INSN_MACRO, then this is a bit mask for the
     relevant portions of the opcode when disassembling.  If the
     actual opcode anded with the match field equals the opcode field,
     then we have found the correct instruction.  If pinfo is
     INSN_MACRO, then this field is the macro identifier.  */
  insn_t mask;

  /* A function to determine if a word corresponds to this instruction.
     Usually, this computes ((word & mask) == match).  If the constraints
     checking is disable, then most of the function should check only the
     basic encoding for the instruction.  */
  int (*match_func) (const struct riscv_opcode *op, insn_t word, int constraints);

  /* For a macro, this is INSN_MACRO.  Otherwise, it is a collection
     of bits describing the instruction, notably any relevant hazard
     information.  */
  unsigned long pinfo;
};
```

　現時点でriscv_opcodeの細かい内容を把握する必要はありませんが、命令別にいくつかの情報を持つ構造体だとご理解ください。

riscv_ip

　さて、riscv_ip関数に話を戻すと、riscv_ip関数では与えられたアセンブリ言語に対して、riscv_opcodesとして定義された構造体（のハッシュテーブル）情報をベースに機械語へ翻訳しています。

リスト32.8 riscv-binutils/gas/config/tc-riscv.c

```
static const char *
riscv_ip (char *str, struct riscv_cl_insn *ip, expressionS *imm_expr,
    bfd_reloc_code_real_type *imm_reloc, struct hash_control *hash)
{
    ...
    // アセンブリ言語のニーモニックをキーにして、命令ハッシュテーブルから情報を取得
    insn = (struct riscv_opcode *) hash_find (hash, str);
    ...
    // ハッシュテーブル情報を元にアセンブリ処理を実行
    // e.g.)オペランドの処理
    for (args = insn->args;; ++args)
    ...
```

　つまり、アセンブラをカスタム命令に対応させる場合は、riscv_opcodesに命令データを追加すればよいのです。

32-3-2　PCNT 命令を GAS へ追加

　それではPCNT命令の情報をriscv_opcodesへ追記しましょう。

リスト32.9 riscv-binutils/opcodes/riscv-opc.c

```
#include "opcode/riscv.h"
...
const struct riscv_opcode riscv_opcodes[] =
{
...
/* name, xlen, isa, operands, match, mask, match_func, pinfo */
{"pcnt", 0, INSN_CLASS_I, "d,s", MATCH_PCNT, MASK_PCNT, match_opcode, 0}, // 追加
...
}
```

　登場する定数**MATCH_PCNT**と**MASK_PCNT**はriscv-opc.hで定義しています。riscv-opc.hはriscv.hからincludeされており、riscv.hはrisv-opc.cからincludeされています。

リスト**32.10**　riscv-binutils/include/opcodes/riscv.h

```
#include "riscv-opc.h"
```

リスト**32.11**　riscv-binutils/include/opcode/riscv-opc.h

```
#define MATCH_PCNT 0x600b     // 追加
#define MASK_PCNT 0xfff0707f  // 追加
```

riscv_opcodeの各要素について、順番に補足していきます。

name

1つ目の要素nameは命令ニーモニック（機械語の命令を人間に理解しやすい文字列に置き換えたもの）を指定します。今回はpcntとしています。

アセンブリ言語でpcntというニーモニックを発見した際に、"pcnt"というニーモニックをキーにして、riscv_opcodesで定義された情報を検索・取得します。

リスト**32.12**　riscv-binutils/gas/config/tc-riscv.c

```
/* hashにはriscv_opcodesをハッシュ化したもの
   strにはアセンブラ対象の命令ニーモニック（pcnt）が格納
   hash_find関数により、strをキーにしてhashから該当命令の情報を取得 */
insn = (struct riscv_opcode *) hash_find (hash, str);
```

xlen_requirement

2つ目の要素xlen_requirementは命令が利用できるアーキテクチャのbit幅を指定します。今回指定している0は32、64、128bitいずれのアーキテクチャでも使用できることを意味してます（当然、32でも問題ありません）。

リスト**32.13**　riscv-binutils/gas/config/tc-riscv.c

```
for ( ; insn && insn->name && strcmp (insn->name, str) == 0; insn++)
{
  // xlen_requirementが0でない、かつターゲットアーキテクチャのbit数がxlen_requirementと異なる場合、ハッシュテーブルの探索を継続
  if ((insn->xlen_requirement != 0) && (xlen != insn->xlen_requirement))
    continue;
  ...
}
```

riscv_opcodesでは同じ命令ニーモニックでもアーキテクチャbit幅やISAの違いなどにより複数のデータを保有しています。そのため、ニーモニックから取得したハッシュテーブル情報（insn）の中から、さらにxlen_requirementと合致する命令データを探索します。

insn_class

3つ目の要素insn_classは属する命令セットを意味していて、今回は基本整数命令セットIを指定します。コンパイラコマンドriscv64-unknown-elf-gccのオプションmarchで指定するISAにIを含めることで、PCNT命令を利用できます。

リスト32.14 riscv-binutils/gas/config/tc-riscv.c

```
for ( ; insn && insn->name && strcmp (insn->name, str) == 0; insn++)
{
  ...
  // ターゲットCPUがinsn_classをサポートしていない場合、ハッシュテーブルの探索を継続
  if (!riscv_multi_subset_supports (insn->insn_class))
    continue;
  ...
}
```

args

4つ目の要素argsはオペランドの取り方を文字列で定義しています。オペランドの種類別に対応文字が決まっています。

リスト32.15 riscv-binutils/gas/config/tc-riscv.c

```
for (args = insn->args;; ++args)
{
  ...
  case 's':
    INSERT_OPERAND (RS1, *ip, regno);
    break;
  case 'd':
    INSERT_OPERAND (RD, *ip, regno);
    break;
  case 't':
    INSERT_OPERAND (RS2, *ip, regno);
    break;
  ...
  case 'j': /* Sign-extended immediate.  */
    p = percent_op_itype;
    *imm_reloc = BFD_RELOC_RISCV_LO12_I;
    goto alu_op;
  ...
  case 'p': /* PC-relative offset.  */
    branch:
      *imm_reloc = BFD_RELOC_12_PCREL;
      my_getExpression (imm_expr, s);
      s = expr_end;
      continue;
```

V

カスタム命令の実装

```
case 'u': /* Upper 20 bits.  */
  p = percent_op_utype;
  if (!my_getSmallExpression (imm_expr, imm_reloc, s, p))
    {
      if (imm_expr->X_op != O_constant)
        break;

      if (imm_expr->X_add_number < 0
          || imm_expr->X_add_number >= (signed)RISCV_BIGIMM_REACH)
        as_bad (_("lui expression not in range 0..1048575"));

      *imm_reloc = BFD_RELOC_RISCV_HI20;
      imm_expr->X_add_number <<= RISCV_IMM_BITS;
    }
  s = expr_end;
  continue;
```

　上記のコードは一部抜粋のため細かい内容を把握する必要はありませんが、case文でオペランド別のアセンブル処理を実行していることをご理解ください。今回はrd、rs1を利用するので、"d,s"を指定します。ほかにはrs2=t、imm_i=j、imm_b=p、imm_u=uなどのキーワードが用意されています。

match

　5つ目の要素matchは、命令識別に利用される命令bit列の12 〜 14bitに相当するfunct3、0 〜 6bitに相当するopcodeを規定します。今回はPCNT命令用にMATCH_PCNTという定数を定義しています。0x600bという値はMATCH_CUSTOM0_RD_RS1（= 0x600b = 11000000000 1011）として始めからカスタム命令用に確保されている値を転用していますが、ほかの命令と被らなければいかなるbit列でもアセンブラ上は問題ありません（当然、デコーダの効率化のためには規則的なbit配置が望ましいです）。

表32.3　MATCH_PCNTで定義されたbit配置

31 〜 20	19 〜 15 (rs1)	14〜12(funct3)	11 〜 7 (rd)	6 〜 0 (opcode)
000000000000	00000	110	00000	0001011

mask

　6つ目の要素INSN_MASKは、利用するbitが適切に割り振られているかをチェックするためのマスクで、オペランド以外（固定値）のbit位置に1を立てた定数です。今回、PCNT用のマスク定数MASK_PCNTで1を立てるべき場所は次のとおりです。

表32.4 MASK_PCNTのbit配置

31 ～ 20	19 ～ 15（rs1）	14 ～ 12(funct3)	11 ～ 7（rd）	6 ～ 0（opcode）
111111111111	00000	111	00000	1111111

MASK_PCNTは16進数で**fff0707f**となります。

match_func

5つ目のmatch_funcは命令を特定するための関数を指定しますが、基本的にmatch_opcodeを割り当てます。

リスト32.16 /opt/riscv/riscv-gnu-toolchain/riscv-binutils/opcodes/riscv-opc.c

```
static int
match_opcode (const struct riscv_opcode *op,
      insn_t insn,
      int constraints ATTRIBUTE_UNUSED)
{
  return ((insn ^ op->match) & op->mask) == 0;
}
```

match_opcode関数は、命令bit列がmatchで指定したopcodeおよびfunct3と等しく、かつオペランド配置もmaskの指定どおりである場合にtrueを返します。**insn ^ op->match**に関して、XOR命令は異なるbitを1で返すので、命令bit列とMATCH_PCNTのXORはrs1、rdオペランドを抽出します。それに対して、オペランド部のみすべて0が立っているMASK_PCNTとAND演算を行うと、全bitが0となります。

これらのmatch、mask、match_funcはアセンブラでは次のように処理されます。

リスト32.17 riscv-binutils/gas/config/tc-riscv.c

```
for (args = insn->args;; ++args)
{
  s += strspn (s, " \t");
  switch (*args)
  {
    case '\0':  /* End of args.  */
      if (insn->pinfo != INSN_MACRO)
      {
        // 命令がmatchとmaskに適合していなければcase文をbreakし、アセンブルを失敗させる
        if (!insn->match_func (insn, ip->insn_opcode, riscv_opts.check_constraints))
          break;
        ...
      }
      ...
      // match_funcでbreakしなければ、アセンブルは成功
      /* Successful assembly.  */
```

```
      error = NULL;
      insn_with_csr = FALSE;
      goto out;
```

pinfo

6つ目の要素pinfoはINSN_MACRO以外はディスアセンブル（機械語からアセンブリ言語へ変換）用の情報です。通常の演算命令であれば、0を指定します。

INSN_MACROはたとえばTAIL命令で利用されています。

リスト 32.18　riscv-binutils/opcodes/riscv-opc.c

```
{"tail", 0, INSN_CLASS_I, "c", (X_T1 << OP_SH_RS1), (int) M_CALL, match_never, INSN_MACRO},
```

TAIL命令はAUIPCとJALR命令の2つに変換される疑似命令です。そのため、アセンブラではTAIL命令をマクロとして特別扱いする必要があります。

リスト 32.19　riscv-binutils/gas/config/tc-riscv.c

```
void
md_assemble (char *str)
{
  ...
  if (insn.insn_mo->pinfo == INSN_MACRO)
    macro (&insn, &imm_expr, &imm_reloc); // Expand RISC-V assembly macros into one
or more instructions.
  ...
}
```

その他のpinfoとしてはディスアセンブル用に疑似命令（INSN_ALIAS）、分岐ジャンプ命令（INSN_BRANCH、INSN_JSR、INSN_CONDBRANCH）のような命令タイプが存在します。本書ではこれらのpinfoの取り扱いは省略しますが、特殊なタイプのカスタム命令を実装される場合は、類似命令のriscv_opcode定義を参考にすれば、何を指定するべきか見当が付きやすいはずです。

以上でアセンブラへの追記が完了です！

32-3-3　コンパイラの再ビルド

変更したアセンブラのソースコードを元に、コンパイラを再ビルドしましょう。

図32.3 コンパイラの再ビルド@Dockerコンテナ

```
$ cd /opt/riscv/riscv-gnu-toolchain/build
$ make clean
$ make
```

32-3-4　PCNT命令のコンパイル

カスタム命令に対応したコンパイラを使って、PCNT命令のコンパイルテストをしてみましょう。

リスト32.20　chisel-template/src/c/pcnt.c

```c
#include <stdio.h>

int main()
{
  unsigned int x = 0b1111000011110000;
  unsigned int y = 0b1111000000000000;
  asm volatile("pcnt a0, %0" ::"r"(x));
  asm volatile("pcnt a1, %0" ::"r"(y));
  asm volatile("unimp");
  return 0;
}
```

図32.4　コンパイル@Dockerコンテナ

```
$ cd /src/chisel-template/src/c
$ make pcnt
```

生成されたdumpファイルを確認すると、アセンブラのriscv_opcodesで定義したとおりにコンパイルされていることがわかります。

図32.5　chisel-template/src/dump/pcnt.elf.dmp

```
00000000 <main>:
    0:    0000f7b7            lui     a5,0xf
    4:    0f078713            addi    a4,a5,240 # f0f0 <main+0xf0f0>
    8:    0007650b            pcnt    a0,a4
    c:    0007e58b            pcnt    a1,a5
   10:    c0001073            unimp
```

表32.5　pcnt命令のbit列

inst	funct7	rs2	rs1	funct3	rd	opcode
0007650b	0000000	00000	01110 (14 = a4)	110	01010(10 = a0)	0001011
0007e58b	0000000	00000	01111 (15 = a5)	110	01011(11 = a1)	0001011

以上でコンパイラ（アセンブラ）のカスタム命令実装が完了です！

32-4　Chiselの実装

本章の実装はGitHubでは**package pcnt**として、**chisel-template/src/main/scala/14_pcnt/**ディレクトリに格納しています。

32-4-1　命令列の定義

まずは命令列の定義を行います。

リスト**32.21**　Instructions.scala

```
val PCNT = BitPat("b000000000000?????110?????0001011")
```

32-4-2　デコード信号の生成 @ID ステージ

続いて、IDステージでcsignalsを規定します。

リスト**32.22**　Core.scala

```
val csignals = ListLookup(inst,
          List(ALU_X   , OP1_RS1, OP2_RS2, MEN_X, REN_X, WB_X  , CSR_X),
Array(
  ...
  PCNT -> List(ALU_PCNT, OP1_RS1, OP2_X  , MEN_X, REN_S, WB_ALU, CSR_X)
  )
)
```

PCNT用のALUを指定するため、ALU_PCNTを新規追加しています。

32-4-3　ALU の追加 @EX ステージ

ALUでは全32bitをそれぞれ足し上げる必要がありますが、実はChisel3.utilで定義されているPopCountオブジェクトをそのまま活用できます。

リスト**32.23**　PopCountオブジェクトの利用例

```
PopCount("b1011".U)  // 3.U
PopCount("b0010".U)  // 1.U
```

リスト**32.24**　Core.scala

```
alu_out := MuxCase(0.U(WORD_LEN.W), Seq(
  ...
  (exe_fun === ALU_PCNT)  -> PopCount(op1_data)
))
```

非常に簡単ではありますが、カスタム命令のChisel実装はこれで完了です！

32-5 テストの実行

リスト32.25 Memory.scala

```
loadMemoryFromFile(mem, "src/hex/pcnt.hex")
```

FetchTest.scalaをpackage名のみpcntへ変更したテストファイルを作成したうえで、sbtテストコマンドを実行します。

リスト32.26 chisel-template/src/test/scala/PcntTest.scala

```
package pcnt
...
```

図32.6 sbtテストコマンド@Dockerコマンド

```
$ cd /src/chisel-template
$ sbt "testOnly pcnt.HexTest"
```

図32.7 テスト結果

```
# pcnt  a0,a4
io.pc     : 0x000000008
inst      : 0x00007650b
rs1_addr  :  14 # a4
wb_addr   :  10 # a0
wb_data   : 0x000000008 # pcnt(x)
---------
# pcnt  a1,a5
io.pc     : 0x00000000c
inst      : 0x00007e58b
rs1_addr  :  15 # a5
wb_addr   :  11 # a1
wb_data   : 0x000000004 # pcnt(y)
```

PCNT命令で計算されたデータがそれぞれwb_dataに格納されています。

実は本書で実装したPCNT命令はRISC-VのBit Manipulation拡張（執筆時点でv0.9）で正式に定義されています。このように利用頻度の高い命令は拡張命令として実装されることが多いです。

いずれにせよ、RISC-V規約にはない完全にオリジナル命令の実装も本章の手順とまったく同一となります。本章の手順を踏めば、ターゲットアプリケーションで必要とされる演算に特化したハードウェアを実装し、カスタム命令を実行できるはずです。つまり、ここまで読破いただいた読者の方々は、RISC-Vの重要な価値の1つであるDSAをご自身の手で設計できるようになったということです！

付録A

RISC-Vの価値

　本書ではRISC-Vを使ったCPU自作を通じて、コンピュータの基本的なアーキテクチャ、RISC-V（命令セット）がCPU内で担う役割を一通り学んできました。それを踏まえて、改めてRISC-Vが提供する価値をまとめていきましょう。

A-1　オープンソースISAの必要性

　RISC-Vは2010年、カリフォルニア大学バークレー校にてKrste Asanovic（アサノビッチ）教授が率いたRaven-1の開発に始まります。Raven-1は消費電力を抑えつつ、性能を高めることを目的にしていましたが、既存のISAでは達成困難と判断しました。

　当時ISA市場を席巻していたのはIntelのx86とArmのARMv7でした。しかし、x86もARMv7も費用およびカスタマイズ性の観点からプロジェクトには適しませんでした。x86はそもそも利用権を取得できず、ARMv7はライセンスフィーが非常に高額です。さらに、両ISAともに命令セットそのものの改変は認められていませんでした。

　そこでアサノビッチ教授は新規の命令セットを0から開発することになりました。これがのちに知られるRISC-Vです。

　ほとんどのコンピュータ分野では広く普及した標準かつオープンなインターフェースが存在します。たとえば、ネットワークにはEthernetやTCP/IP、OSにはPosix、DatabaseにはSQL、グラフィックスにはOpenGLがあります。そして、このインターフェースを中心に、無償・有償、オープン・クローズドな実装が存在します。しかし、ソフトウェアとハードウェアのインターフェースとなる重要なISAにはこうした標準かつオープンな仕様が存在しませんでした。そのため、開発者は複数のISA、および周辺エコシステムの評価・選択・開発に向き合い続ける必要がありました。

　そこでRISC-Vがその役割を担えるように、アサノビッチ教授を中心にオープンソース（BSDライセンス）として開発が進められ、2014年5月にユーザレベルの基本命令セットを凍結（以降、変更なし）します。ISAの変更がないということは、仕様が安定することを意味しており、

RISC-V コミュニティの参加者による関連技術の開発が一気に加速します。たとえば、GCC（コンパイラ）やLinux カーネルなどの関連技術も RISC-V に対応済みです。本書で自作した CPU でC プログラムを簡単に走らせられたのも、コンパイラが開発済みだったからであり、もし ISA を自作していた場合、コンパイラ自体の開発も必要となります。

　こうして ISA 業界で頭角を現してきた RISC-V は、2015 年 8 月に RISC-V Foundation（現 RISC-V International）を設立し、そのメンバーとして、Google、IBM、Microsoft、Nvidia、Oracle、Qualcomm など大手 IT 企業がこぞって参加しています。そして、2018 年に Linux Foundation と正式に提携するに至ります。

　また商用の流れとして、アサノビッチ教授を中心に SiFive 社が創業されます。SiFive 社は 2016 年に RISC-V プロセッサを搭載した評価ボード HiFive1 の発売を開始したり、RISC-V 関連のオープンソースへ貢献したりなど、RISC-V エコシステムの発展を先導しています。さらに 2020 年に Nvidia による Arm の買収が発表され、Arm の中立性が疑問視されていることもあり、今後 Arm から RISC-V への乗り換えが加速することも十分に考えられます。

　このようにオープン、無料、中立、そして標準となり得る ISA は、より多くの開発者を巻き込みながら、性能向上、開発コスト削減に向けてエコシステム全体が邁進する構造となります。

A-2　RISC-V が実現するもの

RISC-V エコシステムが有しているメリットを改めて列挙します。

- ISA がロイヤリティフリーである
- ISA がカスタマイズ自由である
- 周辺技術として、有料のものに加えて、無料かつ有用なチップ設計データ（IP：Intellectual Property）、開発支援ツールも存在する

こうした特徴を活かして、RISC-V が実現できるものとして次の 3 つが挙げられます。

① 高性能・低コストを両立する DSA
② 安価な汎用 CPU
③ 本書のように誰でも気軽に勉強・実装ができる教育環境

A-2-1　① 高性能・低コストを両立する DSA

　性能のブレイクスルーを生み出し得る DSA ですが、設計・製造は簡単ではありません。 DSA の設計には 3 つの選択肢があります。

1つ目はArmのような命令セットおよび周辺アーキテクチャの知財権利を販売する企業と契約して、SoCを作り上げる方法です。しかし、彼らの知財を利用するには高額なフィーが求められます。

2つ目は完全に自力でプロセッサを設計し、コンパイラやライブラリを移植する方法です。当然、気の遠くなるような時間がかかるでしょう。

そして3つ目の方法がオープンソース命令セット、その中でもとくに開発が進んでいるRISC-Vを活用することです。RISC-Vはオープンソースであるため、当然ISA利用料は無料です。また、カスタム命令の実装でも触れたとおり、命令コード空間の余白を残しており、DSAとして必要なカスタム命令コードを追加できます。さらに有償・無償のIPコアや開発支援ソフトウェアも複数存在するため、SoC設計者の開発工数も削減できます。

3つの方法はそれぞれメリット・デメリットがありますが、安い金銭コスト、少ない開発工数、高い性能を将来的にすべて並立し得るのがRISC-Vだと言えます。

A-2-2　②安価な汎用CPU

また、RISC-Vは性能を追求したDSA以外にも、安価な汎用CPUとしての役割も担えます。とくにDSAを活用したヘテロジニアス化が進むと、複数のDSAを取りまとめるCPUは必ずしも高性能である必要はなくなります。IntelやArmが提供するCPUほどの性能が不要な場合、必要最小限の命令のみを実装に組み入れたり、あえて性能を落としたりしたRISC-Vベースの汎用CPUで代替することにより、ロイヤリティ、製造コストの削減が図れます。

A-2-3　③誰でも気軽に勉強・実装ができる教育環境

本格的なISA、さらにコンパイラやOSなど周辺技術も充実したRISC-Vは、私たちのようにCPUのしくみを勉強したい、自分で設計してみたいという人にとっては非常に有用な教材となります。

もちろんベースとなるISA自体はロイヤリティフリーであるもの、それを元にしたIPコアや設計ツールは必ずしも無料であるわけではなく、SiFive社を始めとする商用IP開発ベンダーも増加しています。しかし、Rocket[1]やBOOM[2]といったIPコア、Chipyard[3]というデザインツールなどがオープンソースとして公開されている環境は、学習者にとってこれ以上ない恵まれた環境です。

本書を執筆できたのも、RISC-Vおよび周辺ソフトウェアがオープンソースライセンスで公開されているからにほかなりません。

[1]　https://github.com/chipsalliance/rocket-chip
[2]　https://github.com/riscv-boom/riscv-boom
[3]　https://github.com/ucb-bar/chipyard

A-3　チップ製造コストの壁とその将来性

　ただし、CPUの物理的な製造コストは億円単位とまったく安くありません。チップ単価を下げるためには量産が必要となるので、ボリュームがさばける製品でのRISC-V活用が初期には進むと考えられます。しかし、半導体製造の価格低下が進んでいるのも事実です。たとえば、「マルチプロジェクトウェハ方式」という1枚のウェハ上に複数のLSIを相乗りさせる製造方式があります（TSMCは16nmプロセスを商用利用に解放しています）。 また、Googleと提携したSkyWater社は、PDK（Process Design Kit）をオープンソースとして世界初公開し、低価格でのチップ開発を目指しています。このPDKを活用すれば、SkyWater社の半導体工場で実チップを製造できます。SkyWater社はトランジスタの微細化を求めずに、性能を落とした半導体工場設備でチップ製造費を抑える努力をしています。

　さらにGoogleはEfabless社にも出資しています。Efabless社はカスタムチップのデザインツールをクラウドで提供するとともに、ファウンドリでの製造を全面的に支援しています。Googleサポートのもと、Efabless社で設計したテストチップを、SkyWater社のファウンドリにて無料で試作する取り組みも公表されています。

　こうしたカスタムチップデザインおよび製造のオープン化はどんどんと加速していき、今後も半導体製造コストは減少を続けると考えるのが自然でしょう。つまり、長期的な観点に立つと、RISC-Vエコシステムは私たちに「一人ひとりがカスタムSoCを手にする」ためのツールを提供してくれていると言っても過言ではありません。

　CPU自作を通じて、さまざまな学びを提供してくれたRISC-Vに感謝の意を込めながら、ここに筆を置きます。

付録

もっと深く学びたい人へのお勧め書籍

▍論理回路の基礎を学ぶ

『ディジタル回路設計とコンピュータアーキテクチャ 第2版』

デイビッド・マネー・ハリス／サラ・L・ハリス 著／天野 英晴、中條 拓伯、鈴木 貢、永松 礼夫 訳／翔泳社

　この本では、本書の第I部で説明したデジタル回路や論理回路の構成法、コンピュータアーキテクチャまで一通り説明されています。とくに本書第1章で触れた論理回路に関しては、本書を読み進めるにあたって必要最低限の説明しかしていないため、もう少し詳しく知りたい場合はこの本で一通りの知識が得られます。

▍コンピュータアーキテクチャを学ぶ

『コンピュータの構成と設計 第5版（上・下）』

デイビット・パターソン／ジョン・ヘネシー 著／成田 光彰 訳／日経BP

　著者名から「パタヘネ本」として親しまれる入門書。上下巻で分量がかなり多いですが、これを読めばコンピュータアーキテクチャに関する一通りの基礎知識が得られます。

『コンピュータアーキテクチャ 定量的アプローチ 第6版』

ジョン・ヘネシー／デイビット・パターソン 著／中條 拓伯、天野 英晴、鈴木 貢 訳／星雲社

　こちらは「ヘネパタ本」と呼ばれ、「パタヘネ本」の応用編に当たります。第6版は教材としてRISC-Vを採用しています。パタヘネ本を読んだうえで、さらに深く学びたいと思った方にお勧めです。

▍RISC-Vを学ぶ

『RISC-V原典』

デイビット・パターソン／アンドリュー・ウォーターマン 著／成田 光彰 訳／日経BP

　RISC-Vの思想、設計に関して解説されています。RISC-Vの仕様策定過程で出版されているため、最新の仕様とは異なる部分もありますが、RISC-V学習のためには必須の一冊です。

▍Chiselを学ぶ

『Chiselを始めたい人に読んで欲しい本』

七夕雅俊 著／インプレスR&D

　RISC-V、Chisel領域でブログを発信されている方の著書です。Chiselの基本に関する日本語ドキュメントが少ない中、本書は唯一とも呼べる入門書になっています。

索引

記号・数字

2bit カウンタ 196

A

ABI 151, 160
ADD 106
ADDI 106
AND 4, 109
ANDI 109
asBool 44
ASIC 289
ASIP 291
asm 159
asSInt 43
asUInt 43
AUIPC 134
AVL 226

B

B 44
BEQ 124
BGE 124
BGEU 124
BIN ファイル 148
bit 3
BitPat 52
Bits 45
BLT 124
BLTU 124
BNE 124
Bool 43
Bundle 48

C

Cat 56, 247
Central Processing Unit 2
Chisel 31

(右段)

chisel-template 60
ChiselScalatestTester 83
ChiselTest 80
CISC 26, 28
class 37
clock.step 83
CMOS 10
CPU 2
CSR 138
CSRRC 139
CSRRCI 139
CSRRS 139
CSRRSI 139
CSRRW 139
CSRRWI 139

D

def 35
DFF 15
Docker 60
DRAM 21, 22
DSA 289
DSL 31
DSP 291
D フリップフロップ 15
D ラッチ回路 15

E

ECALL 144
EEW 242
ELF 148
EMUL 243
expect 154
extends 37

F

FENCE 152

Fill..56
FlatSpec..82
Flipped..49
for...36
FPGA...290

G

GCC...160
GNU Assembler....................................296
gp...149
GPU...213

H

HDD...21
HDL...30
Hexadecimal...57

I

import...41
indexed...240
Input..48
IO...47
ISA...24

J

JAL...129
JALR...129

L

LI..137
ListLookup..54
LMUL...226
loadMemoryFromFile..............................52
LUI...134
LUT..290
LW..90

M

mcause...144
Mem...51
Module..47
mtvec...145
Mux..53

MuxCase..54

N

NAND...10
Nil..55
NOR...10
NOT..5, 10

O

object..38
od...149
opcode..24
OR..4, 109
ORI...109
Output..48

P

package...40
PDK..311
peek...83
PopCount...306
printf...56
private..39

R

raレジスタ..130
RegInit...51
return address.......................................130
reverse...................................36, 247, 259
RISC..26, 28
riscv-tests...147
riscv64-unknown-elf-as..........................161
riscv64-unknown-elf-gcc.........................160
riscv64-unknown-elf-ld...........................162
RTL..18

S

S..43
Seq...35
SEW.................................215, 226, 272
SIMD..210
SInt...42
SISD...210

SLL..118
SLLI...118
SLT..121
SLTI...121
SLTIU...121
SLTU..121
SRA...118
SRAI..118
SRAM..21
SRL...118
SRLI..118
SR ラッチ...11
SSD...21
strided...240
SUB..106
SW...99
switch..53

T

tabulate..............................36, 247, 259
testOnly..85
trait...37

U

U...43
UInt..42
unimp..159
unit-stride.......................................240

V

VADD.VV..257
val...35
var...35
vill..229
VL...215, 225
VLE..241
VLEN...215
VLMAX...227
vma..229
volatile..159
VSETVLI...225
vta..229
VTYPE..225

W

when..53
Width 型...42
Wire..50
WireDefault.......................................50

X

XOR...8, 109
XORI...109

Z

Zicsr..138

あ行

アクセラレータ....................................293
アナログ信号..3
アムダールの法則..................................289
イメージ...62
インスタンス.......................................32
インラインアセンブラ.............................159
エッジ...14
エミッタ..5
オーバーフロー.....................................94
オブジェクト指向...................................32

か行

拡張アセンブラ構文................................234
カスタム命令......................................291
機械語...24
揮発性...21
キャッシュ...21
クーメイの法則....................................287
組み合わせ論理......................................5
組み合わせ論理回路..................................9
組み込み関数......................................216
クラス...32
クロック信号.......................................14
継承...33
ゲートレベル.......................................18
コア...76
コレクタ..5
コンテナ...61
コンパニオンオブジェクト..........................38

さ行

四則演算子......44
シフト演算子......45
順序論理......10
シリコンウェハー......18
シングルコア......286
シングルトンオブジェクト......38
真理値表......5
ストレージ......21
スループット......169
静的分岐予測......188, 196
全加算器......9
即値......26

た行

タプル......54
データハザード......198
データパス......20
デジタル信号......3
デナード則......287
動的分岐予測......196
トランジスタ......5

な行

名前空間......40

は行

ハードウェア記述言語......30
排他的論理和......8
パイプライン......168
バイポーラトランジスタ......10
バブル......189
半加算器......9
比較演算子......44
ビッグエンディアン......84
ビットリバース......291
ビット連接......56
ファクトリーメソッド......38
ブール代数......4
フォトマスク......18
フォワーディング......199
不揮発性......21
符号拡張......90

物理設計ほか

物理設計......18
プログラムカウンタ......24
分岐ハザード......188
分岐履歴テーブル......196
ベース......5
ベクトルストア命令......272
ベクトル命令......210
ベクトルロード命令......240
ヘテロジニアスコンピューティング......213
ポピュレーションカウント......291, 294
ホモジニアスコンピューティング......213

ま行

マルチコア......288
マルチプレクサ......53
マルチプロジェクトウェハ方式......311
マルチメディア拡張命令......213
ムーアの法則......286
命令セット......24
命令デコード......24
命令フェッチ......24
メインメモリ......21, 22
メモリ......21

や行

有限オートマトン......12
有限状態機械......12

ら行

ラッチ回路......11
リトルエンディアン......84
リンカスクリプト......147, 162
リンク......162
レイテンシ......169
レジスタ......17, 21
レジスタ転送レベル......18
レジスタファイル......22
論理演算子......45
論理設計......18

著者紹介

西山 悠太朗

　1991年生まれ。東京大学卒。株式会社フィックスターズRISC-V研究所研究員。ウエストバーグ株式会社代表取締役。メディア事業や教育出版事業など複数の事業売却を経験。ビッグデータ解析、WEBマーケティングを軸に、一部上場企業からスタートアップまで幅広く業務支援を行う。また、立ち上げたD2C事業を1年で年商5億円規模まで急成長させる等、toB/toC、有形／無形商材と幅広いビジネス経験を積む。PCメーカー経営をきっかけにコンピュータへの興味が膨らみ、現在はRISC-V研究に携わる。著書に『現場のプロから学ぶSEO技術バイブル』（マイナビ）、『仕事の説明書〜あなたは今どんなゲームをしているのか〜』（土日出版）。

井田 健太

　1986年生まれ。株式会社フィックスターズRISC-V研究所研究員。大学院修士課程修了後、半導体後工程の装置メーカーに就職し、装置用組み込みソフトウェアの開発を行う。その後転職を経て、株式会社フィックスターズにて主にFPGAの論理設計とFPGAを制御するためのソフトウェア開発を行う。趣味は電子工作とマイコンプログラミングで、それに関連して雑誌記事の執筆や同人誌の発行などを行っている。著書に『基礎から学ぶ 組込みRust』（C&R研究所）。

謝辞

　本書の執筆に際して、多くの方々にご協力いただきました。この場をお借りして深くお礼申し上げます。

- 七夕 雅俊（査読）
- 田宮 直人（査読）
- 株式会社フィックスターズ所属スタッフ（執筆サポート）

- ◆ 装丁 　　　　　 トップスタジオ デザイン室 (轟木亜紀子)
- ◆ 本文デザイン　 トップスタジオ
- ◆ 本文レイアウト　技術評論社 (酒徳葉子)
- ◆ 担 当 　　　　 細谷 謙吾

■お問い合わせについて
　本書の内容に関するご質問につきましては、下記の宛先まで FAX または書面にてお送りいただく
か、弊社ホームページの該当書籍のコーナーからお願いいたします。お電話によるご質問、および本
書に記載されている内容以外のご質問には、一切お答えできません。あらかじめご了承ください。
　また、ご質問の際には、「書籍名」と「該当ページ番号」、「お客様のパソコンなどの動作環境」、「お
名前とご連絡先」を明記してください。

<宛先>
〒 162-0846 　東京都新宿区市谷左内町 21-13
株式会社技術評論社 　雑誌編集部
「RISC-V と Chisel で学ぶ 　はじめての CPU 自作」係
FAX：03-3513-6173

<技術評論社 Web サイト>
https://book.gihyo.jp

　お送りいただきましたご質問には、できる限り迅速にお答えをするよう努力しておりますが、ご質問
の内容によってはお答えするまでに、お時間をいただくこともございます。回答の期日をご指定いただ
いても、ご希望にお応えできかねる場合もありますので、あらかじめご了承ください。
　なお、ご質問の際に記載いただいた個人情報は質問の返答以外の目的には使用いたしません。また、
質問の返答後は速やかに破棄させていただきます。

RISC-V と Chisel で学ぶ 　はじめての CPU 自作
——オープンソース命令セットによるカスタム CPU 実装への第一歩

2021 年 9 月 7 日 　初 　版 　第 1 刷発行

著 　者 　　　西山 悠太朗、井田 健太

発行者 　　　片岡 　巌
発行所 　　　株式会社技術評論社
　　　　　　東京都新宿区市谷左内町 21-13
　　　　　　TEL：03-3513-6150 (販売促進部)
　　　　　　TEL：03-3513-6177 (雑誌編集部)
印刷／製本 　昭和情報プロセス株式会社

ISBN978-4-297-12305-5 C3055

Printed in Japan